全国主推高效水产养殖技术丛书

全国水产技术推广总站　组编

青虾高效养殖致富技术与实例

邹宏海　龚培培　主编

中国农业出版社

图书在版编目（CIP）数据

青虾高效养殖致富技术与实例 / 邹宏海，龚培培主编 . —北京：中国农业出版社，2016.7（2018.11 重印）
（全国主推高效水产养殖技术丛书）
ISBN 978 - 7 - 109 - 21651 - 8

Ⅰ.①青… Ⅱ.①邹… ②龚… Ⅲ.①日本沼虾-淡水养殖 Ⅳ.①S966.12

中国版本图书馆 CIP 数据核字（2016）第 097385 号

中国农业出版社出版
（北京市朝阳区麦子店街 18 号楼）
（邮政编码 100125）
责任编辑 周锦玉 郑 珂

中国农业出版社印刷厂印刷 新华书店北京发行所发行
2016 年 7 月第 1 版 2018 年 11 月北京第 4 次印刷

开本：880mm×1230mm 1/32 印张：9.125 插页：8
字数：238 千字
定价：28.00 元
（凡本版图书出现印刷、装订错误，请向出版社发行部调换）

丛书编委会

本书编委会

主　编　邹宏海　江苏省渔业技术推广中心

　　　　龚培培　江苏省渔业技术推广中心

编　委　邹宏海　江苏省渔业技术推广中心

　　　　龚培培　江苏省渔业技术推广中心

　　　　陈焕根　江苏省渔业技术推广中心

　　　　高　勇　全国水产技术推广总站

　　　　王苗苗　江苏省渔业技术推广中心

　　　　顾建华　苏州市水产技术推广站

　　　　周国勤　南京市水产技术推广站

　　　　王荣林　常州市水产技术指导站

　　　　周日东　兴化市渔业技术指导站

　　　　许尤文　南京市浦口区水产技术指导站

　　　　顾小丽　江苏省渔业技术推广中心

　　　　李　琴　江苏省渔业技术推广中心

丛书序

我国经济社会发展进入新的阶段，农业发展的内外环境正在发生深刻变化，加快建设现代农业的要求更为迫切。《中华人民共和国国民经济和社会发展第十三个五年规划纲要》指出，农业是全面建成小康社会和实现现代化的基础，必须加快转变农业发展方式。

渔业是我国现代农业的重要组成部分。近年来，渔业经济较快发展，渔民持续增收，为保障我国"粮食安全"、繁荣农村经济社会发展做出重要贡献。但受传统发展方式影响，我国渔业尤其是水产养殖业的发展也面临严峻挑战。因此，我们必须主动适应新常态，大力推进水产养殖业转变发展方式、调整养殖结构，注重科技创新，实现转型升级，走产出高效、产品安全、资源节约、环境友好的现代渔业发展道路。

科技创新对实现渔业发展转方式、调结构具有重要支撑作用。优秀渔业科技图书的出版可促进新技术、新成果的快速转化，为我国现代渔业建设提供智力支持。因此，为加快推进我国现代渔业建设进程，落实国家"科技兴渔"的大政方针，推广普及水产养殖先进技术成果，更好地服务于我国的水产事业，在农业部渔业渔政管理局的指导和支持下，全国水产技术推广总站、中国农业出版社等单位基于自身历史使命和社会责任，经过认真调研，组建了由院士领衔的高水平编委会，邀请全国水产技术推广系统的科技人员编写了这套《全国主推高效水产养殖技术丛书》。

这套丛书基本涵盖了当前国家水产养殖主导品种和主推

技术，着重介绍节水减排、集约高效、种养结合、立体生态等标准化健康养殖技术、模式。其中，淡水系列 14 册，海水系列 8 册，丛书具有以下四大特色：

技术先进，权威性强。丛书着重介绍国家主推的高效、先进水产养殖技术，并请院士专家对内容把关，确保内容科学权威。

图文并茂，实用性强。丛书作者均为一线科技推广人员，实践经验丰富，真正做到了"把书写在池塘里、大海上"，并辅以大量原创图片，确保图书通俗实用。

以案说法，适用面广。丛书在介绍共性知识的同时，精选了各养殖品种在全国各地的成功案例，可满足不同地区养殖人员的差异化需求。

产销兼顾，致富为本。丛书不但介绍了先进养殖技术，更重要的是总结了全国各地的营销经验，为养殖业者更好地实现科学养殖和经营致富提供了借鉴。

希望这套丛书的出版能为提高渔民科学文化素质，加快渔业科技成果向现实生产力的转变，改善渔民民生发挥积极作用；为加强渔业资源养护和生态环境保护起到促进作用；为进一步加快转变渔业发展方式，调整优化产业结构，推动渔业转型升级，促进经济社会发展做出应有贡献。

本套丛书可供全国水产养殖业者参考，也可作为国家精准扶贫职业教育培训和基层水产技术推广人员培训的教材。

谨此，对本套丛书的顺利出版表示衷心的祝贺！

农业部副部长

前　言

　　青虾，又名河虾，俗称江虾、湖虾，肉质细嫩、味道鲜美、营养丰富，是深受广大群众喜爱的名优水产品，市场需求持续旺盛，养殖经济效益较好且稳定；具有养殖周期短、苗种容易获得、投入少、病害少、适应力强、养殖方式灵活、价格稳定等优势，已成为我国重要的本土淡水养殖虾类之一。在长江三角洲地区，青虾养殖业已成为促进渔业发展，实现渔业增效、渔（农）民增收的重要支柱产业。

　　然而，随着青虾养殖业的快速发展及生产规模的不断扩大，一些问题逐步暴露出来。很多养殖户采取自繁自养、多代同塘的养殖模式，导致出现青虾养殖群体抗逆性差、单位育苗量低、养殖产量不高等问题，成为制约青虾养殖业健康、可持续发展的技术瓶颈。各级渔业主管部门和行业从业人员对此高度重视，特别是江苏省各级渔业行政主管部门对青虾产业发展高度重视，先后多次拨付专项资金进行技术攻关，调动江苏省相关科研、推广、企业、协会等机构力量从各个层面开展工作，包括青虾良种培育、苗种繁育、生态养殖等方面从科研到生产等各个层次，基本上解决了青虾养殖过程中长期存在的一些问题。本团队有幸参与了这一重大科研推广活动的实施，本书正是基于这一工作基础，对前期工作进行总结，并参考其他文献资料，编撰而成。

全书共分为六部分，主要内容包括青虾人工养殖概述、青虾生物学特点、青虾苗种繁育、青虾高效生态养殖技术、青虾养殖实例分析和青虾生产经营分析等。本书的主要特色在于汇集了最新的青虾苗种繁育和生态养殖技术及其他部分技术环节的新措施，并且提供了丰富的养殖实例，力求贴近生产实际，所述内容多为经验总结，并加以适当的讨论分析，语言简洁明了，实用性、可操作性强，可供一线生产人员参考。

江苏省水产技术推广体系相关单位、人员及水产相关科研院所为本书的编写提供了丰富的素材，并为本书提供了大量案例，本书的出版与他们的贡献密不可分，在此一并深表感谢！

本书为科普实用型读本，可供青虾养殖户阅读使用，供水产技术人员和管理人员参考。编者力争将最新的技术和成果展示给大家，以期为读者提供更切合实际应用的技术参考，但由于作者水平有限，恐难尽如人意，望同行专家和广大读者谅解并批评指正。

编　者

2016 年 6 月

目 录

第一章　青虾人工养殖概述

第一节　人工养殖起源与养殖现状

20世纪60年代以前，我国的商品青虾主要靠采捕自然资源，产量低且不稳定。随着人民生活水平的不断提高，天然水域的青虾产量已不能满足市场需求。对此，江苏、浙江着手进行青虾生物学研究，20世纪60年代中期青虾养殖开始起步。70年代末80年代初，科研人员利用青虾抱卵虾进行人工育苗及养殖试验，当时青虾养殖技术水平较低，池塘养殖青虾产量不高，规格不大，效益较低。80年代末到90年代，超强度的捕捞和水质污染使得天然青虾资源量急剧减少，成虾价格大幅上涨，经济价值越来越高，青虾开始成为名、特、优品种和调整养殖结构的重点，其养殖进入了快速发展阶段，商品青虾由原来依靠天然捕捞转向了人工育苗和人工养殖。截至2009年，全国青虾养殖产量209 401吨，特别在华东地区的江苏、浙江一带发展最快，广东、福建、河南、山东、湖北、湖南、江西等省紧跟其后。以江苏省为例，经过十几年的不断摸索，池塘青虾养殖规模已由90年代初的1 000公顷发展到现在的10万公顷左右，养殖产量可达12 930吨，尤以2000—2004年养殖规模发展最快，年均突破13.3万公顷。在养殖结构上，由原来池塘常规鱼和青虾混养发展到青虾与河蟹混养、青虾与名特鱼类混养、青虾与鱼种套养、青虾罗氏沼虾或南美白对虾轮养（套养）、池塘青虾双季养殖等多种模式；在养殖产量上，池塘主养单产已由原来70千克左右提高到100千克以上；在饲料品种的选择上，更加注重考虑青虾的营养需求和饲料的品质，池塘主养青虾大部分推广使用以全价颗粒饲料为主的饲料；在养殖方式上，更加注重环境与养殖的协调统一，产品质量与养殖技术应用的协调统一，积极推行生态健康养殖技术，形成养殖环境、产品质量和经济效益的有机结合。青虾已成为水产品产业发展的主导品种，更是渔业增效、渔民增收的重要途径之一。

第二节　发展中存在的主要问题

一、青虾品种

随着青虾养殖规模的发展和单产水平的提高，有相当一部分养殖户不注意种质的保护和良种的选育，往往将达不到上市规格的存塘青虾年复一年地作为亲本繁育子代，出现了严重的品种退化现象，集中表现为生长优势不明显，性早熟，群体规格偏小，商品率低。

二、饲料质量

目前池塘主养青虾使用颗粒饲料已基本形成，但对饲料的质量不够重视，生产者往往选择价格便宜且蛋白质含量相对较低的饲料用于养殖青虾，由于饲料营养跟不上青虾生长需求，在一定程度上限制了青虾的生长。其结果是饲料投喂量增加了，饲料系数提高了，大量残饲沉积池底，造成池塘环境污染，极易引发虾病。

三、养殖技术

青虾的养殖模式虽然不少，但现有技术的综合配套措施不到位，技术总结的深度不够，尤其是"水、种、饵、管"四个关键要素的技术创新点不多，系统研究不够深入，先进的青虾养殖技术普及率不够，与真正实现池塘青虾养殖高产、优质、高效还存在一定距离。

第三节　青虾养殖优势

一、营养丰富

青虾除了具肉质细嫩、味道鲜美优势外，其营养也很丰富。据分析，每 100 克鲜虾肉中，含蛋白质 16.4 克、脂肪 1.3 克、碳水化合物 0.1 克、灰分 1.2 克、钙 99 毫克、磷 205 毫克、铁 1.3 毫克，还含有人体不可缺少的多种维生素。

二、养殖方式灵活

青虾可以单养，也可以与河蟹、南美白对虾、罗氏沼虾及部分鱼类混（套、轮）养。单养一般一年两季，即春、秋两季养殖；混（套、轮）养包括河蟹塘套养青虾、南美白对虾套养青虾、青虾与罗氏沼虾轮养、鱼种池套养青虾、成鱼池套养青虾等多种方式。

三、适应力强

青虾对环境的适应性较广，且具耐低温特性，因此能够在全国各地自然越冬，可以四季上市，有效地避免了越冬前集中上市造成的价格恶性竞争。同时，青虾具有较强的耐盐性，可在有一定盐度的水域中养殖。

四、生长快

一般春季 2—3 月放养，5 月即可达到商品规格，供应市场，至 6 月底出池结束。秋季养殖，一般在 7 月中旬至 8 月上旬放养，经 3 个月左右饲养，即可捕大留小，开始上市，直至春节销售完毕。

五、发病率低

虽然因为品种退化和不合理的养殖模式等因素造成了青虾病害发生率的上升，尤其是细菌性和寄生虫疾病对青虾的养殖有一定的影响，但青虾仍然是集约化养殖品种中疾病危害较轻的种类之一。由于青虾病害少，药物使用量低，因此青虾养殖有利于保护养殖环境，保证品质。

六、投入低

青虾养殖成本低，投资少，风险小，养殖所需的资金投入量仅占罗氏沼虾或河蟹养殖的 1/3 左右。如在与河蟹、南美白对虾等品种套养时，青虾可以充分利用剩余残饲作为其饲料，基本不增加养殖成本，而且可以每 667 米^2 增加收入数百元。池塘主养青虾，春季养成的青虾基本可以把全年生产成本收回，秋季养殖的产值全部为利润。

第四节　青虾养殖业发展的对策

一、更新青虾良种

为遏制青虾近亲繁殖，必须改变自留小虾作为繁殖下一代的亲本的做法，根据江苏水域分布特点，江苏青虾可分为洪泽湖青虾、骆马湖青虾、里下河青虾、环太湖青虾和长江青虾四大区系，可选择性地引进野生青虾群体进行不同区系青虾合理配组，进行虾苗繁育，改良其经济性状。近几年的试验和生产实践表明，凡采集野生抱卵虾在池塘繁育虾苗进行养殖，或在每年繁殖虾苗时添加一定比例的野生虾，青虾养殖性能良好、生长速度快、个体规格大、抗病率强、单产水平高、经济效益好。这是改良青虾品质的一条较为简便而实用的途径，也是青虾养殖业健康持续发展的基础保障。

二、完善养殖技术

积极开展良种青虾选育与大规格苗种培育、池塘青虾适宜密度与个体规格及单位产量关系、池塘水草品种筛选与优化组合、增氧设施装备与节能降本增效、优质安全颗粒饲料应用与饲料科学投喂、微生态制剂应用、虾病防治技术，以及生态健康养殖管理等技术研究，不断完善青虾养殖技术，逐步形成集良种选育、环境调控、优选饲料、健康管理于一体的新的青虾养殖技术和青虾产品质量全程控制技术，最终建立一套适宜我省池塘养殖青虾的高效生态养殖技术体系。

三、注重示范推广

充分利用现有技术推广与服务体系，将成熟技术研究成果及时示范推广到养殖户，通过大面积推广来实现养殖青虾的利益最大化。同时，不断探索研究在推广过程中出现的技术问题，为渔民提供技术指导、技术培训和技术服务。积极推广青虾生态健康养殖，优选虾巢植物品种，改良增氧机械设备，使青虾养殖结构模式和养殖配套技术不断趋于完善，养殖技术水平不断提高。努力推进青虾健康可持续发展，不断完善青虾养殖技术体系，不断提高池塘青虾养殖的科学技术贡献率。

第二章　青虾生物学特点

第一节　分类地位与种群分布

青虾，又名河虾，俗称江虾、湖虾，中文学名日本沼虾，拉丁文名 *Macrobrachium niopponens*（deHaan），在动物分类学上隶属于节肢动物门（Arthropod）甲壳纲（Crustacea）十足目（Decapoda）游泳亚目（Natatia）长臂虾科（Palaemonidae）沼虾属（*Macrobrachium*）。因其体色青蓝并伴有棕绿色斑纹，故名青虾。青虾为我国和日本特有的淡水虾，在我国广泛分布于江河湖泊，尤以长江中下游地区的太湖、微山湖、龙感湖、白洋淀、鄱阳湖等出产的野生青虾享有盛名。

第二节　形态特征

青虾体形粗短，分头胸部和腹部两部分，头胸部粗大，腹部往后逐渐变细。头胸甲背部前端向前突出形成额角，末端尖锐，上缘平直，具 11～15 个背齿，下缘具 2～4 个腹齿。全身分为 20 个体节，其中头部 5 节、胸部 8 节、腹部 7 节，头胸部分节完全愈合，在外形上已分不清。除腹部最后 1 个体节——尾节外，每个体节都有 1 对附肢（图 2-1）。

头部附肢有 5 对，即第一触角、第二触角、大颚、第一小颚和第二小颚，分别起到感觉、咀食、辅助呼吸等作用。

胸部附肢共有 8 对，前 3 对为颚足，是摄食辅助器官；后 5 对为步足，为爬行和捕食器官。第一、二对步足末端呈钳状的螯，有摄取食物、攻敌的功能。其中第二对步足远大于第一对步足，雄性成虾第二对步足的长度可超过其体长的一半以上，而雌虾的第二对步足长度一般不超过体长。第三至五对步足呈单爪状，具有行走和攀缘的功能。

　　腹部附肢（腹足）共6对，具游泳功能，所以也称为游泳足。腹足除具游泳功能外，雌虾的腹足在产卵时还具携带卵子孵化的功能。第六腹节的附肢扁而宽，并向后伸展与尾节组成尾扇，当青虾游泳时，尾扇有平衡、升降身体、决定前进方向的作用；当青虾遇敌时，腹部肌肉收缩，尾扇用力拨水，可使整个身体向后急速弹跳，避开敌害的攻击。

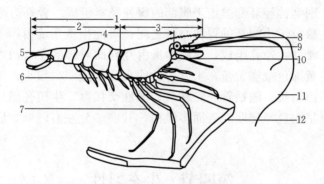

图2-1　青虾（♂）的外形示意图

1. 全长　2. 腹部　3. 头胸部　4. 体长　5. 尾节　6. 游泳足　7. 步足

8. 额剑　9. 复眼　10. 第二触角　11. 第一触角　12. 第二步足

　　青虾的体色一般呈青蓝色，并常伴有棕绿色的斑纹（彩图1）。青虾体色随栖息水域而变化，水质偏淡则体色发黑，水质肥则体色浅。青虾的体色也与季节及蜕皮的量有关，春、夏、秋三季，青虾生长旺盛，蜕皮次数多，故体色多呈半透明状；到了冬季，青虾一般伏在水底越冬，生长发育十分缓慢，甲壳上常附生藻类、污物，且一般不蜕壳，因而体色较深。此外，将青虾从一个水质环境转移到另一个水质环境中时，青虾的体色也会发生变化；如将青虾从池塘里移入湖泊中，其体色将变浅。

第三节 内部结构

青虾内部结构包括消化、呼吸、循环、神经和生殖系统等。消化系统由消化道和肝胰脏组成；消化道呈直管状，由口、食道、胃、中肠、后肠及肛门组成，肝胰脏在头胸部背面，将中肠包围于其中。青虾的呼吸器官是位于头胸部两侧的 8 枝叶状鳃，外侧由头胸甲的侧甲覆盖。青虾循环系统为开放式系统，由心脏、血管和血窦组成，血液无色透明。青虾的神经系统由咽头背面的脑神经节、围咽神经环和纵走于腹部的腹神经索组成。青虾为雌雄异体，性腺位于头胸部的胃和心脏之间；雌性生殖系统由卵巢、输卵管及雌性生殖孔组成，成熟卵巢由并列而对称的左右两大叶组成，呈黄绿色或橘黄色，未发育的卵巢为半透明，很小；雄性生殖系统由精巢、输精管、贮精囊、雄性交接器、生殖孔组成，成熟精巢呈白色半透明，表面多皱褶，其前端分左右两叶，后端不分叶。

第四节 生态习性

一、栖息与活动

青虾广泛生活于淡水湖泊、河流、池塘、水库等水域中，尤其喜欢生活在沿岸软泥底质、水流缓慢、水深 1～2 米、水生维管束植物比较繁茂的地区。青虾营底栖生活，成虾具明显的避光性，喜昼伏夜出，白天潜伏于草丛、砾石、瓦片空隙或自掘的洞穴中，傍晚日落后出来觅食。栖息地点常有季节性移动现象，春天水温升高，青虾多在沿岸浅水处活动，盛夏水温较高便向深水处移动，冬季则潜伏水底或水草丛中。

青虾具有明显的领域行为，在捕食、栖息和交配时表现得尤为明显，通常以第二触角为半径形成的空间为青虾的领域空间。在养虾池中，通常要人工种植适量的水草或设置人工虾巢，以增加青虾栖息和隐蔽领域空间，其中水草也能起到遮光、降温及提供饲料的作用。在栽种有水草的池塘中，由于青虾可以附着于水草上，所以青虾可以全池分布。

青虾成虾游泳能力较弱，主要活动方式是在池底或水草等附着物上爬行；较少游动，即使游动也仅限短距离。在有敌害侵袭时，青虾通过腹部快速曲张和尾扇拨水，实现弹跳动作，躲避敌害。

二、摄食

青虾属杂食性动物，幼虾阶段以浮游生物、小型水生昆虫、有机碎屑等为食，到成虾阶段则喜食水生植物的碎片及水草茎叶、有机碎屑、丝状藻类、环节动物、水生昆虫及蚯蚓等，尤其喜食动物性饲料。

人工养殖的条件下，青虾对各种鱼用饲料均喜食，如配合饲料、豆饼、米糠、麸皮、菜叶、蚕蛹、螺蚌肉等。由于青虾的游泳能力较弱，故捕食能力也较差；自然条件下，青虾对许多游动活泼的鱼或有坚硬外壳的贝类均无法捕食，只能捕食活动较缓慢的水生昆虫、环节动物及底栖动物或其尸体，作为动物性饲料的来源；在养殖条件下，这类食物较少，自相残杀就成为青虾获得动物性饲料的重要途径。因此，在投喂专用颗粒饲料基础上，应增加投喂适量的动物性饲料，从而满足青虾的摄食需求。

青虾摄食强度受环境温度制约，呈现明显的季节性变化（图2-2）。青虾在水温升至 10 ℃后开始摄食，18 ℃以上摄食旺盛；当水温降到 8 ℃以下就停止摄食。4—11 月是青虾摄食旺盛期，在此期间出现两个摄食高峰，即 4—6 月和 8—11 月；其中，4—6 月是越冬后的老龄虾产卵前强烈摄食形成的高峰，这些老龄虾需要摄食大量营养物质以促进性腺发育；8—11 月是当年虾育肥阶段形成的摄食高峰。6—7 月，由于青虾正处繁殖期，在产卵之前青虾是停止摄食的，故是摄食强度的低谷。

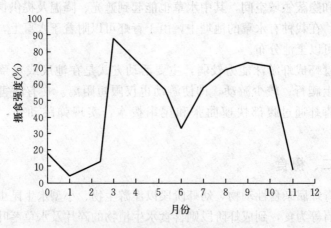

图2-2　青虾摄食强度年变化曲线

　　青虾摄食强度除了与季节、水温有关外，还与昼伏夜出的习性有关。研究结果显示，夜晚青虾肠胃常处于饱满状态，而白天肠胃很少见有食物，这表明青虾主要在夜晚摄食。因此，池塘养虾的投饲时间应以晚上为主。

三、生长

　　青虾生长很快，一般5—6月孵化的虾苗，半个月左右完成幼体变态，20天左右可达1厘米，经40天左右的生长，体长可达3厘米左右，部分个体此时已经性成熟了，所以有"四十五天赶母"之说。10月以后，虾体重可达3～5克；12月雄虾体长可达6～7厘米，体重5～6克，最大个体可达9厘米，重10克以上。池塘养殖的青虾个体生长差异不显著，商品规格比较一致，但最后出塘的虾也会大小不同，产量中70％左右的青虾体长为4～6厘米，约30％是3厘米左右的幼虾，这主要来自当年性早熟虾繁育的秋繁苗。

　　青虾的体长与体重呈正相关关系，体长体重大致上有以下对应关系（表2-1）。虾早期体长增长快，后期体重增长快，所以肥满度越到后期越大。

表 2-1 青虾体长体重对应关系

体长（厘米）	1	1.5	2	2.5	3	3.5	4	4.5	5	5.5	6	6.5
体重（克）	0.03	0.08	0.2	0.4	0.7	1	1.5	2.2	2.9	3.7	4.6	6.5
每 500 克尾数	16 667	6 250	2 500	1 250	714	500	333	227	172	135	109	77

注：表中数据为统计数值（基于个体称量数据），实际使用中会有偏差，供生产上参考用。

通常，雄虾生长速度快于雌虾。未性成熟时，雌雄虾生长速度差异不大；但当体长达到 3 厘米以上、开始性成熟时，雄虾生长速度明显快于雌虾，这主要是由于雌虾大部分营养用于卵巢发育所致。

青虾是一种生长快、寿命短的甲壳动物。目前的资料表明，青虾寿命一般为 14～18 个月，雄虾的寿命比雌虾短。经过越冬的青虾，一般在 5—6 月交配抱卵，6—7 月形成产卵高峰，故自 7 月上旬产过卵的虾开始死亡，8 月成批老死。

四、蜕壳与变态

青虾属甲壳动物，体表覆盖一层半透明的几丁质外骨骼，十分坚硬，起着保护内脏和肌肉的支撑作用。甲壳一经硬化就不能随着机体的生长而增大，因而青虾生长必须通过蜕壳来完成，其生长就在新壳硬化之前实现，所以蜕壳是青虾生长的重要标志。青虾一生中蜕皮 20 次左右，一般在其幼体变态阶段 1～3 天蜕皮一次，经 8～9 次蜕皮后进入幼虾阶段。幼虾阶段每隔 7～11 天蜕皮一次，成虾阶段 15～20 天蜕皮一次。刚蜕皮的青虾身体极为柔软，活动力弱，也无抗御敌害的能力，易为同类与肉食性动物所残杀吞食，故刚蜕壳的虾常藏于隐蔽处。进入越冬期的青虾不再蜕皮，并停止生长。

青虾蜕壳昼夜皆可进行，但以黄昏和黎明前较多。蜕壳前不进食，蜕壳后，因颚齿尚未坚硬，一天内亦不摄食，待肢体强壮后逐渐恢复摄食。

五、繁殖特点

青虾的繁殖习性主要指产卵期、交配和产卵行为、胚胎发育，以及幼体发育等方面。

(一)产卵期

青虾的产卵期各地不尽相同。长江下游青虾的产卵期为5月上旬至9月初，极个别的青虾在4月中旬已开始产卵，也有少数老龄虾在9月中旬产卵，产卵高峰期为6—7月；珠江下游青虾的产卵期从3月初开始一直延续到11月下旬，长达9个月；河北省白洋淀青虾的产卵期为4—5月；北京地区青虾的产卵期在5月中下旬。

各地产卵期存在差异主要受水温影响。青虾适宜产卵水温在18℃以上，最适产卵水温为24～28℃。青虾的抱卵率，随着水温的升高而逐步增加。珠江下游地区的青虾在3月中旬出现抱卵虾，4月下旬达到全年最高峰，抱卵率约达70%。长江中下游天然水域4月开始出现青虾的抱卵群体，5—9月抱卵亲虾占雌虾群体的比例分别为32.9%、75.3%、87.1%、44%和0.2%（表2-2），可见6—7月为青虾产卵的高峰期。通常6—7月产卵的亲虾群体，系由越冬虾组成，个体较大，通常体长4厘米以上；而8月抱卵雌虾相当一部分是当年虾苗长大性成熟后形成的，规格较小，一般体长3厘米左右。

表2-2 各月抱卵虾占雌虾总数的比例

产卵月份	4	5	6	7	8	9
抱卵虾占雌虾总数的比例（%）	0.3	32.9	75.3	87.1	44	0.2

在养殖条件下，由于池塘水温回升快于天然水域，且营养供应充足，繁殖高峰期明显提前，通常5月下旬至6月初就进入产卵高峰期。

（二）抱卵次数及抱卵量

青虾为多次产卵类型，虽然生命周期短，但一生也可产卵 2～3 次。在长江下游地区，5—6 月繁殖出的第一批虾苗到 7 月下旬至 8 月体长可达 2.5 厘米以上时即成熟产卵，但适宜产卵的时期只有 1 个月，所以一般只能产 1 次卵，极个别小虾能产 2 次卵；6 月下旬以后产的虾苗当年不再产卵，经过越冬，到 5 月进入产卵期，可连续产 2 次卵。第一次产过卵后，在抱卵孵化期间雌虾的性腺开始第二次发育，到第一次卵孵出时，卵巢即达第二次成熟，接着进行第二次产卵，两次产卵相隔 20～25 天。大部分老龄虾产过两次卵后卵巢不再发育，也有极少数虾的卵巢能进行第三次发育，但通常不会发育成熟，就退化吸收了。

通常越冬后体长 4～6 厘米的雌虾，最大抱卵量为 5 000 粒，最少为 600 粒左右，一般为 1 000～2 500 粒。太湖地区越冬老龄青虾的抱卵数量一般为 1 500～4 000 粒。8 月产卵的当年性早熟虾体长 3 厘米左右，抱卵数量最多可达 700 粒、最低 200 粒、一般为 300～500 粒。青虾抱卵量与体长、体重存在一定关系。青虾相对抱卵量通常为每克体重抱卵 400～600 粒，也有更高或更低者，具体抱卵数量与环境和营养等条件有关。

（三）交配及产卵

青虾交配发生在雌虾临近产卵之前。雌虾交配前先行蜕壳，当雌虾刚一蜕壳，雄虾就用步足将雌虾身体翻过来，使腹部向上，随后雄虾用第二步足钳住雌虾第二步足，两虾胸腹紧贴或雄虾横曲于雌虾腹部，背部不断向上耸起，雄虾用第一、二对步足将排出的精荚移到雌虾后三对步足基部之间的胸部纳精区，水化后数分钟精荚黏附在雌虾胸壁上，交配即完成。整个交配时间一般为几十秒。

交配后的雌虾在 24 小时内即可开始产卵，产卵一般多在夜间进行。雌虾产卵时将腹部曲向头胸部，腹足向左右扩展形成保护产卵通道，卵粒从生殖孔中逐个产出。青虾卵为椭圆形，产出的卵成团附着在雌虾具有刚毛的腹足上，通过游泳足的不断摆动提供充足的氧气条件，促进虾卵孵化。刚产出的卵黏性不足，极易脱落，约1小时后，其黏性增加，逐渐变得牢固；在临近孵出时，黏性又逐步降低，卵粒极易脱落。另外，少数未交配的性成熟雌虾也会产卵，但卵未受精，通常会在2～3天内脱落。

（四）胚胎及幼体发育

孵化期间水温通常在20℃以上，受精卵经过20天左右孵化，幼体破膜而出。孵化时间与水温密切相关，水温高则幼体孵出快；水温20～25℃时，受精卵需20～25天孵化出幼体；水温25～28℃时，则只需15～20天。受精卵的孵化一直黏附在雌虾腹肢上进行，孵化期间，抱卵颜色会逐渐发生变化。刚产出时，卵呈黄绿色或橘黄色；随着卵黄的吸收，机体的形成，卵变为淡黄色；再变为青灰色并呈透明状；至眼点出现，表明幼体即将出膜。青虾孵化率很高，通常可达90%以上。

刚从卵膜中孵化出的溞状幼体，与成虾形态差异很大，需经9次蜕壳变态后，才成为外形、体色和习性与成虾相似的仔虾。幼体蜕壳的间隔时间随温度、饲料及环境条件等因素的变化而变化。通常1～3天蜕壳一次，大约经过20天，孵出的幼体即可变态为幼虾。整个幼体发育阶段具趋光性，但畏直射阳光和其他强光。溞状幼体游动时尾部斜向上，头部向下，腹面朝上，呈倒悬状向后游动，有时也作弹跳运动。早期幼体喜群集生活，常密集于水表层，每群成千上万尾幼体在连续的水流中蹿上蹿下；10日龄后群集性逐渐减弱。

整个幼体期以动物性饲料为食。天然饲料主要是大型浮游动物，如轮虫、桡足类、枝角类、卤虫幼体和其他小型甲壳类，很小的蠕虫和各种水生无脊椎动物，鱼、虾、蟹、贝的碎屑，鱼卵，以及很小的植物性饲料颗粒，特别是那些富含淀粉的谷物、种子等颗粒。刚孵出的溞状幼体不摄食，蜕过一次壳后开始摄食，此时如果没有足够的适口饲料会导致幼体大批死亡。幼体变态发育成活率通常较低，是影响育苗成活率的最主要因素之一。

六、对生长环境的要求

影响青虾生长的环境指标主要有温度、光照、溶解氧、pH、透明度及底质等。

(一) 温度

青虾是广温性动物，只要水温不低于 0 ℃，均可正常生活。水温 10 ℃以上时开始摄食，18 ℃时摄食强度增大。水温 33～35 ℃时，青虾生长仍较快。青虾产卵的最低水温为 18 ℃，生长的最适水温为 25～30 ℃。青虾对突然降温的适应性很强，有利于低温长途运输。温度是刺激青虾蜕壳的重要环境因子；在天然水域中，12 月至翌年 2 月的越冬期间，一般不蜕壳；3—4 月蜕壳次数相对少一些；5—8 月，水温较高，青虾蜕壳次数多，生长快。

(二) 光照

由于青虾成虾具避光特性，晴天的白天一般多潜伏在阴暗处，夜晚弱光下四处游动，到浅水处觅食。但在生殖季节，青虾白天也出来进行交配。在人工养殖的情况下，白天投饲时，青虾也会出来寻觅食物，但数量比夜间少得多。因此，青虾的投饲主要应在傍晚进行，以供青虾夜间出来活动时摄食。青虾蜕壳通常也在夜间隐蔽处进行，光照越弱越好，强光或连续光照会延缓青虾蜕壳。所以，在青虾养殖过程中，通常要求池水保持较肥的状态，透明度不能过大。

(三) 溶解氧

青虾对溶解氧要求较高，不耐低氧环境，耐低氧能力低于主要养殖鱼类。因此鱼池缺氧时，青虾总是最先浮头；当池塘中鱼浮头时，青虾已缺氧窒息死亡。青虾生长的最适溶氧量为 5 毫克/升以上，一般不低于 3 毫克/升。

（四）pH

pH 对青虾有直接和间接的影响。pH 呈酸性的水可使青虾血液的 pH 下降，削弱其载氧能力，造成缺氧症；pH 过高的水，则将腐蚀鳃组织。过高或过低的 pH 都会影响青虾的蜕壳与生长，同时也会使水中微生物活动受到抑制，有机物质不易分解，影响饵料生物的吸收利用，造成水质清瘦，还会促使致病菌等有害生物滋生而引发虾病。因此，青虾养殖水体的 pH，在育苗阶段以 7.0～8.0 为宜，幼虾和养成阶段以 7.5～8.5 为宜。

（五）透明度

青虾养殖水体的透明度在不同阶段要求不一样，育苗和幼体培育期由于要培养生物饵料，水质要求肥一些，透明度掌握在 25～30 厘米为宜。随着青虾生长，其饲料结构发生变化，由以摄食天然生物饵料为主转向以投喂动植物人工饲料为主，这个阶段水体透明度应以 35～45 厘米为好。

（六）分布

青虾喜栖息于浅水环境，特别喜欢栖居于水草丛生、水流平缓的水体中。除了冬季青虾为了越冬移入较深的水层处，在青虾生长季节，青虾的栖居水深通常不超过 1 米。在无水草、水质较肥（透明度≤35 厘米）的池塘中，青虾绝大部分在水深 0.8 米以内的水层中活动。青虾的水平分布也表明，在无水草、水质较肥的池塘中，青虾主要分布在离岸 1.2 米以内的沿岸浅水带，池塘中央青虾很少（表 2-3）。在水草丛生的虾池，池中央青虾的平均出现率明显高于无草塘（表 2-4），所以水草对青虾池塘养殖影响很大，能显著影响青虾栖息分布区域。

表 2-3　无草池塘青虾分布

水深（米）	0.2	0.4	0.6	0.8	1.0	1.2
平均出现率（%）	16	28	32	20	4	0

表 2-4　有草池塘青虾分布

距池距离（米）	0.4	0.6	0.8	1.2	2.0	池中央
平均出现率（%）	25.9	26.8	21.7	14.7	7.7	3.2

（七）其他

青虾适应能力较强，能在淡水、低盐度水体和硬度较高的水体中生存；但最适宜在硬度适中、中性或偏碱性的水质中生长。青虾适宜生长的水质要求氨氮小于 0.1 毫克/升，亚硝酸盐小于 0.05 毫克/升，亚硝酸盐含量过高会抑制青虾呼吸。青虾养殖用水应符合《渔业水质标准》（GB 11607），水源无污染，水质清新。

第三章 青虾苗种繁育

苗种质量对养殖收获具有重要影响，使用劣质苗种会导致出现生长速度慢、商品规格小、产量低等问题，直接影响养殖经济效益。近年来，使用劣质苗种导致养殖经济效益损失的案例层出不穷，优良苗种对养殖生产的重要性越来越得到广大养殖户的高度认可。同样，青虾也需要采取科学的繁育技术培育优良苗种，从源头上为青虾养殖取得好的收成提供保障。

常用的青虾育苗方式，总的来说分为直接繁殖型和分段繁殖型两大类型，各类型又衍生出多种方式。

直接繁殖型：将雌雄幼虾放养到育苗池后，直接培育至虾苗出池，性成熟、抱卵、孵化、虾苗培育全部在一个池塘内完成，全过程只需要进行一次放养操作，故称直接繁殖型，简称直繁型育苗。

分段繁殖型：将亲本培育和虾苗繁育两个阶段隔离开。在亲本培育阶段，将幼虾培育成性成熟个体或抱卵虾；然后集中捕出，转到育苗池，完成孵化和虾苗培育阶段。中间需要进行一次转池环节，故称分段繁殖型，俗称"两段式"育苗。

虽然存在两种育苗类型，但在整个生产过程中，操作流程都类似，只是分段繁殖型比直接繁殖型多出部分环节，所以下文以分段繁殖型为主进行描述，主要分为亲本培育、虾苗孵化、虾苗培育及捕捞与运输等部分。

第一节　亲本培育

青虾亲本规格直接影响青虾的怀卵量、苗种的规格与质量等。目前普遍认为，用大规格的青虾亲本进行苗种繁育，可以提升苗种的单位产量。在春季亲本培育期，培育出大规格的亲本，将直接提高春季青虾育苗产量。

本节以亲虾专池培育为主体进行描述，其他不同方式最后予以补充说明。

一、亲虾来源与选择

（一）亲虾来源

① 从符合国家相关规定的青虾良种场或良种繁育场引进优质青虾。②从江河、湖泊等天然水域捕捞优质野生虾。③为避免近亲交配对种质的影响，异地交换大规格优质雌、雄亲虾。④池塘养殖传代不超过 3 代的青虾，可以自己培育后，选留部分作为亲虾。

不要在单一池塘或养殖小群体中选留亲本，以避免近亲繁殖；更不能以销售后剩余下来的小规格虾作亲本；不得从疫区或有传染病的虾塘中选留亲本。

（二）杂交青虾"太湖 1 号"介绍

杂交青虾"太湖 1 号"系由日本沼虾和海南沼虾进行杂交选育而获得，由中国水产科学研究院淡水渔业研究中心研制、培育的水产新品种，于 2009 年通过全国水产原良种委员会的认定，是我国审定通过的第一个淡水虾蟹类新品种（GS02 - 002 - 2008）。具有一定的杂交优势，生长速度快，大规格虾产量高，且体色、光泽度好。主要生长特性体现在：

① 生长速度很快。在池塘人工养殖条件下，20～30 天就开始有部分达到上市规格（300 尾/千克），生长速度比普通青虾提高 15％～25％或以上。

② 个体大。个体达 140～160 尾/千克大虾的比例远高于普通青虾。

③ 体形、体色好。体形看上去较壮实，体表光洁发亮，深受

消费者喜爱。

④ 抗逆性强、耐操作、耐运输，捕捞运输成活率高。

该品种生长优势体现在第一代和第二代，第三代生长优势明显退化，需弃用。同时，养殖时应杜绝此品种流入天然水域；通常在干池排水时，排水口采用孔径 80 目[①]筛绢拦截，防止杂交青虾"太湖 1 号"逃逸到天然水体中；干池结束，泼洒生石灰杀灭存塘杂交青虾"太湖 1 号"所有规格个体。

（三）雌、雄虾特征

青虾雌、雄异体，在外形上各有自己的特征，肉眼鉴别雌、雄青虾较为容易，其主要区别如下（图 3 - 1、图 3 - 2）：

① 个体规格。性腺成熟的同龄青虾中，雄性个体大于雌性个体。

② 第二步足。性成熟的雄虾第二对步足显著比雌性的强大，通常为体长的 1.5 倍左右；而雌虾第二步足长度不超过体长。但体长在 3.5 厘米以下的雌雄虾，其第二对步足的长度区别不明显。

③ 第四、五步足间距。雌虾第五对步足基部间的距离比第四对宽，故呈"八"字形排列。而雄虾第五对步足基部间距离与第四对的区别不大。

图 3 - 1 雌雄体型及第
二步足对比
A. 雄 B. 雌

这些鉴别指标适用于越冬后的老龄虾，特别是性成熟个体，当年长成的虾适用性不强。

---

① 筛网有多种形式、多种材料和多种形状的网眼。网目是正方形网眼筛网规格的度量，一般是每 2.54 厘米中有多少个网眼，名称有目（英国）、号（美国）等，且各国标准也不一，为非法定计量单位。孔径大小与网材有关，不同材料的筛网，相同目数网眼孔径大小有差别。——编者注

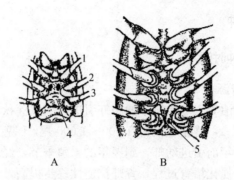

图 3-2　雌虾精子受纳区及雄虾输精管开口

A. 雌　B. 雄

1. 第三步足　2. 第四步足　3. 第五步足

4. 精子受纳区　5. 雄虾射精口

(四) 后备亲虾选择

后备亲虾指未成熟的幼虾，要求体质健壮，无病无伤，肢体完整，游泳迅速，弹跳力强，活力好，反应敏捷。虾壳外有褐斑或虾体发黑且较瘦的个体通常体质较弱，或带病，不适合选作后备亲虾，可能会死亡，并会传染给健康的虾。另外，后备亲虾的附肢除具有感觉、摄食、防御和运动的功能，同时与交配、受精、孵化有直接关系，因此要求后备亲虾附肢完整；同时，在选择后备亲虾时必须谨慎操作，避免步足脱落和受伤，附肢缺损的亲虾容易感染病菌，造成死亡，同时也会影响幼虾的质量和数量。

在选留后备亲虾时，务必注意雌雄选留标准的差异，由于雄虾规格普遍大于雌虾，选留时应区别对待，不应只偏重选择大个体，否则会出现雄虾多、雌虾少的问题。

来自养殖池塘的后备亲虾在越冬期间要加强管理，防止病害发生和体质下降，越冬期间管理可参考青虾双季主养越冬管理相关内容。

二、引种

(一) 引种时间

1. 野生资源

江河、湖泊等天然水域中的亲虾引进时间以深秋初冬季节为宜（水温 5～10 ℃），规格以幼虾 1 000～1 600 尾/千克为宜。主要有两个原因：①年前引进幼虾，到翌年的繁殖季节，经历了较长时间的池塘驯养、强化培育过程，青虾抗逆性逐步提高，基本适应池塘封闭水域生态环境，有利于亲虾性腺的正常发育；而如果 4—5 月临近繁殖季节，直接从天然水域引进成虾进入池塘，由于生长环境突变，造成青虾应激，青虾性成熟发育受到影响，抱卵率低，即使直接引进抱卵虾，孵化率也不高。②年前引种水温低，运输伤害小，引种成活率高；如果改在年后 4—5 月引种，此时气温较高，引种运输成活率难以保证。

2. 池塘养殖虾

亲虾如果来自养殖池塘，引种时间通常选在春节前后（最迟3 月底前），此时气温 2～10 ℃，亲虾活动量小，可降低捕捞运输对虾体的损伤；同时，各地水温、气温不会出现较大温差，可避免造成温度应激；另外，进入 4 月后，由于水温上升，青虾进入蜕壳高峰，会出现大量软壳虾，严重影响运输成活率。深秋初冬也可以引进养殖亲虾，但此时大多养殖塘口商品虾尚未捕捞结束，捕捞会对商品虾造成影响；如果商品虾上市早，则可提前从剩余幼虾中挑选亲虾。

(二) 亲虾捕捞

在起捕亲虾前，提前 1～2 天在池塘中均匀放置茶树枝、柳树枝、草把等作为虾巢（彩图 2），用以聚集青虾。捕捞时，采用大三角抄网从底部兜抄虾巢的方式进行捕捞，通常两人配合操作，一人提虾巢，一人兜抄（彩图 3）。从捕捞青虾中选择体质健壮、无病无伤的青虾作为亲虾，且要求亲虾达到800～2 000尾/千克；剔除野杂鱼、螺蛳和水草杂物等。用竹筐、带孔塑料框、编织筐等由光滑材料制成的可漏水开口容器，将亲虾转运至装运点或亲虾培育池。

（三）运输方式

亲虾运输应视运输距离、交通便利情况及亲虾数量选择适当的运输方式。运输方式主要有活水车网隔箱分层运输、水桶或帆布桶装运及筐篓短距运输等。鱼类运输常用的塑料袋充氧密封运输方式，青虾不适用，原因是其锋利额角易戳破袋子，如果采用此方式，需将亲虾额角用橡皮胶管套上，或将额角剪去，操作麻烦，或用橡皮袋代替尼龙袋。

1. 活水车网隔箱分层运输法

此法运输量大，对虾的伤害小，适宜于长途运输，运输时间可长达10小时以上。实践证明非常有效，水温在10 ℃以内，运输时间3小时内，运输和下塘成活率一般能保持在95%以上，即便运输时间长达5小时，下塘成活率也能达到90%。

（1）**装运设备** 该运输方式用到的主要装置设备包括水箱、网隔箱和增氧设备。

水箱可用铁板或玻璃钢制作，最好加保温层，并加盖；运输量不大时，也可直接采用大塑料框作为水箱（彩图4）。

由于青虾游泳能力弱，大量青虾装载在一个空间里，会互相挤压造成损伤；采用网隔箱将青虾分割在一个独立的空间，可有效避免青虾挤压造成虾体损伤。网隔箱大小通常为100厘米×50厘米×15厘米，用钢筋焊接做骨架，缝装上孔径为0.2厘米左右的聚乙烯网布，上面有活动网盖可以开关（图3-3），俗称虾夹子。

由于青虾不耐低氧，对溶解氧要求较高，水箱底部需装配充气增氧设备，如散气石或打孔PVC管（彩图5），近年来多使用微孔管道增氧设施，增氧效果好于前两种。全过程用气泵或氧气瓶增氧，气泡和水流从底层网隔中间向上流动，使各层网隔中有足够的

图 3-3　网隔箱（虾夹子）

溶解氧，保证运输过程中水体处于高溶解氧状态，防止因缺氧降低运输成活率。

（2）装运措施　先将水箱装满水，运输用水以清洁的亲虾池塘水为主，适当添加洁净水，并提前进行增氧，提高运输水体溶氧量。再将抄捕选留的亲虾装入网隔箱中（彩图6），每装好一个网隔箱，及时将网盖固定好，称重后（彩图7），及时装车（彩图8）。依次垒叠浸没于水箱中，水箱中水面应高于最上层网隔箱5～10厘米，在水箱底层放置1～2个空的网隔箱，使得装有青虾的网隔箱与水箱底部之间保持一定距离，便于水体流动。

每个网隔箱装虾量不宜过多，过多仍会造成亲虾之间的相互挤压，造成虾体损伤，通常每只网隔箱装虾8～12千克。水箱总体装运密度控制在每立方米水体80千克以内。称重时，同时随机取部分虾进行打样称重，以确定亲虾规格。

运输过程中，由于虾体新陈代谢，运输水体中会产生大量氨氮等有害物质，并滋生许多细菌等有害微生物，导致水体败坏，极易伤害处于应激状态的青虾。在运输水体中添加一定剂量的噬菌蛭弧菌，可有效降解这些有害物质、改善运输水体环境，从而提高运输成活率。噬菌蛭弧菌添加浓度通常为（2.5～3.0）×10⁹个菌落单位/米³，具体添加量按照产品说明书操作。

2. 水桶或帆布桶运输法

将木桶、塑料桶或帆布桶装 2/3 左右的水，水中放入适量树枝、粗网片等可供虾攀悬的物体，每 100 升水可装青虾 2.5～10 千克，运输途中可用气泵或氧气瓶等增氧。此法仅适用于短途运输。

3. 筐篓短距运输

短距离运输时，如转池、分塘，可选用竹筐、带孔塑料框、编织筐等由光滑材料制成的可漏水开口容器进行装运（彩图 9）。开口筐篓装载虾苗至 2/3 容量，稍微沥干，过秤后，即运输至放养池塘。采用此方式运输时间宜控制 10 分钟以内。

（四）注意事项

① 引种放养时间宜选择晴好天气早、晚气温偏低时进行。要特别避开冰冻和大风天气，以提高成活率。温度太低不利于引种，特别是出现冰冻时，应停止捕捞运输，因为此阶段的青虾规格小，尚处在越冬期，体质较弱，再经捕捞、运输、放养等一系列环节操作，会产生应激反应，从而导致运输下塘成活率明显下降。

② 运输前要加强饲养管理和严格挑选，确保青虾健壮、无病、无伤，尽量剔除混入其中的野杂鱼。同一批次亲虾应尽量保证规格大小一致，如果无法做到，则保证同一网隔箱的规格基本一致，这样有利于确保放入同一虾池的亲虾规格齐整。

③ 捕捞时，应避免搅浑池水，否则池塘混泥水会导致虾鳃受伤或堵塞，影响虾的成活率。

④ 运输途中密切注意增氧设备及增氧曝气情况；注意遮阴，避免阳光直射；做到快装、快运、快下塘，一气呵成；如果是封闭运输车辆，不允许开启空调。

⑤ 亲虾运输操作要小心，尽量避免亲本受伤。运输前做好充分准备，做好各个环节的衔接，确保做到"虾不等车、车不等人"，尽量缩短运输时间。

三、放养

(一) 亲虾培育池要求和准备

放养亲本前必须进行亲本培育池清整、消毒和晒塘等准备工作。

1. 亲本培育池的选择

要求形状比较规则，面积不宜太大，一般以 2 000～3 333.3 米^{2}为宜，坡比 1∶(2～4)，水深 1.0～1.5 米，池底平坦，无坑、沟；要求池塘水源充足，水质良好，排灌方便，进排水系统分开。

2. 池塘清整

排干池水，清除过多的淤泥，保持池底淤泥 10～15 厘米，修整塘埂，使池塘不渗漏，能保持足够的水位。

3. 晒塘

晒塘是改善池塘环境，减少虾病，保证虾健康生长的重要措施。这对养殖多年的老池塘更为必要，也是苗种繁殖取得稳产高产的关键环节。

晒塘要求晒到塘底全面发白、干硬开裂，裂缝深度达 5 厘米以上，越干越好。一般需要晒 10 天以上，若遇阴雨天气，则要适当延长晒塘时间。

4. 清塘消毒

放养前半个月，选择晴好天气，池塘进水 10～15 厘米，每667 米^2 用生石灰 75～150 千克，用水化开后趁热全池泼洒，以杀灭病虫害及敌害生物；或用含有效氯 30% 的漂白粉 6～8 千克；或用含有效氯 60% 的漂白粉精 3～5 千克。及时清除池塘中杀灭的野杂鱼尸体。

5. 注水

放养前 1 周左右，加水至 60～80 厘米，进水用 60 目及以上（孔径≤250 微米）尼龙筛绢制成的双层过滤网袋过滤，以防野杂鱼、敌害生物及其受精卵进入虾池。

6. 施基肥

进水后，即施经发酵腐熟的有机肥，用量为每 667 米^2 100～150 千克；亦可施用市售的生物有机肥，用量按说明书。

7. 水草种植及架设人工虾巢

在放养种虾前，在离塘边 1 米的缓坡地带沿塘四周种植轮叶黑藻、苦草等水生植物，水草丛间保持 1.5 米以上间隔。种植面积占虾塘面积的 20%。也可使用茶树枝、柳树等多枝杈树木扎成的人工虾巢替代部分水草。

8. 增氧设施的安装

安装微孔增氧设施，功率匹配按每 667 米^2 0.2 千瓦。微孔增氧安装参见青虾养殖章节的相关内容。

9. 试水

放养前要做好试水工作，放养前一天在池塘内放置一个网箱，放入少量青虾，24 小时后观察，青虾正常则可进行引种放养。进行试水的网箱，要放在池塘中沉入池底，接触池塘底泥，因为青虾入池后将直接接触底泥，如果网箱架在水体中，试水的青虾可能未触及底泥，从而未及时发现底泥的影响，导致青虾入池后可能出现不正常的反应。简单的试水操作可以通过在网袋中放养少量青虾，放在池塘中 1～2 天，观察青虾活动情况来判断。

（二）亲虾放养

正确的放养操作方法是提高成活率的重要环节。

1. 放养操作

亲虾到达放养池塘后，先打样，进一步确认亲虾规格，用以计算每个培育池放养数量。

放养要带水操作，避免堆压，沿池边均匀分散放养。放养时，人一定要站在水中操作，若是网隔箱运输，先将网隔箱沉入水中，再打开网盖，边走边抖动网隔箱，沿池边均匀缓慢倒入池塘，注意动作不宜过大，防止损伤亲本影响放养成活率。切忌一倒了事或倾倒于一处，会导致亲虾堆压在一起，影响成活率；更不能站在岸上直接倾倒放养，防止青虾栽入泥中。无风时，池边四周都要放到，以使亲虾在虾池中分布均匀；有风时，应选择亲虾培育池的上风口作为放养地点，而且应多点放养，避免在一处集中放养。

通常每 667 米^2 放养亲虾 15～30 千克，密度不宜过高，密度过高会产生较大的生长环境压力，影响亲虾肥育效果。放入同一虾池的亲虾要求规格大小基本一致，并且应一次放足；如果不注重放养规格的控制，则到后期发育参差不齐，难以获得高质量的成熟亲本。

正常情况下，放养后大部分虾都能自行游散。亲虾放养后 3 天内，要增加巡塘频率，注意观察亲虾活动情况，防止缺氧，发现情况及时采取补救措施，提高虾种放养成活率；同时应及时清除死虾、杂物。

2. 注意事项

① 提前增氧。放苗前 12 小时开始为亲虾培育池增氧，确保亲虾运到时，池中溶氧量充足，让在运输过程处于应激状态的亲虾尽快进入一个良好的水体环境，有利于迅速恢复体质。

② 放养时，动作要轻捷，操作要熟练，轻手轻脚，避免将放养区域水体搅浑。

③ 亲本放养时应注意运输水温与池塘水温温差不宜过大，一般不宜超过 3 ℃，如温差过大，则必须将水温调节适中后再行放养。通常在运输车辆快到池塘时，就提前测量活水车和池塘的水温，以便及早采取相应措施。

④ 做到肥水下塘，避免清水放虾。

3. 成活率估算

放养时，应对成活率进行估算，以准确掌握亲虾有效放养数量。

① 在放养时，有活力的健康亲虾都会主动游散，活力不足、尾部发白的虾或死虾会留在原处，对其进行计数或估算，以评估运输成活率。

② 放养时在池塘设置网箱 1 只，随机挑选 1 千克亲虾暂养于其中，暂养密度为 0.3～0.5 千克/米^3，暂养 1～2 天，观察成活情况，以估算下塘成活率。

四、亲本培育

亲本培育期间，应促进亲虾尽早恢复体质，进入育肥阶段，使亲虾提前蜕壳、集中蜕壳，加快亲虾体内营养和能量累积及性腺发育，有利于挑选发育基本一致的、高质量的成熟亲虾用于育苗。

（一）投喂管理

1. 饲料要求

投喂全价颗粒配合饲料，饲料质量要求粒径适口，饲料粗蛋白质含量36％左右；前期投喂饲料蛋白含量低的池塘，后期应改投蛋白含量较高的饲料，以满足种虾生长需求；饲料尽量选择青虾专用配合饲料，如果无法采购到，可选择南美白对虾或罗氏沼虾饲料替代。强化培育期间，搭配投喂新鲜、无毒、无污染螺蛳肉、蚌肉、鱼肉糜等鲜活饵料。

2. 投喂方法

饲料的投喂量随着水温的升高而逐渐增加。亲虾下塘时间为2～3月，集中在2月，此时池塘水温较低，亲虾摄食较少甚至不摄食。一般水温降至8℃以下时，青虾停止吃食，潜入深水区越冬；当水温升到8℃以上时开始吃食。所以前期基本上无需投喂，但遇晴好天气，水温在8℃以上时，就要坚持投饲，以维持其生命和活动所需，尽量保证其不掉膘，可于中午少量投喂，投喂量为虾体重的1％，坚持"少而精"的原则，不宜过多。3月，视天气及水温状况每2天左右投喂1次。通常水温不超过15℃时，每隔1天投喂1次；水温高于15℃，每天投喂1次，投饲量占虾体重的1.5％～2.0％，均在中午投喂。4月初，随着水温上升，虾体活动明显增强，进入快速生长期，应增加投饲频率及数量，按正常投喂管理。日投喂量控制在虾体重的5％～8％，分上午、下午两次投喂，08:00—09:00投喂，占日投总量的1/3；16:00—17:00投喂，占日投饲量的2/3。具体投喂量以投饲后3小时内吃完为度，通过设置食台查看摄食情况，灵活调整饲料投喂量，做到吃好、不费料。定期打样，根据亲虾的生长情况测算亲虾存塘群体重量，从而及时调整饲料投喂量；同时，也应根据天气、水质、水温、摄食及蜕壳等情况灵活掌握投喂次数及投喂量。

早期在池塘四周浅滩处均匀投喂，后期为全池均匀投喂，面积3 333.3 米^2 以上水较浅或水草较多的池塘前期就要全池均匀遍洒。

（二）水质管理

对池塘肥度进行调节，使池水透明度控制在 25～40 厘米，视池水水质肥瘦情况适时追肥或加注新水，整个亲本培育期间池水肥度都控制在嫩、活、爽的状态；水太清时，及时追施腐熟有机肥，每 667 米^2 施 30～100 千克，也可使用生物有机肥进行追肥，使用量按产品说明书；水太浓时，适时加注新水，以冲淡池水浓度，加注新水在早晨水温较低时进行，防止水温波动过大。溶解氧最好保持在 5 毫克/升以上，根据天气、水色、季节和青虾活动情况，及时开启增氧机或采取冲水等措施，保持池塘溶解氧充足。每隔 10天或半个月使用一次有效微生物群（EM）原露、芽孢杆菌等微生物制剂调节水质，不要与池水消毒同时开展，两者之间应间隔 3 天以上。

亲虾放养后，在亲虾培育期间逐渐提高水位，到 4 月亲虾培育池水位应加至 1.0～1.3 米。在培育早期，水位不应过高，以促进水温尽快回升，青虾尽早开食育肥。

（三）病害防治

采取预防为主的原则，生石灰和二氧化氯交替使用，全池泼洒，对水体杀菌消毒、防治纤毛虫。

（四）日常管理

坚持每天清晨及傍晚各巡塘 1 次，观察亲虾摄食情况、生长活动情况、蜕壳数量、性腺发育、水质变化、病害发生等情况，检查塘基有无渗漏，防止池埂倒塌、渗漏，防止水鸟、水老鼠捕食青虾，发现问题及时采取相应措施。详细做好塘口档案记录，记录要素包括天气、气温、水温、水质、投饲用药情况、摄食情况等。

每天注意池塘溶解氧状况，巡塘时最好用测氧仪检测底层溶解氧，适时开增氧机，防止虾浮头，泛塘。一旦发现大批幼虾跳跃，浮在水面游动，或者爬到池边，就表示池中溶氧量偏低，代谢产物过高，会造成青虾大批死亡，必须立即换水或增氧。在培育早期，还要防止池水结冰，一旦发现，要及时敲碎或钻洞，防止亲本因缺氧窒息而死。

4月中，池塘水温开始达到20 ℃，亲虾逐渐发育成熟，部分亲虾开始抱卵，此时开始应用地笼采样观察亲虾的性成熟情况，并做好孵化育苗准备工作，准备收集抱卵虾转入育苗池。

（五）培育方式

1. 直接繁殖型亲本培育方式

该方式的亲本培育阶段在育苗池中完成，育苗池前期用于开展亲本培育。其整个亲本培育管理措施基本上与亲本专池培育类似，但在少许细节上有所区别。具体如下：

（1）**育苗池条件**　因亲本培育池与育苗池共用，故对池塘要求主要考虑育苗需求。面积可稍大点，以 2 000～6 666.7 米^2 为宜。

池塘中不得种植水草，否则会影响后期的苗种捕捞；如有水草，则应尽量清除。

（2）**苗种放养**　亲虾放养量满足池塘自身育苗所需即可，一般每667 米^2 放5～8 千克，培育至5 月，每667 米^2 可获成熟亲本10～15 千克。

2. 先集中再分塘直繁培育方式

这种方式可节省池塘水面，适合1—4 月塘口较紧的地区，但对养殖管理要求也较高。先将引进亲本高密度放养于一个池塘中进行培育，到达到一定规格后，再行分塘，进入虾苗繁育阶段。其前期放养方式同亲本专池培育，而育苗方式基本同直繁型。通常要在 4 月上旬前完成分塘，否则密度过大，影响亲本培育效果。集中培育时，亲本放养密度不宜超过每 667 米²50 千克，否则影响亲本培育效果；并且应根据亲虾的生长情况、存塘密度，做到及时分塘。

这种方式有时也在引进亲虾时没有足够的池塘进行亲本专池培育的情况下采用，待有池塘空置出来后再分塘进行专池培育，获取抱卵虾。

3. 蟹池混养培育亲本

该方式即利用河蟹养殖池塘培育亲本。

4. 从商品虾中挑选亲本

如无条件进行亲虾专池培育，则可到繁殖季节后，从成虾养殖塘中直接挑选性成熟虾或抱卵虾用于育苗。成虾养殖塘按常规措施进行管理。

第二节　虾苗孵化与培育

本节主要讲述抱卵虾专池育苗管理措施，对与其他育苗方式的虾苗培育管理不同的地方进行适当补充说明。

一、育苗池条件和准备

(一)育苗池条件

育苗池以长方形为宜，东西向长；面积以 2 000～6 666.7 米²为宜，池深 1.5 米左右，水深 1.0～1.2 米；坡比 1：(2～4)，池底平坦，无坑、沟，土质以黏壤土为宜。要求水源充足，水质清新、无污染，水质应符合《渔业水质标准》(GB 11607)和《渔用药物使用准则》(NY 5071)的规定。进排水方便，具有独立分开的进、排水系统，以及结构牢固的进、排水涵闸与过滤、拦网设施。

（二）清整晒塘

晒塘期间进行池塘的清整，清除过多的淤泥、污物，育苗池淤泥不超过 15 厘米；如果池塘前期种植过水草，则应将草根清除，防止水草滋生；加固整修池埂。晒塘要求同亲本培育池。

（三）池塘消毒

抱卵虾放养前半个月，选择晴好天气进行池塘消毒，方法包括干法清塘和带水清塘。

1. 干法清塘

池塘进水 10～15 厘米，每 667 米² 用生石灰 75～150 千克，用水化开后趁热全池泼洒，以杀灭病虫害及敌害生物；或用含有效氯 30% 的漂白粉 6～8 千克；或用含有效氯 60% 的漂白粉精 3～5 千克。

2. 带水清塘

进水 80 厘米，每 667 米² 用生石灰 80～150 千克或漂白粉（有效氯含量为 30% 以上）10～20 千克，或漂白精 4～6 千克。

消毒后，应及时清除池塘中杀灭的野杂鱼尸体。

生石灰清塘 10 天后试水放虾；漂白粉或漂白精清塘 7 天后试水放虾。

（四）过滤进水

干法清塘的池塘，抱卵虾放养前 1 周开始进水，进水时必须严格密网过滤，选择 60 目以上（孔径≤250 微米）的筛绢网，防止野杂鱼、蝌蚪等敌害生物及杂草等进入池内，以免影响虾苗产量。因为在虾苗生长期间，蜕壳频繁，上述敌害生物是其天敌，而目前尚没有能有效杀灭这些敌害生物而不对虾苗造成影响的药品，所以只能以预防为主。

初期进水深度 0.7 米左右，进水后应经常巡塘，捞除蛙卵、蝌蚪，清除青蛙等敌害生物。

（五）施放基肥

进水后第 2 天，就可以开始施肥，每 667 米² 施经充分腐熟发酵的畜禽粪肥 200～300 千克、氮磷复合肥 1 千克，培肥水质。其方法采取堆压与加水全池泼洒相结合的方法。

也可选择生物有机肥等商品肥料，以粉状、膏状或液态类肥料为佳，最好从正规的渔药经营门市购买。每 667 米² 肥料中可另加入 200～300 克光合细菌干粉同时使用，以增加肥效；同时也能调节水质，避免池塘底部水体因缺少阳光而导致有害物质的增加。如若进水后天气持续晴好，施肥的时间也可以在抱卵虾放养之后，以节约施肥成本。

（六）设施配套

育苗池必须配备增氧设施，最好配备充气式增氧设施，推荐使用底层微孔增氧盘。功率匹配按每 667 米² 0.5～1.0 千瓦，一般每 3 000 米² 配 2.2 千瓦充气式增氧泵一台，增氧盘安装时注意应离池底 15～20 厘米，在池塘底部要排放均匀，尽量覆盖全池。不建议使用微孔增氧管，因育苗池后期要多次进行拉网捕捞，微孔增氧管的存在对捕捞效果有较大影响；也不建议用打孔的 PVC 管代替微孔增氧盘，虽然价格便宜，但增氧效率不高，而且也存在妨碍拉网捕捞的问题。

另外，再配备水泵 1～2 台，在育苗中后期，起冲水作用，让池水转动起来。

（七）人工虾巢

育苗池中存在水草会对育苗造成严重影响，一方面水草丛生，池水难以肥起来而且调控难度大，与育苗水质要求严重不符；另一方面，草的存在会影响虾苗捕捞操作。所以，育苗池中不宜栽种水草，并应清除滋生的杂草。

但为解决亲虾栖息场所，每 667 米² 需放置 15 个用茶树枝等制成的虾把，虾把高 60 厘米左右、底部直径 80 厘米左右，同时也方便雌虾抱卵孵化情况的检查。

二、抱卵虾放养

（一）抱卵虾收集

在长江中下游地区，进入 5 月，池塘水温维持在 20 ℃以上，抱卵雌虾不断增多，要经常用地笼采样观察亲虾抱卵情况。当雌虾的抱卵率达 60％以上，即进入抱卵高峰期时，及时用地笼捕出抱卵亲虾与少量雄虾，转入虾苗培育池，进行孵化育苗。在长江沿线地区，通常在 5 月中下旬，青虾进入抱卵高峰期。

要注意的是，收集单抱卵虾专池育苗的模式在收集转塘过程中会对抱卵虾造成损伤，产生一定的损失；为避免或减少在捕捞和分拣抱卵虾的过程中对抱卵虾亲本造成损伤，在生产实践中通常在雌虾抱卵率达到 60％以上时开始收集抱卵虾，这样可以一次收集足量的抱卵虾，减少捕捞次数，降低捕捞对抱卵虾的损伤。另外，收集提前成熟的抱卵虾进行育苗，虾苗也提前孵出，其生长过程中将经历性早熟过程，影响生长，从这个角度讲，也要尽量避免选择前期成熟的抱卵虾进行育苗。

抱卵虾来源以亲本专池培育为主，也可从青虾主养塘口养成的商品虾中挑选，还可从蟹池套养培育的抱卵虾中进行挑选。

（二）抱卵虾选择

收集到的抱卵虾需加以选择再用于育苗。抱卵虾质量不高，所孵化的虾苗质量就难以保证，因此需从收集抱卵虾中挑选一些高质量的抱卵虾。通常要求抱卵虾个体较大，一般体长 4.5 厘米以上，最好 5 厘米以上，规格整齐、体质健壮、活力强、对外界刺激反应灵敏、肢体完好、无病无伤。

青虾卵粒呈椭圆形。刚产出的卵粒处于胚胎发育早期，卵粒颜色较深，呈绿色、黄绿色或橘黄色（彩图 10），卵粒间连接比较牢固，操作运输不宜脱落；孵化 10 天左右后，卵粒颜色逐渐变淡，呈淡黄色；15 天左右后呈灰褐色，逐渐转为透明，眼点明显可见（彩图 11），卵粒间连接性也随之减弱，卵块容易脱落。所以在选择抱卵虾时，以卵粒发育处于中期的抱卵虾为宜，即 10～15 天的抱卵虾。受精卵一般经过 20～25 天的孵化期孵出幼体。

捕捞收集的雄虾需留部分大规格个体，体长 6 厘米以上，用于雌虾二次抱卵；其他雄虾应及时上市。

（三）抱卵虾放养

长江中下游地区放养时间一般为 5 月中、下旬至 6 月上旬，每 667 米^2 放抱卵虾 5～8 千克，搭配少许大规格雄虾，雌雄比（3～5）：1。同一育苗池要求分拣放养卵粒发育基本相近、规格基本一致的同批抱卵虾。要求亲虾一次放足，避免出现抱卵虾个体间卵粒发育相差较大的情况。同时，抱卵虾数量与出苗量直接关联，放足抱卵虾是提高育苗量的重要基础。放养方法参考亲虾放养。

抱卵虾放养前一定要注意试水，放养时应保证运输水温与池塘水温相差不宜过大，一般不宜超过 5 ℃。如温差过大，则必须将水温调节适中后再行放养。

抱卵虾运输方法可参考亲虾运输方法，但不建议进行长途运输。如果需要长距离运输，则最好控制在 2 小时以内。因为抱卵期间温度已开始升高，而且卵粒也需呼吸耗氧，对运输水体溶解氧要求更高，所以一旦运输时间过长，一方面会影响抱卵虾运输成活率，另一方面也会对卵粒造成损伤，影响孵化效果。

（四）抱卵虾放养量与虾苗产量的估算

抱卵虾的抱卵数量一般与抱卵虾规格相关，规格越大，抱卵数量也就越多。隔年体长 4～6 厘米的抱卵虾，一般抱卵数 1 000～2 500 粒，高的可达到 5 000 粒上下，低的尚不到 600 粒，通常按每尾抱卵虾抱卵 1 500 粒计算；孵化率 90% 左右，幼体变态率 35%～

50%，1千克抱卵虾按350尾计算，则从理论上讲，每千克抱卵虾可孵育虾苗16.5万～23.6万尾。当然，实际出苗率与孵化育苗池水体环境、水质、饲料、饲养管理技术等方面有着密切关系。水质恶劣、溶解氧条件差、饲料不足，卵粒的孵化率将会明显下降。近年来的生产实践显示，每千克抱卵虾孵育虾苗平均在10万尾左右，远低于理论计算值，这其中最主要是幼体变态率不高，不到30%，因此在测算抱卵虾放养量时，建议幼体变态率按25%计。但这仅是一般情况下的计算参数，具体情况还应结合抱卵虾的规格质量、孵化育苗池条件及管理水平而定。通常每667米^{2}放养抱卵虾5～8千克，可孵育1.2厘米以上虾苗50万～80万尾，高者也可达到100万尾以上，但低的也有不足30万尾。

三、孵化期间饲养管理

孵化期间投喂管理和前期水质管理等基本上同亲虾培育，主要有以下注意点。

（一）饲料投喂

因为抱卵孵化后期，抱卵虾摄食欲望有所下降，故投喂量可适当降低；另外，不需要再投喂鲜活动物饵料。同时，池塘中放虾量少，饲料投喂不需要池塘遍洒，投喂在池塘四周浅滩上即可，上午投喂的水层可稍深一点。

（二）水质管理

抱卵虾放养后，孵化前期，每隔3～5天加注一次新水，每次加5～10厘米，直到加至1～1.1米；孵化后期，特别是虾苗出膜期间，池塘水质要保持稳定，尽量避免进排水。

（三）日常管理

定期检查亲本虾的受精卵发育情况，以及时做好虾苗出膜培育的衔接准备工作。

虾苗孵出后，即可用地笼等捕虾工具将产过卵的虾捕捞上市，或等二次抱卵后转入其他育苗池进行二次繁育。

(四) 开口饵料培育

在孵化管理后期，虾苗孵出前几天，应重点做好开口饵料培育工作。

育苗池浮游动物生长高峰期与溞状幼体开口摄食同步，是提高育苗成活率的关键技术之一。主要通过适时肥水来控制浮游动物的演替节奏；水肥得过早，虫体太老（指枝角类等大型浮游动物过早大量出现），溞状幼体无法食用，出苗率就低；水肥得过晚，浮游动物尚未大量出现，缺乏天然适口饵料，出苗率就低。因此，池塘内适时培育量多质好的开口饵料——轮虫，是提高育苗池出苗量的关键。目前，肥水时间节点的确定，大多采用"看见眼点就施肥"的措施；当发现卵粒颜色由黄绿色转为呈透明状的灰褐色，并出现黑色眼点时（即距溞状幼体出膜 2～3 天前），开始施肥以培肥水质，为青虾幼体培育轮虫等适口饵料，每 667 米^2 施经发酵的有机肥 100 千克左右，全池泼洒，也可使用生物有机肥、褐菌素、培藻素、生物渔肥等来培肥水质，使用方法按产品说明书；施肥后最好适当泼洒芽孢杆菌，以促进肥效发挥。由于刚孵出的 I 期溞状幼体以自身卵黄为营养，经 2～3 天后蜕皮变态为 II 期溞状幼体，开始以藻类、轮虫等为食。施肥 5 天后，正值轮虫高峰期，为幼体提供了充足适口饵料，可大大提高幼体开口阶段的成活率。

育苗池中适口浮游动物越多，持续时间越长，早期虾苗成活率越高。如果育苗池水质没有调控好，枝角类、桡足类等大型浮游动物过早大量出现，应及时进行杀虫处理。池中大型浮游动物数量过多，不仅不能为抱卵虾所食，而且会与虾苗争溶解氧、争饲料，水质也容易变坏，最终导致虾苗产出率降低。通常，选用阿维菌素、伊维菌素等对虾类刺激性较小的杀虫药物，杀灭水中的大型枝角类及水蜘蛛等水生昆虫，使用方法按产品说明书。

四、虾苗培育

当育苗池发现溞状幼体时，即进入虾苗培育期。青虾育苗期间应加强喂养和水质管理。

刚孵出的溞状幼体，经 9 次蜕皮变态，长成体长 1.2 厘米的虾苗，即可开始捕捞放养或出售。一般每 667 米^2 可产虾苗 50 万～80 万尾。

（一）影响虾苗培育成活率的环节

青虾苗种培育成活率通常较低，从抱卵到出池，成活率通常只有 10%～20%；而苗种培育阶段的死亡率问题更为突出，死亡高峰期主要发生在开口、转食、转底等环节。

1. 开口环节

虾苗刚出膜时为Ⅰ期溞状幼体，此时自身还带有营养物质，无需从外部摄取食物。出苗后 2 天左右，虾苗由Ⅰ期溞状幼体（Z1）蜕壳变态为Ⅱ期溞状幼体（Z2），开口摄食；此时，如果适口生物饵料充足、能满足虾苗继续生长的营养需求，则虾苗得以正常生长；否则将导致虾苗大批量死亡。因此，此阶段育苗池水质状况是影响虾苗成活率的关键因素。

2. 转食环节

虾苗开口摄食后，通过蜕壳不断生长，摄食的饲料也不断转换，从轮虫到枝角类、大型浮游动物；摄食量也不断上升，而育苗池载苗量大，对浮游生物的消耗量也随之上升，育苗池自身生产力已无法满足虾苗生长需求。此时应根据虾苗生长状况，及时调整饲料，投足相应粒径和营养成分的饲料。如果不掌握虾苗这一生长特性并采取相应措施，虾苗没有适口足量食物可吃，将极大地影响虾苗的生长和成活率。

3. 转底环节

此时溞状幼体变态完成，进入幼虾阶段，生活习性发生重大变化，由水中浮游生活转为水底爬行生活，虾苗分布状况由全池立体分布转为池底平面分布，栖息空间急剧压缩，局部虾苗密度大幅度上升，生存压力加大；而池底理化指标通常都处于恶劣状况，导致虾苗死亡率高；此时若碰到恶劣天气，则容易出现转水现象，导致虾苗全军覆没。此时应采取改底、调水措施，为虾苗提供良好的生活环境。

（二）投喂管理

随着虾苗不断地蜕壳变态生长，虾苗的食性也在不断转换，因此，虾苗培育期的饲料投喂管理要注重及时转换饲料，管理过程可以相对分为早、中、晚三个阶段。

1. 饲料要求

虾苗培育过程使用动物性饲料、植物性饲料及人工配合饲料，各类饲料应符合以下要求。

（1）**动物性饲料** 包括鱼糜、鱼粉或蚕蛹粉等，要求新鲜、无污染，符合《饲料卫生标准》（GB 13078）的卫生要求。

（2）**植物性饲料** 包括黄豆浆、次粉、麦麸或菜粕等，应符合《无公害食品 渔用配合饲料安全限量》（NY 5072）的规定。

（3）**人工配合饲料** 包括粗蛋白质含量为 38%～40% 粉状配合饲料和幼虾颗粒配合饲料，其他指标应符合 NY 5072 的规定。

2. 早期投喂管理

在孵化后期，提前做好水质调控工作，确保虾苗出膜 2 天后，有足量适口的生物饵料供应（见孵化期间饲养管理相关内容）；同时也应补充适量的人工饲料，特别水质偏瘦的情况下，更应及时补充，通常是采取泼豆浆的方式，以平稳肥水，防止肥度起落较大。总的来说，早期虾苗培育主要以肥水为主，适当辅以豆浆。

当池中发现溞状幼体后，每天地笼打样检查抱卵虾幼体排放情况，当已排放幼体的抱卵虾占投放母本的比例达 20% 左右时，每 667 米² 每天用 0.5 千克干黄豆，浸泡后磨浆 20～30 千克，分 2～3 次全池泼洒，每次投喂量平均分配。逐渐增加黄豆用量，通常每隔 2～3 天增量一次；排幼母本比例达 50% 左右时，黄豆用量增加到 1.5 千克，泼浆 1 周后，每天的黄豆用量增加到 3～5 千克，分上午和下午两次全池泼洒，投喂量各占一半。并在晴天中午追肥一次，以利虾苗适口饵料大型浮游动物的培养；肥料推荐选用生物有机肥，每 667 米^2 用量 20～25 千克，全池泼洒，并加注新水 20 厘米；尽量不在孵化池中用化学肥料，因为化学肥料作用强，使用不当会引起"转水"，影响虾苗的成活率。

豆浆用量应根据虾苗活动、水的肥度、天气状况适当调整。当池水肥度大、浮游生物很多或天气不好时，可减少豆浆投喂量；当池水偏瘦，浮游生物较少时，应增加豆浆投喂量。

3. 中期投喂管理

虾苗开口摄食后，一般情况下青虾幼体经 20 天左右变态为幼虾，转为沿池边四周集群平游时，开始逐渐减少豆浆投喂量，增加投喂粉状配合饲料，用水将粉料调制成糊状全池泼洒，约 1 周后，全部投喂粉状配合饲料；也可用鱼糜、鱼粉或蚕蛹粉等动物性饲料（每 667 米^{2}0.5～1 千克）与次粉、麦麸或菜粕等（每 667 米^{2}2～3 千克）调制成糊状全池泼洒。根据虾苗吃食情况，适时增加饲料投喂量。中期饲料调整时间也可适当提前，一般虾苗出膜培育 15 天后，即可开始逐步调整饲料。

4. 后期投喂管理

孵出虾苗培育 30 天左右，幼虾规格进一步增大，生态习性又有变化，开始转为底栖生活，此时开始投喂幼虾颗粒饲料。如南美白对虾 0 号料（粗蛋白质含量为 40%），也可选择蛋白稍低的青虾配合饲料，还可用南美白对虾幼虾料（占 30%）加黄豆粉（占 70%）混合带水泼洒投喂。日投喂量为虾苗体重的 6%～10%，通常每天投喂量控制在每 667 米^{2}4 千克左右；每天 08：00 左右和 18：00 左右各投喂 1 次，分别占日投喂量的 1/3 和 2/3。因幼虾从浮游习性转变为底栖习性，投喂方法由全池泼洒改为沿池边浅水区域洒喂。投喂管理上按"四定"（定质、定量、定时、定点）和"三看"（看天气、看水质状况、看虾吃食情况）的原则进行。根据虾苗的摄食、生长、水质及天气情况适当调整投喂量，虾苗摄食情况通过打样观察虾苗头胸甲背面胃部食物是否充满来判断。

5. 其他事项

虾苗出膜时间有先后，所以中后期虾苗生长分化更为明显，同一个育苗池中存在几种处于不同发育时期的虾苗，食性不一。在投喂管理中，要认识到这一点，确保各发育期的虾苗都有足够、适口的饲料可以食用。因此，饲料转换过渡时间要结合育苗池虾苗规格差异的具体情况来确定。如果虾苗规格比较一致，则调整时间可相应缩短；否则相应延长调整时间。另外，饲料调整有一个过程，在实际操作中，通常以早期出膜苗为依据开始进行调整。

（三）水质管理

1. 水质要求

溶氧量要求达到 5 毫克/升以上，pH 7.5～8.5，透明度控制在 15～25 厘米。

2. 溶解氧管理

育苗池中虾苗存塘量大，对溶解氧的需求也相应提高；同时，育苗阶段大量投饲、施肥，水质长期过肥，导致池塘耗氧因素增加；而且通常育苗期要经历梅雨时节，阴雨天气多，水体溶解氧处于欠佳状态。所以育苗池容易出现缺氧状况，这是育苗期间虾苗出现死亡最主要的原因，而且通常因缺氧导致的虾苗死亡现象都是大批量死亡，会直接导致育苗失败。因此在育苗期间，务必高度重视溶解氧管理，要特别注意育苗池的溶解氧状况，加强增氧方面的投入，尽量保持育苗期溶解氧水平 5 毫克/升以上。

目前，青虾育苗池大多使用底层微孔增氧技术进行增氧，具体安装方式见青虾养殖章节相关内容；育苗池不推荐使用叶轮式增氧机，原因是：①育苗池水浅，使用叶轮式增氧机容易将底泥带出，搅浑池水；②虾苗体质娇嫩，易受增氧机伤害。

为做到科学增氧，应做到将微孔增氧设备正常开机与灵活开机相结合，通常 22:00 至翌日日出前增氧，阴天或闷热天要加开，连续阴雨天提前开机并延长开机时间，防止虾苗浮头泛池。在虾苗完成变态转入伏底时段，无论天气好坏，应通过增氧措施，确保全天溶氧量不低于 3 毫克/升，最好保持在 5 毫克/升以上。

3. 水质调控

虾苗培育期间特别要加强水质管理，保持"肥、活、爽"的良好水质。定期检测 pH、氨氮、亚硝酸盐、硫化氢等水质指标，根据检测情况调控水质。根据水质情况，每 7～10 天使用一次光合细菌、EM 菌、芽孢杆菌等微生态制剂来改善水质，用量按产品使用说明；使用生态制剂时需提前开增氧设施。每 15～20 天使用底质改良剂一次。若 pH 低于 7.5，则适当泼洒生石灰水来调节 pH。在虾苗培育后期，需定期泼洒能补充水体钙离子的产品，具体用量参照产品使用说明。避免出现蓝藻暴发等"水华"现象。

虾苗培育期间应特别注意控制水体肥度，合理调节，始终维持一定肥度和透明度，一旦出现"转水"，虾苗会大批量死亡，特别是虾苗开口摄食阶段和虾苗转底阶段。原则上虾苗出膜后，育苗池不宜再加注新水，但若水体过浓，可适量加注新水，每次 3～5 厘米，但控制水深不超过 1.2 米。若池塘水质变清，可适当泼洒发酵腐熟禽畜粪肥。一般视水质情况每 7～15 天追施一次，每 667 米^{2}泼洒 30～100 千克，也可使用生物有机肥料等商品肥料，使用方法按产品说明书；育苗期间，尽量不使用化学肥料，因为化学肥料作用强，使用不当会引起"转水"。

防止应激。虾苗体质娇嫩，抗逆性差，环境突变容易造成虾苗不适应而导致伤害。在日常管理中，要维持水质相对稳定，密切注意天气变化，提前做好防范措施，水质调控时坚持"主动调、提前调、缓慢调、多次调"的原则，避免大排大灌、急调猛调，引起水质剧烈波动，造成青虾应激，影响生长。定期添加维生素 C 等营养物质，提高虾苗免疫能力。

(四) 日常管理

虾苗培育期间，增加巡塘次数，坚持凌晨、白天、夜间各巡塘一次以上，特别加强夜间和凌晨的巡塘。注意观察虾苗活动、摄食、水质、溶解氧等情况，严防水质过肥、水质恶化和缺氧浮头。一旦出现缺氧浮头，往往会造成虾苗死亡的严重后果，所以虾苗培育期间千万注意水质变化，及时进行调控，严格水质管理制度。特别是凌晨，因虾苗培育期间正值高温季节，水温较高，特别容易引起缺氧，一般要延长增氧时间，在无风、闷热或雷阵雨天气更要提前加开增氧设备。

在虾苗培育过程中，还要做好池塘水环境的卫生管理工作，及时清除残剩的饲料，经常捞除杂草等水面漂浮物，清除蛙卵、蝌蚪、青蛙、杂鱼等敌害生物，铲除池埂杂草，清除池中水草，保持良好的池塘水环境。

定期用抄网打样，观察虾苗发育、摄食、生长情况（彩图12）。

通常出苗5天后，用地笼将亲虾全部捕出，或再次用于繁育，或上市出售。亲虾不能留在育苗池中，必须进行回捕，原因是：①亲虾会摄食虾苗；②时间过长亲虾也会自然死亡，造成不必要的经济损失。回捕上市，既降低了成本，又提高了效益。

（五）适时捕苗

适时捕苗是提高青虾育苗量的另一个有效措施。虽然放养的是卵粒发育基本一致的抱卵虾，但个体间卵粒发育还是存在先后差别，而且即使同一尾抱卵虾的卵粒也不是在一天全部孵出，所以虾苗出膜时间也不是完全一致，只是相对集中在几天出苗。因此虾苗培育后期，虾苗生长分化也会越来越明显，虾苗规格大小差异化，小规格虾苗生长受到抑制，甚至影响成活率。另外，虾苗生态习性改变，转为底栖生活，而底部环境相对比较恶劣，难以承载高密度的虾苗，直接影响虾苗成活率。基于上述因素考虑，虾苗培育40～45天，应及时捕捞，捕大留小，将1.2厘米以上的虾苗捕捞出塘，疏稀虾苗密度，腾出空间，促进留塘小规格虾苗生长，有效避免大苗残杀小苗。捕捞方法采取赶网捕捞法（见捕捞与运输章节相关内容），一个育苗周期通常需要捕捞3～4次。

育苗池的虾苗规格不宜培育得过大再捕捞，体长不宜超过2厘米，最好在 1.5 厘米左右捕捞。规格过大的虾苗，不仅影响小规格虾苗的生长；而且大规格虾苗早已变态为幼虾，生活习性已大不同于青虾幼体，已不适应育苗池的生态环境，其生长和成活率受到一定影响。

在长江中下游地区，虾苗捕捞时间通常在 6 月中、下旬至 7 月中旬；如果遇到气温、水温回升很快的高温年份，亲虾成熟抱卵会提前至 4 月下旬至 5 月初，孵化时间也会大幅缩短，5 月底就会见苗，生产上大多会弃用这批苗。

捕捞时应避开高温时段和蜕壳高峰期，具体时间选择在凌晨气温较低时开展。

赶网捕捞结束后或留塘养成，或干池另作他用。

第三节 其他育苗方式

一、直接繁殖型育苗

该方式的亲本培育阶段也在育苗池中完成，育苗池前期用于亲本培育。亲本直接育苗池培育在 1—3 月，将亲本放入育苗池后不再转出，直接在育苗池中培育亲本，让亲本在育苗池中成熟、交配、抱卵孵化。

（一）亲本培育

该方式的整个亲本培育管理措施基本上与亲本专池培育类似，仅在少许细节上有所区别。具体如下：

1. 育苗池条件

因亲本培育池与育苗池共用，故对池塘要求主要考虑育苗需求。面积可稍大点，以 $2\,000\sim6\,666.7$ 米^2 为宜。

池塘中不得种植水草，否则会影响后期的苗种捕捞；如有水草，则应尽量清除。

2. 亲本放养

亲虾放养量满足池塘自身育苗所需即可，一般每 667 米^2 放

5～8 千克，培育至 5 月每 667 米² 可获成熟亲本 10～15 千克。

（二）孵化培育

4 月底至 5 月初，要用地笼打样检查育苗池中的亲本密度。若亲本数量不够，可适当加放亲本；若亲本密度较大，可适当卖掉一些雄虾或分出部分亲本到其他育苗池。同时观察抱卵情况，当绝大多数雌虾抱卵时，每 667 米²（按 1 米水深计）用 1.5～2.5 千克漂白粉（有效氯含量为 30％以上）全池遍洒，以杀灭大型水生昆虫和其他有害生物。

孵化培育操作管理同专池育苗。

采取直接繁殖型方式时，要提高育苗量，必须采取适时捕苗的措施。由于亲虾放养早，在池中的培育时间长，很容易出现生长分化，亲虾规格大小不一、成熟时间不一，最终导致青虾发育和抱卵的不同步，从而导致池塘中虾苗发育的不同步，规格差异明显。

（三）亲虾回捕

采取直接繁殖型育苗方式的虾苗繁育池，在雌虾第一次抱卵后，雄虾即可开始陆续回捕。因为此繁育方式在放养时雄虾比例本身就过大，另外雌虾二次抱卵也无需太多的雄虾，而且在雌虾二次抱卵排幼后，雌雄虾均可全部回捕。

二、放养性成熟虾的直接繁育型育苗

这种育苗方式与前述的"两段式"育苗类似，整个繁育过程也分为两段，但是两者转池的时间节点有所区别：一个是性成熟后就转池进入虾苗繁育阶段，而另一个是到抱卵虾阶段后才转池。从管理要求来看，放养性成熟虾的直接繁育型育苗方式更接近于直接繁殖型育苗方式，在虾苗孵育前也需经历同塘培育亲本的阶段，因此或多或少也存在抱卵虾数量不清、发育不同步等问题；但该方式亲本培育期远短于直接繁殖型育苗，育苗池的使用周期缩短，因此池塘管理难度相对小一些。

采取该育苗方式的最大优势在于方便配种繁殖，可以在亲虾放养时，有选择性地挑选亲虾；挑选规格大、体质优的亲虾进行配种繁殖，为有效提高虾苗质量打下良好的种质基础。开展选育种工作通常采取此种方式进行育苗。

其管理基本上同直接繁育型，在亲虾放养及饲养管理时稍有不同。

（一）亲虾的选择配种

1. 配种时间

在长江中下游地区，一般在 4 月下旬至 5 月底配种放养。

2. 亲虾要求

要求甲壳肢体完整、体格健壮、活动有力、对外界刺激反应灵敏。规格在 4 厘米以上、已达性成熟，雌虾体长要求 4 厘米以上，雄虾体长要求 5.5 厘米以上。

3. 配种性比

雌雄比为（3～5）：1。

（二）亲虾放养

一般将亲虾雌雄选配好后直接放入育苗池塘中。

亲虾放养量：5 月上中旬每 667 米^2 放抱卵虾 8～10 千克，配雄虾 3～4 千克。6 月上中旬每 667 米^2 放抱卵虾 6～7 千克，配雄虾 2～3 千克。

（三）亲虾饲养管理

亲虾放养后第 2 天开始投喂优质全价配合饲料，可选择南美白对虾饲料或罗氏沼虾饲料（粗蛋白质含量在 36％以上），并适当补充优质、无毒害、无污染的鲜活饵料（如螺蛳肉、蚌肉、鱼肉等）；日投喂量为虾体重的 4％～8％。分 2 次投喂，即 08：00—09：00 和 16：00—18：00，分别投日投喂量的 1/3 和 2/3。

亲虾养殖过程中要时常注意抱卵和孵化情况。

三、二次抱卵繁育

通常青虾在繁殖季节都会进行二次抱卵，而且抱卵及育苗质量也不差，有的养殖户为了避开性早熟阶段，推迟虾苗放养时间，更愿意放养二次抱卵繁育的虾苗。

在雌虾第一次抱卵孵化期间，通常卵巢都会再次发育成熟，待第一次虾苗孵化后，接着进行第二次交配产卵。因此分段式育苗，在放养抱卵虾的同时，放养一定比例的雄虾，雌、雄虾比例为（3～5）：1；而直繁型育苗本身就是雌雄同塘，无需另外考虑。

二次抱卵繁育的管理有两种方式。

① 将二次抱卵虾捕出，转入其他育苗池，再进入新的一轮苗种孵化培育周期，其管理同抱卵虾专池育苗。

② 不将抱卵虾转出，直接在原育苗池进行二次育苗。但要注意的是第一批虾苗规格达到 1.5 厘米时，应尽快捕苗、尽量捕尽，以形成两次繁育虾苗的明显批次，提高虾苗规格整齐度。因此，放养的抱卵虾应是同步抱卵的抱卵虾，以使得第一批繁育的虾苗规格整齐、集中同步出池，也为二次交配抱卵提供相对同步的基础条件，更有利于不同批次虾苗的饲养管理。实施二次抱卵繁苗的抱卵虾放养量，一般每 667 米² 放养规格 350 尾/千克的抱卵虾 8 千克左右。

二次抱卵的虾苗繁育技术，既可提高亲虾资源利用率，又可大幅提高育苗池单位虾苗产量。

四、网箱暂养孵化育苗

分拣的抱卵虾放入定制的网箱暂养孵化。网箱 0.5～1 千克/米³。网箱规格 6～10 米²（如 5 米×1.2 米×1.2 米、6 米×1.5 米×1.2 米），采用 12 目的聚乙烯网布缝制而成。箱体水上部分 40 厘米，并在箱体上口四周缝制挑网，以防逃逸。箱体底部离池底40～50 厘米。网箱用木桩等固定并绷置平整，箱内设置水草 40%～50%，也可结合吊挂经消毒处理的网片，为抱卵虾提供附着隐蔽场所（图3-4）。

图3-4 网箱暂养孵化育苗

抱卵虾放养后即可开始喂养。采用米糠、麦麸、麦粉等，适当添加鱼糜等动物性饲料，加水拌和成糊状投喂，也可投喂配合颗粒饲料。投喂量为虾体重的5%～8%，上午投喂30%，傍晚投喂70%。投喂方法：可在箱内设置一个食台，用木框和密网布制成，并加沉子吊入水下25～30厘米，将饲料投入其中，傍晚投喂也可在箱内水草上适量投喂。

网箱孵化期间应注意保持箱体清洁，水体交换通畅，及时清理食台残饲，保持食台卫生，并查看卵的发育情况。幼体孵出即落入池中进行虾苗培育，待孵化结束，及时将虾、箱撤出繁育池。

五、网箱育苗

网箱繁育虾苗，是针对无专门繁育池的养殖户而采用的一种青虾育苗方法，一般可以在鱼种池或成鱼池中进行，目前已很少采用，这里仅作简单介绍。本方式不同于前述的网箱暂养孵化育苗，前者所用网箱网目较大，亲虾不能逃逸，但孵出的虾苗可散到池塘中；而本网箱育苗方式所用网箱网目较密，而且是大网箱套小网箱的方式，抱卵虾放在网目较大的小网箱中，而孵出的虾苗散到网目较密的大网箱内进一步培育，但不能进入池塘。具体相关技术要求如下：

（一）网箱设置

每 6 666.7 米² 设置 1 个培育网箱，网箱规格为 10 米×6.0 米×1.5 米，网目为 100 目，网箱露出水面 30 厘米。将培育网箱四角固定在桩上，最好四周用木板固定，以防风浪冲击，箱体浸入水中1.2 米。网箱内放置浮动悬挂式孵化箱 2 个，规格为 2.5 米×1.5 米×1.2 米，网目规格为 12 目/厘米²。培育箱和孵化箱内均需放置1/4 面积的新鲜洁净水草，以便于亲虾和幼虾附着。水草一般以水花生、水浮莲、水蕹菜为主，水草进入网箱时需进行适当处理，防止将小龙虾、鱼卵、蛙卵等其他物质带入箱内。网箱应置于水质清新的深水区，箱底离池底 0.4 米以上；操作人员水中行走要轻，防止搅浑池水。

（二）池塘要求

网箱繁育虾苗一般设置在常规鱼种池、成鱼池或其他养殖塘口中，要求池塘水深在 1.5 米以上，水质肥、活、嫩、爽，透明度为35～40 厘米，溶氧量保持在 5 毫克/升以上，pH 为 7.0～8.5，有微流水、微孔管增氧的鱼池更佳。

（三）抱卵虾选择

抱卵虾要求活力强、个体大、规格整齐，一般尾重在 5 克以上。刚蜕壳的软壳虾或受精卵已呈青灰色并出现眼点，即将孵出溞状幼体的抱卵虾不宜选择，极易在操作中受伤而死亡或者降低青虾出苗率。孵化网箱每箱放抱卵虾 2.5～3.5 千克。

（四）培育管理

水质管理和饲料投喂方法类同于土池。应经常检查网箱是否损坏，并保持网箱周围清洁，经常清洗网眼，清除附着藻类，促进水体交换通畅，如发现幼虾缺氧，需及时使用化学增氧剂增加箱内溶氧量，提高幼虾成活率。幼体孵出后应及时移出孵化箱和出售亲虾。幼虾培育可参照土池育苗管理。虾苗入箱后需专人看管，并用手回水增氧。有条件的开启微孔增氧设施增氧，可以提高虾苗的起捕成活率。

（五）虾苗捕捞

网箱培育模式中虾苗一般是采用30～40目筛绢制作成三角抄网从网箱内的水草中捕捞，最后提箱捞。拉网出苗前均需清除箱体水草、杂物，确保水体清洁无异物；捕出的虾苗均需入箱暂养，清水去污。

六、几种池塘育苗方式的比较

综上所述，目前存在的青虾苗种繁育方式多种多样（图3-5）。但无论哪种，其所需要经历的环节都差不多，只是在一些细节有所区别，或是在某一个环节相对隔离开。从效果来说，总的仍旧可分为直接繁殖型和分段繁殖型两种育苗方式，这两种方式各具有优缺点。

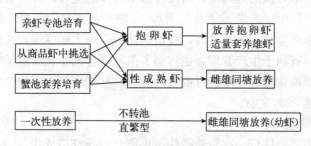

图3-5 常见青虾苗种繁育方式

（一）直接繁殖型

1. 优点

全过程只需要进行一次放养操作，中间不需要转池，对亲虾伤害小。

2. 缺点

该方式实际上是亲本培育池与育苗池"一池两用",整个育苗周期持续时间较长(2～8月),育苗后期水体环境日趋恶劣,直接影响虾苗成活率,导致育苗量低;同时受亲本个体规格、成熟度等因素影响,亲虾发育情况难以掌握,亲本数量不清,加上青虾属多次产卵,导致青虾繁育虾苗出膜时间不一致,出苗时间长,虾苗规格参差不齐,后出的虾苗生长受到抑制或被蚕食,直接影响虾苗出池量,产量稳定性差,而且管理不便,育苗量无法准确估算,种虾资源利用率低,从抱卵虾到大规格苗种的成活率只有 10% 左右。

(二)分段繁殖型

1. 优点

分段繁殖型育苗俗称"两段式"育苗或抱卵虾育苗。该方式将亲本培育和虾苗培育两个阶段隔离开,使每个阶段变得规范化、可控化,从而提高虾苗规格整齐度和育苗量。亲本专池培育,可以获得发育基本一致的抱卵虾;而发育基本同步的抱卵虾可以确保出苗时间相对集中(通常不超过 3 天),实现产苗期集中、出苗规格齐整、残杀现象少、出苗量高,育苗周期短,可大幅度提高亲虾资源利用率,有利于生产管理,也达到了苗种繁育同步化的效果,有利于实现规模化繁育,增加育苗经济效益。从抱卵到大规格苗种的成活率可达 20% 左右。

2. 缺点

中间需要进行一次转池操作,可能会对亲虾造成伤害。

(三)建议

从提高繁育所获虾苗质量和单位育苗量出发,建议在条件允许的情况下,采取"两段式"育苗方式。

第四节 虾苗捕捞与运输

虾苗幼体孵出后，一般经过 30～45 天培育，幼虾体长达 1.2 厘米以上，此时可见大量幼虾在水边游动，特别是水流动时，大量幼虾会逆流游动，此时可开始进行虾苗捕捞、出售，生产上通常将这个阶段称为"发苗"。出池的虾苗要求做到在水中对人为触及反应快速，出水后弹跳有力，规格大小基本一致，体色透明有光泽，体态饱满洁净。

每年虾苗捕捞放养时节都是高温季节，发苗时稍有疏忽，就可能导致虾苗大量死亡，一方面给育苗者造成经济损失，另一方面给购苗者带来不便，有可能影响其下半年的青虾生产。为此发苗时要充分做好虾苗捕捞、运输工作，从而提高虾苗运输成活率，减少青虾苗的损失，提高青虾养殖产量。

一、捕捞前准备

捕捞前要加强观察，做好相关准备。

① 检查苗体情况，送相关部门检查虾苗有无寄生虫寄生或有无病害，在确诊苗体质量安全后才能捕捞销售。如有寄生虫寄生或有病害，则需要进行治疗后再行捕捞销售。

② 观察育苗池下风处的虾壳数量，如果虾壳很多，则不宜立即捕捞，因为蜕壳高峰捕捞会影响捕捞和运输成活率。

③ 塘口刚用过外用药物不宜立即捕捞。

④ 为减少虾苗在捕捞、运输、放养等过程中的应激，可以在捕捞前 12 小时泼洒降低应激反应的药物，如应激灵等。

⑤ 备足增氧剂，提前了解天气情况等。

二、虾苗捕捞

捕捞工具和操作方法是否科学合理对虾苗下塘成活率、质量和起捕率有重大影响。常见的虾苗捕捞方法很多，包括冲排水法、抄网法、地笼法、拉网法等。但在大批量捕苗时，或多或少存在费工费时、起捕率低、易伤苗、效率低的问题，在一定程度影响虾苗产量和下塘成活率。目前用得最多的是"赶网"捕捞法。

（一）"赶网"捕捞法

1. 网具结构

该捕捞渔具由赶虾苗的拉网、集虾苗的网箱、固定网箱的箱架及防虾苗逃逸的拦网组成。其中，拉网上纲的浮子由直径为 10～12 厘米的泡沫浮球制成；下纲沉子由铁条或铁链做成；拉网网衣用网目尺寸为 2～3 毫米的无结网片缝合而成（网目尺寸通常为 2 厘米，具体视捕捞虾苗规格调整），高 2 米左右，下纲比上纲长 10 米左右，这样可保证下纲不下泥。网箱箱架由毛竹或木头制成。网箱的长度为 5～8 米、宽 2～4 米、高 2 米，具体规格大小视池塘大小及虾苗数量而定；网箱的网衣由无结网片缝合而成，箱体通过每个角上的绳子固定在箱架上，网箱三面缝合，一边开口。赶网和拦网分别与网箱开口端两个侧边相连（图 3-6）。

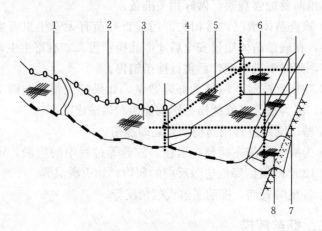

图 3-6 一种青虾苗种的捕捞渔具
1. 沉子 2. 浮子 3. 赶网 4. 网箱箱架
5. 网衣 6. 网箱 7. 池边 8. 拦网

2. 使用方法

下网操作时，先在育苗池的一侧 1/3～1/2 处设置网箱（架设点应水质清爽），网箱四周底纲设沉子或用竹竿固定，网箱长边与池塘长边平行，靠岸边网箱沉入池底。拦网与网箱开口靠岸边一侧紧密连接，并延伸至岸上，防止虾苗从网箱靠岸边间隙逃逸。网箱开口靠池塘侧与拉网一端紧密相连，然后拉着拉网的另一端沿池塘边四周慢拉一圈，将虾苗赶进网箱，小规格虾苗会自动随水流游出拉网和网箱，而进入网箱的虾苗规格相对整齐。收网时，将拉网与网箱慢慢合并起来，慢慢将虾苗赶入网箱（彩图 13 至彩图 17）。待收网时，在网箱后端 10 米左右处架设水泵对着网箱冲水，制造流水，一方面吸引虾苗进入网箱，另一方面提高网箱局部区域溶氧量；还可以在网箱内放置微孔增氧盘不间断增氧。捕捞虾苗应避开虾苗蜕壳高峰期，时间选择在清晨气温低时，带水操作。因在清晨拉网，水体溶氧量低，而拉网操作会带起部分底泥，增加水体溶解氧消耗，因此，最好在拉网拉过的池塘边洒一些增氧剂，以缓解溶解氧不足状况。另外，可以通过更换网箱网目大小来捕捞不同规格的虾苗。

3. 注意事项

在捕捞前，需事先清除池塘水草、杂物，确保水体清洁无异物，以免妨碍拉网操作。拉网时，应根据本次虾苗捕捞的需求量来合理确定赶网圈围范围，尽量避免将捕捞到的过多虾苗回池，以免损伤虾；如果过多，在收网时应主动放掉部分。虾苗在网箱中密集时间不能过长，应及时用捞海（彩图 18）等工具将虾苗转移至运输容器中。应根据网箱大小确定每次捕捞量，每次虾苗上箱数量不宜过多。赶网捕捞法不适用于商品虾捕捞。

有的养殖户在运输前还对虾苗进行一次"锻炼"，即在收网结束、虾苗进入网箱后，拉着网箱在池塘中来回走两圈，同时清除网箱下风处体质较差的虾苗，经过"锻炼"的虾苗体质健壮，运输成活率高。

4. 特点

赶网捕捞法是根据虾苗生物学特点和虾池状况，从生产实践中总结出来的一种针对青虾苗种的专用捕捞方式。该捕捞法吸收了传统多种虾苗捕捞方式的优点，巧妙地将传统拉网、拦网和网箱结合在一起，实现了赶、拦、张等捕捞方法有效结合；吸收了拉网"赶"的作用、网箱"张"的作用、拦网"拦"的作用，而且利用水泵制造微流水发挥"诱"的作用。该网具结构简单、成本低廉，整个捕捞过程带水操作、虾苗不贴网、不伤害虾苗，而且能捕大留小，虾苗起捕率高、活力强、规格整齐、劳动强度低，实现虾苗捕捞低损耗、高效率，达到事半功倍、虾苗稳产的理想效果，能极显著提高虾苗产量与质量。该捕捞法已被广泛推广应用。

此捕捞方式不仅可以做到一次性全池捕捞，而且可按放养的规格、数量要求进行捕捞；同时操作方便，4 人左右即可进行；对虾苗的机械损伤少，可防止后续感染，赶进网箱的虾苗经过暂养，体能很快恢复，利于运输与放养，虾苗下塘成活率高。

（二）冲排水法

冲排水法即进水口加水，排水口装有网箱收集虾苗（彩图 19）。这种方法操作稍难，但对虾苗损伤较小，比较适合规格较小的虾苗，一般适合于全长 1.5 厘米以下的虾苗，因为刚变态不久的虾苗大多在水中游动，容易随水流而行。可用于较大批量的虾苗捕捞销售。采取冲排水法收集的虾苗，通常排水前期收集的苗种体质健壮，雄性比例高；最后收集的 20% 左右的虾体质差，雌性比例高、达到 80% 左右。因此，如果苗种充足，建议最后收集的 20% 左右的虾苗不进行养殖。

（三）抄网法

初期因苗池密度大，可直接用抄网在游动的虾群中抄捕虾苗。三角抄网一般是采用 30～40 目筛绢制作成，操作简易，但只适合于小批量虾苗捕捞。

在夜间，可采取灯光引诱与三角抄网相结合的方法捕获虾苗。

即利用虾苗阶段的趋光性，采用灯光诱苗相对集中，再用抄网抄捕。操作时要求轻快，严禁堆积，以免损伤虾苗。

（四）地笼法

与成虾捕捞相似，只是地笼网目较密。一般适合 2 厘米以上的虾苗。捕捞时地笼放置时间根据虾苗量、水质条件等而定，不能让虾苗在地笼中呆过长时间，时间过长会使虾苗缺氧受伤或死亡。受伤青虾的主要症状为尾部肌肉出现白点，捕捞时应剔除此类虾苗。目前生产中用得不多。

（五）拉网法

大批量销售时，也可采用拉网捕苗。利用密网分段、分块围捕，动作要慢，网衣要绷紧，以免网衣夹苗和虾苗贴网，造成损失，起网出苗需要带水操作。此种方法捕捞的苗种规格不均匀，而且小虾苗（≥1.2 万尾/千克）容易贴网受伤或死亡，通常适用于 0.8 万尾/千克以内的大规格苗种捕捞。

拉网出苗前，均需清除池塘水草、杂物，确保水体清洁无异物；捕出的虾苗均需入箱暂养，清水去污。网箱应置于水质清新的深水区，箱底离池底 0.4 米以上；操作人员水中行走要轻，防止搅浑池水；虾苗入箱后需专人看管，并用手回水增氧。有条件的开启微孔增氧设施增氧，可以提高虾苗的起捕成活率。

三、虾苗计数

虾苗计数方法主要采取重量法和杯量法。

（一）重量法

随机取苗，稍微沥干，称重后过数，每次取苗不低于 50 克，重复 2～3 次取其平均即可获知单位重量的数量（尾），然后按照需苗数计算出称重数量。通常 5 尾一数，可提高计数效率。此法操作便捷，目前多采用此法（彩图 20）。

（二）杯量法

用高度、直径为3~5厘米的塑料杯，在底部打上多个漏水孔，再用40目的筛绢垫底，这样就制成了虾苗量杯。计量过数时将集苗的小网箱慢慢提起，使虾苗带水集中于一角，然后用制作光洁的小虾兜捞苗倒入杯中，再将虾苗倒入小盆中计数。这样打样杯2~3次，取其平均数为标准数，再按杯计算虾苗总量。目前生产上已很少采用此法计数。

（三）注意事项

计数应做到认真、细致、轻快。

虾苗规格与重量、数量呈相关关系，规格小数量多，规格大数量少（表2-1）；但表2-1中的数据是针对单个个体的统计数值，实际上每批虾苗各种规格都会有，因此生产中抽样计数的结果会与表2-1有所出入，对平均规格影响较大。生产上统计总结出如下经验值：1.2~1.4厘米规格的虾苗2万尾/千克左右；1.5~1.8厘米规格1.4万尾/千克左右；1.9~2厘米规格1万尾/千克左右。

四、虾苗运输

（一）活水车网隔箱分层运输法

此法运输量大，操作方便，对虾苗损伤相对较小，适合长途运输。

使用方法见亲虾运输相关内容，但应降低每个网隔箱的装虾量，每只网隔箱可放虾苗3~6千克。但需注意以下事项：

① 由于虾苗放养正值高温季节，不能长距离运输，运输时间最好控制在1小时以内，应在早、晚气温偏低时装运，避开白天高温、太阳直射。

② 在运输时间偏长的情况下，如果运输充氧设备采用充气泵

的方式，可用空调车或加冰块降温，或采用原池塘水兑少部分自来水或经测试无毒的深井水的方法降温，但必须注意应逐步慢慢降温，下车时逐步慢慢升温，防止温差太大，运输水温不得低于20 ℃；如果采用氧气瓶充气，因液氧自身温度低，充气时间一长，运输水体温度会下降，到塘口放养时出现温差太大，造成虾苗成活率低，因此装运水体须直接用原池塘水，运输工具最好带空调。

③ 注意衔接。运输前要检查运输工具和做好各项准备工作，运输时应做好衔接工作，运输途中要密切注意水温、增氧等情况，要做到快装、快运、快下塘。

（二）木桶、塑料桶充氧运输

桶内装水 1/2，20 千克水体可装运虾苗 5 000 尾左右，采用气泵、氧气瓶等方法增氧。运输时间 1 小时以内。

（三）转池

如果育苗池与成虾养殖池距离较近，只有几分钟路程，可选用竹筐、带孔塑料框、编织筐等由光滑材料制成的可漏水开口容器进行转池（彩图 21）。开口筐篓装载虾苗至 2/3 容量，稍微沥干，过秤后，即运输至放养池塘。

第四章　青虾高效生态养殖技术

近年来，我国青虾养殖业发展迅猛，经济效益十分显著，养殖模式多种多样，养殖技术不断创新，养殖经验日益丰富。目前青虾养殖最主要的方式仍然是池塘养殖，具有成本低、效益好、饲养管理容易等多种特点，也是当前优化淡水养殖品种结构的一个重要方式，有着广阔的发展前途。现在最主要的池塘养殖模式为青虾双季主养和虾蟹混养模式两种，本章系统地介绍这两种模式养殖环境条件、池塘准备、苗种放养、饲料投喂和饲养管理的经验和实用技术。

第一节　青虾双季主养

青虾生长周期短，通常养殖 2~3 个月就能上市，因此在长江中下游地区一年能养殖两季，分为秋季养殖和春季养殖两茬。秋季养殖一般从 7~8 月放虾苗开始至春节商品虾捕捞上市结束；春季养殖一般从 2~3 月放苗到 5~6 月捕捞上市结束。秋季养殖的青虾种苗来源于当年繁殖的虾苗；春季养殖的种苗来自于秋季养殖中部分未达到商品规格的小虾和秋繁苗。

秋季养殖茬口和春季养殖茬口除在放养环节及部分日常管理等环节有区别，其他环节基本相同。因此在下文表述中，除特别说明外，春、秋两季茬口都适用。

一、池塘与环境条件

池塘是青虾生活的场所，池塘的条件将直接影响青虾的生存和生长。由于青虾在整个生长过程中具有喜浅水、怕强光、耗氧大、蜕皮频、寿命短等特点。因此，在成虾养殖过程中，要尽量营造适合青虾生长的环境，以确保青虾养殖成功，达到高产高效的目的。

（一）池塘条件

青虾养殖池塘无特殊的要求，一般的成鱼池、鱼种池都可用来养殖青虾，但是用于主养青虾的池塘，必须要进行适当的改造，才可进行青虾养殖。要求养殖场周围 3 千米内无任何污染源；底质符合《农产品安全质量　无公害水产品产地环境要求》（GB/T 18407.4—2001）的规定，底泥总氨小于 1‰，池底淤泥厚度小于 15 厘米；虾池要求塘堤坚固，防漏性能好，土质以壤土或黏土为好；池形最好为长方形，东西向，这是因为高温和生长季节，主要以东南风为主，这样有利于风浪对水体的自然增氧；面积适中，一般以 1 333.3～6 666.7 米² 为宜，最好为 2 000～3 333.3 米²；池塘坡度应大些，一般为 1:（2.5～4）；最好具较大的浅水滩脚，一般 6～10 米；虾塘水深以 1.2～1.5 米为宜；池底平坦略向排水口一侧倾斜，落差 20 厘米左右。

养虾池塘要求水源充足，水质清新，应符合《渔业水质标准》（GB 11607）和《无公害食品　淡水养殖用水水质》（NY 5051）两项标准规定，其中溶解氧应在 5 毫克/升以上，pH 7.0～8.5，硝态氮（NO_3^-、NO_2^-）、硫化氢（H_2S）不能检出。

排灌方便，进、排水分开，进水口用 40 目和 60 目筛绢做成的两道长筒状过滤网袋对进水进行过滤（40 目在里面，60 目在外面），以防止敌害进入虾塘。排水口设置细密的拦网设施，防止青虾逃逸。在池塘中间开挖一条宽 5 米，深 0.4 米，逐渐向池塘排水口倾斜的集虾沟。在集虾沟的排水口前挖一个 30 米² 左右的集虾坑，在干塘捕虾时，虾可集中在沟坑内，以便起捕；否则干塘虾不易集中，难以捕捉，加之泥浆影响，容易造成死亡，即便成活，也会因其外观原因而影响销售价格，更不利于留塘养殖或出售幼虾的集中。集虾沟要求沟底平坦，沟两边坡度较大。

青虾的耗氧率很高，一般幼虾耗氧率为 1.429 毫克/（克·小时）、成虾为 0.634 毫克/（克·小时）（23.5～24.6 ℃）、抱卵虾为 0.539 毫克/（克·小时）（22.5～24.0 ℃），比青鱼、草鱼、鲢、鳙等鱼类都高得多，因而在养虾池中往往养殖的鱼类还未缺氧浮头，而青虾已先浮头了。青虾游泳能力不强，属于底栖动物，不能立体利用水体。因此，青虾池的环境是虾池条件的重要内容。

（二）栽种水草

俗话说："要想养好一池虾，先要养好一池水；要想养好一池水，先要种好一池草。""虾多少，看水草。"因此，在虾池中合理栽种、移植水草是青虾养殖的重要技术措施。由于青虾是游泳能力差的底栖动物，只能作短距离游动，一般在水底攀缘爬行，喜欢栖息在浅水区域。因此，根据青虾的这些生物学特性，主养青虾池塘四周及中间要种植一定面积的水草，以扩大青虾水平分布和垂直分布的范围，从而增加青虾的栖息场所，提高水体的利用率，增加虾种放养密度，达到高产高效。栽种水草除了增加栖息面积这一主要功能外，还具有其他一些好处：①为蜕壳后的软壳虾提供隐蔽避敌场所，有利于提高饲养成活率；②夏季高温季节和阳光直射时，水草可以遮阳、降温，满足青虾避光的生活习性，对青虾生长有利；③净化水质和改善生态环境，防止水质过肥，增加溶氧量，防止黑褐色水锈虾、藻壳虾等出现；④水草鲜嫩的茎叶、根须具有营养丰富、摄取方便、适口性好、无污染等特点，可供青虾食用；⑤水草丛为摇蚊幼虫、水蚯蚓等底栖动物及水生昆虫的繁衍和生长提供了优良的场所，其生物量是无草区的 1.5～2 倍，而这些正是鱼虾蟹类喜好的动物性饲料，水草在此又起到了间接生产天然饵料的作用；⑥水草本身含有许多药用成分或活性物质，如生物碱、有机酸、氨基嘌呤、嘧啶等，有利于青虾健康生长；⑦起到消浪护坡的作用。总之，虾池种植水草提供了良好的水体生态环境，不仅可以提高产量，而且可以改善商品虾品质，降低病害发生率，显著提高青虾养殖效益。

与蟹池水草覆盖率不同，通常虾池水草覆盖率只需控制在 30% 左右，就完全能满足青虾对栖息场所的需要，而且能有效避免因水草过多造成虾池溶解氧、pH等指标昼夜变化幅度过大和水体流动性差的问题。水草栽种通常在清塘以后进行（彩图22）。

虾池水草品种选择采取沉水植物和漂浮植物相结合的方式，形成稳定的多个水草群落，保证水草的丰富多样性。常用的沉水植物包括轮叶黑藻、菹草、伊乐藻、苦草等，漂浮植物包括水花生、水蕹菜、水葫芦等。栽种时，水草丛间距通常保持在2～3米，东西向间隔适当小些，南北向间隔稍大点，沉水植物多栽种于池塘中部，漂浮植物沿池塘四周浅水地带种植。水草移植时需特别注意的是：从外河（湖泊）中移植进虾池的水草必须经过严格的消毒处理，以防将敌害生物及野杂鱼卵带进虾池；消毒可用漂白粉（精）、石灰水等药物进行。常见的水草种类和种植方法如下：

1. 轮叶黑藻

轮叶黑藻为多年生沉水植物，是秋季虾养殖最理想的水草。轮叶黑藻茎直立细长，叶呈带状披针形，4～8片轮生；叶缘具小锯齿，叶无柄（彩图23），6～8月为其生长茂盛期。由于轮叶黑藻具有须状不定根，每节都能生长出根须，并且能固定在泥中，因此，对于秋季虾养殖通常采用移植法进行种植。移栽时间通常在7月中旬左右，池塘进水15厘米左右，将轮叶黑藻按节切成一段一段地进行栽插，每667米^{2}需要鲜草25～30千克；约20天后全池都覆盖着新生的轮叶黑藻，可将水加至30厘米，以后逐步加深池水，使水草不露出水面即可。轮叶黑藻栽种一次之后，可年年自然生长，用生石灰或茶籽饼清池对其生长也无妨碍。轮叶黑藻是随水位向上生长的，水位对轮叶黑藻的生长起着重要的作用，因此池塘中要保持一定的水位，但是池塘水位不可一次加足，要根据植株的生长情况循序渐进，分次注入；否则水位较高会影响光照强度，从而影响植株生长，甚至导致植株死亡。

2. 菹草

菹草为多年生沉水植物，又称虾藻、虾草，是春季虾养殖的理想水草。菹草具近圆柱形的根茎，茎稍扁，多分枝，近基部常匍匐于地面，于结节处生出疏或稍密的须根。叶条形，无柄，先端钝圆，叶缘多呈浅波状，具疏或稍密的细锯齿。菹草生命周期与多数水生植物不同，它在秋季发芽，冬、春季生长，4～5 月开花结果，6 月后逐渐衰退腐烂，同时形成鳞枝（冬芽）以度过不适环境，鳞枝坚硬，边缘具有齿，形如松果，在水温适宜时开始萌发生长。在秋季虾养殖结束、池塘准备好后，就可以种植菹草，栽培时可以将植物体用软泥包住投入池塘，也可将植物体切成小段栽插。

3. 伊乐藻

伊乐藻为多年生沉水植物（彩图 24），原产于北美洲加拿大，是一种优质、速生水草。伊乐藻具有高产、抗寒、四季常青、营养丰富等特点，尤其是在冬春寒冷季节、其他水草不能生长的情况下，伊乐藻仍具有较强的生命力，是冬春虾蟹养殖池不可缺少的种类。伊乐藻一般都是采取鲜草扦插，移栽时虾池注水 30 厘米，鲜草扎成束，扦入泥中 3～5 厘米。伊乐藻的缺点是不耐高温，水温 30 ℃以上时，就容易发生坏死烂草现象。解决的方法是：应在高温来临之前将浮在上层的伊乐藻割掉，根部以上留 10 厘米即可。

4. 苦草

苦草俗称面条草、扁担草；叶丛生，扁带状，长 30～50 厘米（彩图 25），生长时以匍匐茎在水底蔓延。苦草的播种期为 3 月初至 5 月初，长江中下游地区一般在清明节前后、水温回升至 15 ℃以上时播种，5—8 月为生长期，能很快在池底蔓延开来。一般每 667 米^{2}播种苦草籽 100～150 克，播种前先将草籽放入水中浸泡 5 天左右，在浸泡过程中经常用手搓揉草籽的果实，使线形果实中的种子释放出来，并清洗掉种子上的黏液，然后将种子拌入细泥土在池中浅水区均匀洒播，播种水深控制在 3～10 厘米，以利于出苗率的提高。苦草多栽种于虾蟹混养池塘。

5. 水花生

水花生为多年生挺水植物，又称空心莲子草、喜旱莲子草，因其叶与花生叶相似而得名（彩图 26）。水花生茎长可达 1.5～2.5 米，其基部在水中匍生蔓延，形成纵横交错的水下茎，其水下茎节上的须根能吸取水中营养盐类而生长。根呈白色稍带红色，茎圆形、中空、叶对生、长卵形，一般用茎蔓进行无性繁殖。水花生喜湿耐寒，适应性极强，生长繁殖速度快，吸肥、净化水体作用明显。气温上升至 10 ℃时即可萌芽生长，最适生长温度为 22～32 ℃，5 ℃以下时水上部分枯萎，但水下茎仍能保留在水下不萎缩。水花生可在水温达到 10 ℃以上时向虾池移植，每 667 米^2 用草茎 25 千克左右，用绳扎成带状，一般 20～30 厘米扎 1 束，用木桩固定在离岸 1～1.5 米处。一般视池塘的宽度，每边移植 2～3 条水花生带，每条带间隔 50 厘米左右。

6. 水蕹菜

水蕹菜为旋花科一年生水生植物，又称空心菜、竹叶菜，属水陆两生植物。水蕹菜 4 月初进行陆上播种种植，4 月下旬至 5 月初再移植至虾池中，其移植方法可参照水花生的做法，但株行距可适当缩小。另需注意的是，当水蕹菜生长过密或滋生病虫害时，要及时割去茎叶，让其再生，以免对养殖造成影响。

7. 水葫芦

水葫芦为多年生宿根浮水植物，又称凤眼莲、水浮莲，因它浮于水面生长，且在根与叶之间有一葫芦状大气泡而得名。水葫芦茎叶悬垂于水上，蘖枝匍匐于水面。花为多棱喇叭状，花色艳丽美观。叶色翠绿偏深。叶全缘，光滑有质感。须根发达，分蘖繁殖快。在 6—7 月，将健壮的、株高偏低的种苗进行移栽。水葫芦喜欢在向阳、平静的水面，或潮湿肥沃的边坡生长。在日照时间长、温度高的条件下生长较快，受冰冻后叶茎枯黄。每年 4 月底至 5 月初在上年的老根上发芽，至年底霜冻后休眠。

（三）人工虾巢

青虾养殖单位产量整体水平不高与其生活习性有很大关系。青虾营底栖生活，不能长时间在水体中游泳，而且过多的游动会增加其能量消耗，因此青虾多攀爬在附着物或池底；但池底青虾密度过高，容易造成青虾的自相残杀，这是制约青虾养殖产量的主要因素之一，因此，要提高青虾的养殖产量，必须给予其足够的栖息空间躲避敌害。前述在虾池栽种水草的措施，在池中形成了立体的栖息空间结构供青虾攀附，将池内青虾的分布状态由池底的平面分布改为各个水层的立体分布，给青虾提供了大量的隐蔽场所，从而达到了减少残杀概率、提高养殖产量的目的；同时也充分利用了虾池的整个水体，提高了池塘空间的利用率。

但在实际生产中，人工栽种和管理养护水草不仅需要大量的劳动力成本，而且在养殖过程中，水草大量吸收水体营养导致水体透明度过大，水质变清、变瘦，同时水草光合、呼吸作用过强致使pH波动大，虾池的水质调控难度相对较大。另外一方面，水草较多的塘口，青虾大多栖息在水草丛中，常规的地笼捕捞青虾效率不高，难以及时将池内达商品规格的虾捕捞上市。

因此，现在也有人开始用人工虾巢部分或全部替代水草，包括用多枝权树木扎成的人工虾巢和架设网片两大类型。

1. 人工虾巢

虾巢，又称虾窝、虾把等，常见的人工虾巢由茶树枝、扫帚草、柳树根、竹枝、马尾松枝等多枝桠的树木制成。其中，茶树枝、扫帚草、柳树根等可直接投放于水体中使用（枝桠端朝下），竹枝需扎成束后使用（每把3～4千克）。根部需系上泡沫或空饮料瓶等漂浮物作为标志（彩图27）；对于竹枝束虾巢，还起到将竹枝斜吊在水层中的作用，可以使青虾栖息的枝桠端朝下。

如果是部分替代水草，通常将人工虾巢投放于池塘偏深、水草偏少的水域；如果是全部替代，则全池均匀投放，特别是增氧区域，通常每667米² 投放20～30个（把）。

2. 增设网片

增设网片对规格较大较宽的池塘显得尤其重要，虾池中除栽种水草外，可在虾塘中间再设置一定面积的网片，从而较大幅度地增加水体利用率，提高放养密度和单产。网目一般为10×33目无节网片，按屋架形（即"∧"形）设置（彩图28），用毛竹架固定，坡度15°～20°，以便投饲和青虾上下爬行，增加虾吃食和蜕壳栖息场所。网片上端离水面 20～30 厘米，网片长度应根据池塘的长度而定，网片数量 3 333.3 米^2 以上可设 4 排，网片面积占虾塘20%～30%。网片通常架设于增氧机附近，以确保网片栖息区域水质环境良好。

经过多年的发展，目前养殖户很少选择大面积池塘进行青虾养殖，因此在池塘中增设网片的方式应用得已经不多。

3. 使用效果

目前来看，使用人工虾巢不但不会造成青虾产量下降，有的产量甚至还有所提高，且明显具有节省劳动力、水质易调控的优势。并且还能在一定程度上解决青虾捕捞的效率问题。除了常规地笼捕捞商品虾外，还可增加一种用三角抄网兜抄人工虾巢的方式，而水草无法做到这点。在全部替代水草的虾池中，在人工虾巢中抄捕产量可达到商品虾总产量的 60% 以上，说明在人工虾巢中的青虾栖息量较大。因此与地笼捕捞相比，在有人工虾巢的虾池中，采用抄捕方式可以及时迅速地在几个时段内将商品规格虾捕捞出池，实现批量上市、集中上市。

（四）增氧设备

与养鱼池塘一样，虾池中上层水体溶解氧较丰富，随着水层下移逐渐减少，底层含量最低。而虾池水体底层耗氧因子比鱼池更多，除了残饵、代谢物、生物死尸等有机质分解耗氧，还有青虾、水生植物、水蚯蚓等底栖生物群落生物呼吸耗氧，加剧了虾池水体底层的缺氧状况。

底层溶氧量低，物质循环和能量流动不畅，堆积在底泥和底层水体中的有机物成为多数病菌的营养基，加剧了兼性、厌氧性微生物大量增生，微生物生态环境向不利于青虾生活生长的方向转化；而且还导致大量的有机质分解不彻底，水体底层 $NH_4^+ - N$、$NO_2^- - N$、H_2S，以及有机、无机酸性物等有害物质增多；在光合作用受到抑制的夜间和连续阴雨天气，这种不良影响更为突出。

青虾营底栖生活，而且喜夜间摄食、活动，此时虾池低溶氧量的环境状况显然不适宜青虾的生活生长需要，不仅直接对青虾生长造成影响，比如机体活力和摄食强度下降；也会败坏水质、恶化环境，从而影响青虾正常的蜕壳生长。在高温季节，浅水层温度较高，青虾通常前往深水区，深水区溶氧量低，致使青虾机体活力低，而且有害物质、病害微生物含量高，增加了蜕壳死亡率。

因此，虾池中的溶氧量对青虾的养殖生长有着至关重要的影响，若想提高虾池生产水平，必须配备增氧设备。

1. 底层微孔增氧

底层微孔增氧又称微孔管底层增氧、底层微孔管增氧、底充式增氧、微孔管增氧等。底层微孔增氧技术是近年来引进到水产养殖业的一项新型水体立体增氧技术，因其增氧效率高，特别是能改变水体底层溶解氧环境，已在虾、蟹养殖池塘得到较快的推广使用。

(1) 原理及特点 底层微孔增氧设备通过风机等动力设施和管道将压缩空气输送到微孔曝气管，从池底向上曝气，由于曝气管孔径小，可产生大量微细化气泡，而且上升速度缓慢，气泡在水中移动行程长，与水体接触充分，气液相间氧分子交换充分，所以增氧效率高；而且从池底开始曝气增氧，能有效解决传统增氧方式难以解决池底溶氧量不足的难题，有效改善底质环境，加速有机质的分解；同时曝气装置在全池均匀分布，实现了全池均衡增氧。因此，其具有以下特点：改水体表面增氧为底层增氧；改水体局部增氧为全面增氧；改水体搅动溶解氧内源性平衡为外源性强制补充输氧。

通过底层微孔增氧设备构建了虾池水体底层"人工肺叶"增氧网络，虾池整体溶氧量水平上升，尤其是夜间底层溶氧量明显提高，消除了"氧债"，水体自净能力得到加强，物质能量良性循环，水体理化指标保持良好和稳定，微生物生态平衡，有效地抑制了致病菌大量滋生，减少病害因子，可有效提高虾蟹生长速度、成活率和饲料的利用率。

(2) 底层微孔增氧设施的构成 底层管道微孔曝气增氧设施由增氧动力＋输气管道＋曝气装置组成。

① 增氧动力设施。一般为固定在池埂的罗茨鼓风机、空气压缩泵

或旋涡式鼓风机，主要是提供大于 1 个大气压的压缩空气。因微孔增氧设施输送的是清洁空气，而且要求输气量比较稳定，因此主机通常选择罗茨鼓风机。罗茨鼓风机属于恒流量风机，输出压力随管道和负载的变化而变化，风量变动甚微，具有强制输气的特点；而且输送介质不含油、使用寿命长、结构简单、维修方便和运行可靠性强。

罗茨鼓风机的国产规格有 7.5、5.5、3.0、2.2 千瓦四种。具体根据功率需求合理选用，并不是越大越好，功率匹配过大不仅造成浪费，而且输入气压过大容易使风机憋压，导致风机变得过热而缩短其寿命。功率配置视塘口面积和主、支管里程而定，一般每 667 米^{2}0.15～0.3 千瓦。另外，曝气装置不一样，主机功率配备也有所区别，一般高分子微孔管的功率配置为每 667 米^{2}0.15～0.2 千瓦，PVC 管的功率配置为每 667 米^{2}0.2～0.3 千瓦，气石（砂头）的功率配置为每 667 米^{2}0.15～0.25 千瓦。这点在养殖生产中要予以注意，有的养殖户没有将微孔管与 PVC 管的功率配置进行区分，笼统地将配置设定在每 667 米^{2}0.25 千瓦，结果不得不中途将气体放掉一部分，浪费严重。

②输气管道。包括出气主管道、总管和支管。

出气主管道通常有镀锌管和 PVC 管两种选择。由于罗茨鼓风机输出的是高压气流，所以温度很高，如果使用 PVC 管，输气时间一长接口就会软化，出现漏气现象，但成本低；而使用镀锌管可避免出现漏气现象，而且还可减震消音，但成本高。所以现在多采用镀锌管和 PVC 管相结合的方式作为出气主管道，这样既可保证安全又可降低成本。

总管（内径 ϕ60～80 毫米）、支管（内径 ϕ10～12 毫米）为 PVC 管（其中软管针孔曝气增氧、气石曝气增氧的支管采用塑料软管），支管间距离为 8～12 米，各支管分布固定在深水区域距离池底 10 厘米左右处同一水平面上。

③曝气装置。曝气装置通常采用三种形式：高分子橡塑合成的微孔曝气管道；在 PVC 等软塑料管上直接刺单个微针孔；气石（砂头）。

A. 高分子橡塑微孔增氧管。采用现代化学合成工艺生产，管壁密布小气孔。小孔在管壁内呈曲线状蜂窝状分布，孔径内大外小，只有在一定压力气流通过时小孔才张开，向外供气。曝气孔孔径只有 20～30 微米，可产生比表面积更大的微细化气泡，在水中呈烟雾飘散状（彩图 29），与水体的接触面积更大，上浮速度更慢，其水平扩散距离为 1.5～5 米，所以增氧效率更高；而且柔软性好，可适应各类池塘的安装使用，因此推荐使用这种类型的曝气装置。由于橡塑合成微孔曝气管应用规模日益扩大，目前市场价格有所下降，所以现在普遍使用该种曝气装置，其曝气效率高、能耗低、性价比高、安装简便。

常用的散气管道有盘状和条状两种（彩图 30 至彩图 33），现在养殖户更多地倾向于选择盘式微孔增氧管，主要原因是其安装方便、维护简单、容易收放、便于捕捞操作。

B. 钻孔 PVC 管。通过在 PVC 塑料管上每隔一定距离刺一个微孔（用大头针粗细的尖针刺孔）来形成曝气管，气孔大小一般以 0.6 毫米为宜，气孔方向朝下，孔距从靠近主机总管处 3 米左右逐渐减少到远端 2 米左右。PVC 管材料容易获得，在各种管道材料店都有经销，质量从饮用水级到电工用管都可，所以成本相对较低。但该曝气管的出气孔是人工穿刺而成，孔洞大小无法精确控制，导致水中曝气均匀度较差，增氧效果相对较差。

C. 气石（砂头）。通常每 667 米^2 配备 20 个气石，均匀布置，呈羽毛状分布；使用气石的投入成本相对较高。

（3）底层微孔增氧设施的安装、布设　底层微孔增氧设备的安装、布设方式应根据曝气装置、池塘条件等各方面条件灵活掌握，可采取单池或多池并联充气的方式。图 4-1 至图 4-3 为三种安装示意图，供参考。微孔增氧设施在安装使用过程中需注意以下几点：

① 采用软管钻孔的管道长度不能超过 100 米，过长末端供气量不足甚至无气。如果软管长度过长，应架设主管道，主管道连接支管，有利于全池增氧；由于主管道管径大，出气量大，也能减轻鼓风机或空气压缩泵出气口的压力和发热程度。

② 虾蟹养殖蜕壳生长要求环境相对安静，鼓风机虽然噪声影响不大，但仍应尽量将其设置在远离塘口的位置，为虾蟹蜕壳提供安静的环境。鼓风机的主机在架设时应注意通风、散热、遮阳和防淋。采用鼓风机增氧机要注意品牌，讲究质量，选择知名企业的产品。有条件建议配鼓风机两台，一备一用。

③ 在同一个气源的情况下，各曝气头应尽量保持同一水平面，落差不应超过 30 厘米，以利各曝气点有气供给，否则会有出气不均匀的情况发生；如确实无法做到，池底深浅不一，增氧机可适当提高功率，也可安装支管控制阀，以便调节气量。

④ 安装结束后，应经常开机使用防止微孔堵塞。每年养殖季节结束后，应及时清洗，曝晒增氧盘（管），然后将其放置在阴凉处保存。

⑤ 鼓风机使用时发出的尖叫声比较大（俗称"拉警报"），出气管发热烫手，说明管道上微孔数量不够，应增加管道长度或管道上微孔数量，增加曝气总量。

⑥ 微孔增氧机负荷面积大，是叶轮式增氧机的 2～4 倍，用电相对较少，养殖户应多开机，避免闲置。

⑦ 管道上应该安装截止阀、排气阀，截止阀用于连通或截断充气通道，排气阀用于调整气压和开机时排气；连接增氧盘（管）的管道上安装控制阀，用于调节单支气管气量。

⑧ 塑料软管、条式橡塑曝气管等柔性管材在安装过程中不要扭曲、打结；条式橡塑曝气管需在安装固定拉索；增氧盘（管）需系上重物固定于池底，防止充气时浮起。

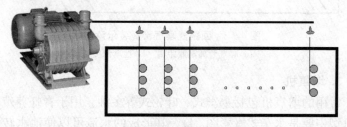

图 4-1　盘状微孔增氧管安装示意图

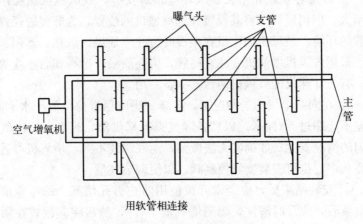

图 4-2　条状微孔增氧管安装示意图

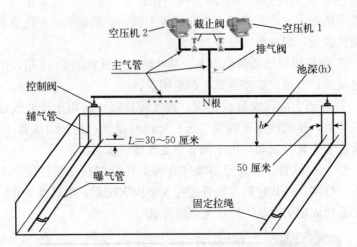

图 4-3　回路式曝气管安装示意图

L. 曝气管离池底距离　h. 池塘深度

2. 增氧机

常用的增氧机包括水车式、叶轮式等多种。用于青虾养殖的增氧机型主要是水车式（彩图34），其形成的水流可以使池水转动起来变成活水，而且可使污物集中在池中心部位，给青虾提供清洁的摄食场所。同时，可增加水中溶氧量并使氨氮、甲烷、硫化氢等有毒气体逸出，且该机型工作时不伤害虾体。一般 2 000～3 333.3 米²虾池配一台 1.5 千瓦水车式增氧机。在装有微孔增氧设施的池塘配备水车式增氧机，可使水体溶解氧更加均匀。

虾池中不宜使用叶轮式增氧机。近年来的生产实践表明，青虾养殖池塘由于常年水位较浅，选用叶轮式等传统增氧机会将底层淤泥吸出，不仅搅浑池水，而且池底会形成一个大坑（图 4-4）；同时增氧效率不高，覆盖范围小，增氧效果不佳，所以在青虾养殖池塘中较少使用。

图 4-4　使用叶轮式增氧机后池底形成的大坑

（五）其他设备配套

同时，根据池塘面积及养殖水平配备水泵、船只、地笼网等器具。水泵主要起冲水作用，使池水流动起来；船只主要用于投饲、抛洒药物等。鸟害比较严重的青虾养殖池塘，还需布置驱鸟设施，如张挂丝网（彩图 35）、牵绳挂红布条等。

二、池塘准备

青虾个体较小，体质较弱，食物链短，敌害多。因而在苗种放养前，必须按照青虾生长发育对环境条件的要求，做好各项准备工作。

（一）清淤

池塘是青虾和其他水生动物的生活场所，池塘条件将影响到虾鱼的生长。青虾为底栖动物，大部分时间在池底活动，同时青虾的耗氧量高，不耐低氧环境。根据这一习性，养殖池底质必须清爽。池塘经过一年甚至几年的养殖，一些残料剩渣、粪便、污物沉积在池底，大量有机物的腐烂发酵分解将会增加池塘的耗氧，在缺氧情况下还会产生氨氮、甲烷、硫化氢等有毒气体，恶化水质，甚至造成养殖对象中毒死亡。此外，还有各种有害的寄生虫、病原等在池中滋生繁殖，易于发生病害。野杂鱼繁殖的更大危害是吞食虾苗和抢食饲料，影响青虾成活率，而且增加池中耗氧，影响生长和产量。因此，在一个养虾周期结束后，要采取机械或人工方式清除池底过多的淤泥，需保留部分淤泥，但不要超过15厘米；因养殖期间投饲量不大，新开塘口通常头几年无需清淤，具体视淤泥厚度而定。同时修复好埂堤，严防开裂渗漏，清除池中杂物。清淤方法常见的有人工清淤、推土机清淤和泥浆泵清淤等方式。

1. 人工清淤

干塘后，池塘晾晒一段时间，到人能行走时，采取人工挖除运出的方式将淤泥清除。此方法费力费时，适合规模不大的小塘口，最好不要超过 2 000 米^2，否则工作量很大。此法目前已很少采用。

2. 推土机清淤

养殖规模较大时，可采取推土机来进行清淤。多晾晒一段时间，当池底不陷脚时，推土机就可以进场清淤。

3. 泥浆泵清淤

采取泥浆泵清淤劳动强度小，而且综合成本低，比较经济，现已被普遍采用（彩图36）；现在有专业化的清淤人员从事该项工作，因此此种清淤方式也容易获得。但采取此方式需要池塘周围有堆放泥浆的地方。

（二）晒塘

干塘后将池底曝晒半个月左右，以促进池底有机物的分解，创造一个良好的池塘养殖环境；晒塘要求晒到塘底全面发白、干硬开裂（彩图37），越干越好。一般需要晒10天以上，若遇阴雨天气，则要适当延长晒塘时间。条件允许的情况下，最好用旋耕机等设备将池底进行翻晒。

（三）清塘

清塘工作是保证青虾养殖成功不可缺少的重要环节，药物消毒是否彻底直接关系到青虾养殖的成败。在虾苗种放养前7～10天必须做好清塘工作，清塘要选在天气晴朗时进行，晴天气温高，药效强而快，杀菌力强，毒力消失也快。以下为常用的消毒药物和方法。

1. 生石灰

生石灰化学名称氧化钙，遇水后生成氢氧化钙，同时放出大量热量，短时间内可使水的pH急剧上升到11以上，能迅速杀死虫卵、野杂鱼、青苔、病原等。其优点：①能杀死野杂鱼、虫卵、蚂蟥、致病菌、青苔和水生植物等。②使水呈弱碱性，有利于浮游生物的繁殖。③能改善水质，释放淤泥中的氮、磷、钾，使水质容易变肥。④生石灰也是一种钙肥，钙是青虾养殖不可缺少的营养元素。

消毒方法有干法和带水消毒两种方法。通常采取干法消毒，池塘进10～15厘米的水，在池底周围挖一些小坑，将生石灰倒入坑内加水化成浆液趁热全池均匀泼洒（彩图38）。每667米^{2}生石灰用量80～150千克，淤泥较多时用量可适当增加，消毒后第二天最好用耙子推拉一下，将表层石灰与底泥混合，如存在石灰块，则应用锹或耙将沉底石灰块搅开，以防养虾后拉网泛起沉灰，使虾被呛死。

带水消毒多在水源比较紧张或进排水不便，用池时间较紧的情况下采用。水深 1 米，每 667 米² 用生石灰 150 千克左右，用小船把生石灰加水化成浆液全池均匀泼洒。

生石灰消毒药性消退时间一般为 8～10 天。

2. 茶籽饼

茶籽饼又称茶麸、茶饼，是油茶果核榨油后的副产品，因含有一种溶血性的皂角苷素，对水生生物有毒杀作用，同时还含有丰富的蛋白质、少量的脂肪及多种氨基酸等营养物质。用茶籽饼清塘消毒具有药物成本低、无残留药害等优点，不但能杀死埋藏在淤泥中的各种野杂鱼类，而且还能杀死蛙卵、蝌蚪、蚂蟥，以及螺、蚬、蚌等，又能对水生植物具有保护作用。茶籽饼消毒对虾蟹影响不大，如果池中存在野杂虾、蟹，应采取其他消毒方法。

消毒方法是选用块状或粉碎的新鲜、不霉变的茶籽饼，将其浸泡一昼夜后连渣带汁全池泼洒，每 667 米² 用量 50 千克左右。目前市场上有主要成分为皂角素的渔药出售，其效果同茶籽饼，可以替代使用。

茶籽饼消毒药性消退时间一般为 10～15 天。

3. 漂白粉

通常用有效氯含量为 30％的漂白粉消毒。漂白粉消毒能杀死野杂鱼、病菌、寄生虫等敌害。漂白粉消毒效果受水中有机物的影响，水质肥、有机质多，消毒效果要差一些，所以漂白粉消毒的使用量可结合池塘水质情况适当增减。

消毒方法是干法消毒每 667 米² 用漂白粉 5 千克，带水消毒水深 1 米每 667 米² 用量 15 千克。将漂白粉放入木桶内（不可用金属容器，以免氧化），加水溶解稀释后均匀全池泼洒。干法消毒，2 天后可进水，5～7 天可放虾苗。

用漂白粉消毒的注意事项：漂白粉容易受潮，在空气中、阳光下都易挥发、分解失效，因此漂白粉需包装严密，贮藏在干燥阴凉的地方。漂白粉使用时需测定有效氯含量，以保证用量准确。因漂白粉有腐蚀性，所以泼洒时应戴口罩，人要在上风处操作，防止沾在衣服上。

4. 生石灰、茶籽饼混合使用

水深 1 米，用生石灰 100 千克、茶籽饼 40 千克。干法消毒每 667 米² 用生石灰 50~75 千克，茶籽饼 25 千克。使用时应分开分别操作，方法同上，7 天后可放虾苗，效果较单用一种药物为好。

5. 注意事项

上述各种方法清塘消毒，在放养虾苗前均需试水，以防药性未过，造成损失。消毒后，应及时清除死亡野杂鱼尸体，防止滋生病菌，败坏水质。

另外，可以在传统的清塘消毒工作完成后，增加一道解毒工序，以降解消毒药品的残毒，减少对虾苗的伤害，解毒后再泼洒微生态制剂，并加强增氧，分解消毒杀死的各种生物尸体，避免二次污染，消除病原隐患。

(四) 施肥注水

虾池清淤消毒后，施放经腐熟发酵的畜禽粪肥作基肥，用以培肥水质，每 667 米² 用量 250~400 千克，新开塘加大基肥量，老塘酌情减少。通常采取堆肥的方式施用基肥，将肥料堆放在池塘的四角或离池埂 2~3 米的浅水处的水面以下，并加入 1‰~2‰ 生石灰进行消毒处理；待水肥后捞除残渣，否则残渣残留在池中容易滋生病虫害。为了方便操作，施用基肥时有时也采用编织袋装肥，定期翻动待水肥后取出袋子。施用基肥是为了给青虾培育出大量适口的开口饵料，同时早期及时地培育水质，也能防止青苔、蓝藻大量滋生。

虾苗放养前 5~10 天（具体根据水温而定），池塘注水 60~80 厘米，加水时注意要用 60 目以上筛绢过滤，防止野杂鱼等敌害进入虾池。施肥注水后，施用部分微生物制剂，以促进肥效。

进水后，最好能进行持续增氧，改善水体环境。通常认为增氧是为青虾呼吸提供足够的溶解氧，但实际上，虾池中溶解氧消耗主体为水体、底泥呼吸及肥料分解，青虾生长呼吸耗氧只占少部分。因此，施肥注水后，应连续增氧，促进底泥、肥料分解，消除氧债，确保水体溶解氧充足，从而有效地提高虾苗下塘成活率。

三、种苗放养

虾苗放养是商品虾养殖生产的重要一环。生产上不少养殖户因忽略水温、水质、天气和放养时间等操作细节，致使青虾苗种下塘成活率低，在很大程度上影响了青虾的产量，挫伤了养殖户养殖的积极性。因此要高度重视青虾苗种放养工作，提高青虾下塘成活率是青虾养殖成效的关键环节之一。

（一）放养前准备

青虾苗种放养过程中，需经历不同环境的变化，容易对体质娇嫩、抗逆性差的虾苗造成应激，影响放养成活率，因此放养前营造良好的池水环境显得十分重要。在做好上述池塘准备工作、正式放苗前，还需注意以下细节：①采取应激缓解措施，虾苗放养前2小时，虾池中提前泼洒维生素C、葡萄糖，有效缓解虾苗应激反应；②提前增氧，确保虾苗入塘时，池水溶解氧充足。

放养前还需大致了解池塘水质状况。用透明玻璃杯盛池水一杯，如发现水中有浮游动物活动，则说明池水正常；检测池水酸碱度，看池水的pH是否降到8.5以下；并取50～60尾虾苗放入池塘内的网箱进行"试水"，具体操作见亲虾放养试水操作。

放养前如果发现池塘出现野杂鱼、蛙卵、水生昆虫等敌害生物或出现大量红虫，应采用密眼网拉空塘1～2次予以清除，必要时重新清塘，避免敌害生物对青虾生长造成危害，如与虾苗争夺氧气和食物，甚至吞食虾苗。

（二）虾苗来源

1. 秋季茬口

主要有天然捕捞、成虾池自育、专池培育三条途径。

（1）**天然捕捞** 此种方法主要在青虾养殖业起步阶段采用，现在随着青虾繁育技术的成熟和大规模应用，该方式目前基本上已不采用；而且当前天然野生资源衰退厉害，大批量获得天然虾苗，代价也很高。如果是科研所需，或者需要更新种质资源，可以采取此种方式。

（2）**成虾池自育** 指投放抱卵亲虾就池繁殖，直接养成。该方式虽然简单易行，但其产量低而且不稳定，主要原因是幼体成活率低，又常常多代同塘，无法控制密度，管理上盲目性大，虾苗规格参差不齐，总体偏小，上市率低。同时，选择养殖虾做亲本繁殖虾苗，因多代近亲繁殖，青虾的有害基因不断纯合，使苗种品质越来越差，性成熟越来越早，商品虾规格越来越小。该方式目前已基本淘汰，但也有少部分养殖户仍在使用。

（3）**专池培育** 目前虾苗大多来自于专池培育的虾苗，既可以自己专池培育，也可以从青虾原（良）种场或苗种繁育场选购良种虾苗，切忌为节省成本而多年自繁自育。专池育苗的亲虾来于提纯复壮或优选的池塘养殖虾，或者原（良）种场供种，也可来自于天然野生资源，因此专池育苗的虾苗种质资源良好，而且规格齐整，体质良好，抗病力强，养殖效益明显。放养虾苗规格通常为1.5厘米左右（体长），不宜小于1.2厘米或大于2.0厘米，通常为5 000～10 000尾/千克。

2. 春季茬口

春季养殖虾种都是来自于上年秋季养殖未达到上市规格的存塘幼虾，包括当年繁育虾苗未长成的个体和性早熟个体繁育的虾苗，通常规格为500～2 000尾/千克，体长3厘米左右。春季放养的虾种在越冬期间，应加强越冬管理，防止病害发生和体质下降；越冬期间，水温达到8℃以上，就应坚持少量投喂，防止掉膘，这样有利于翌年开春后，虾种尽快恢复体质，快速进入生长期，提前上市，具体操作见越冬管理相关内容。

（三）放养时间

1. 秋季茬口放养

长江流域虾苗放养时间在7月上旬至8月上旬均可，一般掌握在7月底前放养结束，最迟不超过8月上旬。虾苗的放养也不是越早越好。过早的虾苗，性成熟早，产苗早，生长缓慢，个体小，而且会造成池塘秋苗繁殖过量，争料耗氧，影响商品虾的生长。适当迟放，可相对控制性腺早熟虾的数量和过度的秋苗繁殖，有利于商品虾的生长，提高商品虾的规格和质量。放养过迟，生长期短，影响生长，造成上市规格虾的比例下降。我国北方地区较长江流域可适当提前，而南方地区因生长期长，产卵期长，可结合当地产苗高峰期时间繁育虾苗，合理放养，做到即时轮捕，捕大养小，加强喂养管理，既可提高规格，又能提高产量。

2. 春季茬口放养

根据池塘周转情况灵活确定放养时间，通常在 3 月底前放养结束。因每个地方秋季养殖茬口的商品虾上市时间不一样，有的到商品规格就上市，有的在春节前上市，有的则在春节期间出售，不一而同。因此养殖池塘空闲出来的时间不一样，进入下一茬的养殖时间也灵活多变。如 12 月底前商品虾就全部上市，则应在池塘完成晒塘、清整、消毒等准备工作后，将剩余未达上市规格的幼虾计数后放入池塘，即进入春季茬口养殖。

（四）放养密度

放养密度主要依据池塘条件、养殖管理水平及市场行情等因素来灵活掌握。池塘条件好，有增氧设备，养殖水平高，可适当多放些，产量也可以高些；反之，则可少放些，产量也低些。另外，也要考虑产量、商品率、规格及售价等综合因素，放养过密会导致成虾商品率过低，规格偏小，没有市场竞争力；过稀则会影响年终产量。如欲提前上市，提高商品虾规格，则应减小放养密度，以促进生长。常规放养密度可参考下面要求：

1. 秋季茬口

放养密度一般为每 667 米^2 6 万～10 万尾，以 8 万尾居多，每667 米^2 可产商品虾 70 千克以上。

2. 春季茬口

如果放养密度在合理范围内，则春季茬口收获产量通常为放养量的 2 倍以上。放养密度一般每 667 米^2 20～40 千克；高者为 50 千克以上，春季茬口每 667 米^2 可产商品虾 100 千克以上。

（五）运输放养要求

虾苗最好就近获取，通常采取筐篓短距运输法、水桶或帆布桶运输法等转运至放养塘口；如果运输时间过长，则采取网隔箱充氧运输，但不宜超过 2 小时，否则对下塘成活率会造成一定影响；带水运输时，运输水体通常需添加部分深井水，降低运输水温，但不宜全部用深井水。各运输方法详见亲虾运输方法。

秋季茬口虾苗放养正值夏天高温季节，虾苗放养应选择在晴天的凌晨或阴雨天进行，避免高温、闷热和阳光直射。虾苗放养要坚持带水作业，避免堆压，放养时动作要轻快，操作要熟练，虾池四周都要放到，使虾苗在虾池中分布均匀；并通过加放养池塘水的方式进行"缓苗"处理，使装苗容器内外水温小于 5 ℃后再放养。健康正常的虾苗放入池中后能很快潜入水中。

具体放养要求可参见"亲虾放养"相关内容。

（六）其他品种套养

青虾池塘主养通常会套养少量常规鱼类，能起到控制肥水、改善水质、吞食部分幼体、控制秋繁虾苗密度的作用。一般秋季茬口套养，春季茬口套养较少；鱼种和成鱼都可以套养；套养时间通常在虾苗放养后 10～15 天。如套养鱼种，每 667 米^2 套放鳙、鲢夏花 800 尾左右，团头鲂 400 尾左右，异育银鲫 20～30 尾；如套养成鱼，每 667 米^2 放养 50～100 克的鳙、鲢鱼种 80～100 尾，异育银鲫 50 尾左右。年底每 667 米^2 可收获鱼种 40～50 千克或成鱼 50～60 千克。

（七）注意事项

① 防止混入杂虾种。在江苏、浙江地区，尤其是太湖渔区，除青虾外，产量占一半以上的是白虾（秀丽长臂虾），尚有部分糠

虾（锯齿米虾等）。而杂虾对环境的适应力强、繁殖力高、经济价值低，如混入青虾苗种中，不仅会导致饲料和水体空间的竞争，而且当混入数量巨大时，还会降低青虾生产效益，直接影响养殖者的经济效益。

②苗种质量。放入同一池塘的虾种要求规格基本一致，体质健壮，无病无伤，肢体完整，体色晶莹，活力强，要求一次放足且尽量避免杂鱼苗掺杂其中。如果苗种尾部肌肉出现发白现象，则说明苗种已经受伤，下池后死亡的可能性很高，此类虾苗不宜放养。严禁使用通过聚酯类药物捕获的种苗；干塘获得的种苗应及时在清水中暂养一段时间，恢复正常后再放养。

③虾苗应采取肥水下塘，避免清水放苗，放养前务必做好池塘肥水工作，培养基础饵料，确保虾苗下池后即能获取大量的适口天然饵料。春、秋两季茬口都应如此。

④在正式放养前应提前一天进行试水操作，在证实池水对虾苗无不利影响时，才可正式大批量放养。虾苗放养过后切忌一放了事，要坚持每天巡塘，防止出现青虾浮头现象；虾池一旦已发生浮头，应迅速开增氧机、冲水或泼洒增氧剂，增加池水溶氧量。

⑤从育苗点运输种苗时，应了解育苗后期阶段投喂饲料的种类；虾苗引进放养后，前期尽量投喂与育苗点类似的饲料，避免饲料转换太快，虾苗不适应。

⑥套养鱼类。在常规养殖鱼类中，青鱼、鲤是以动物性饲料为主或偏食动物性饲料的鱼类，在鱼虾混养的情况下，将会大量吞食青虾，所以在混养青虾的池塘中不得混养青鱼和鲤。草鱼是草食性鱼类，会大量摄食青虾养殖池中不可缺少的水草，因此青虾养殖池塘不得混养草鱼。异育银鲫和团头鲂是杂食性鱼类，也会吞食虾苗和蜕壳时的青虾，但在饲料条件充足、动物性饲料较好的情况下，对成虾养殖影响并不太大。对鳙、鲢来讲，仅是鳙会吞食刚孵出的幼体，然而青虾繁殖力强，不会对其形成多大危害。鉴于以上情况，青虾混养池的鱼类基本上是鳙、鲢、异育银鲫、团头鲂、细鳞斜颌鲴等品种。青虾主养池套养鱼应在虾苗下塘半个月后（即虾

苗体长都达到 2 厘米以上时）投入，鱼池中套养青虾时，虾苗入池规格也应在 1.5 厘米以上；青虾适宜与鲢、鳙混养，不宜与肉食性鱼类混养。

四、饲料与投喂

饲料是青虾养殖的物质基础，是获得稳产、高产的关键条件之一。在青虾养殖过程中，合理选择饲料相当重要，饲料投喂更是饲养青虾的重要环节。投喂饲料的质量、数量和投喂方法，决定着青虾的生长速度和出池商品虾的规格，决定着养殖产量，也对提高饲料利用率、降低生产成本和获得最佳经济效益具有重要意义。

（一）青虾营养需求

同所有动物一样，青虾的营养需求主要包括蛋白质、脂肪、糖类、维生素、矿物质等。这些营养需求对于青虾的正常生长、发育、免疫力及繁殖有决定性的影响，其含量的不足或过量都可能导致青虾新陈代谢紊乱、生长缓慢以至疾病的发生或死亡。了解掌握青虾营养需求，是科学选择和制作青虾人工饲料的基础。

1. 蛋白质和氨基酸

蛋白质是组成虾体组织器官的主要成分，是其生理活动的基础物质。因此，首先应了解青虾对蛋白质的需求量。青虾饲料一般要比鱼类饲料蛋白含量高，饲料蛋白质适宜含量一般为 36% 左右，不同生长阶段有所变动。

2. 脂类

脂类是青虾能量和生长发育所需的必需脂肪酸的重要来源，它可提供虾类生长所需的必需脂肪酸、胆固醇及磷脂等营养物质，并能促进脂溶性维生素的吸收。脂肪属高能量物质，是虾类的重要能量来源，同时还是虾体组织的重要组成成分，参与虾体的组织细胞膜及磷脂化合物的构成。

3. 糖类

糖类也称碳水化合物，是虾体能量的主要来源。饲料中的糖类主要指淀粉、纤维素、半纤维素和木质素。虽然糖类产生的热能远比同量脂肪所产生的热能低，但含糖类丰富的饲料原料较为低廉，且糖类能较快地释放出热能，提供能量。糖类还是构成虾体的重要物质，参与许多生命过程。糖类对蛋白质在体内的代谢过程也很重要，动物摄入蛋白质并同时摄入适量的糖类，可增加腺苷三磷酸酶形成，有利于氨基酸的活化及合成蛋白质，使氮在体内的贮留量增加，有利于减少蛋白质的消耗。

4. 维生素

维生素不能提供能量，也不是虾体的构成成分，主要是在辅酶中促成酶的活性，参与虾体的物质代谢过程。如缺乏维生素，则虾体对不良环境的抵抗力降低，生长缓慢，甚至引起发病死亡。因此，在配合饲料加工过程中，需要添加一定量的复合维生素。

5. 矿物质

矿物质也是虾体需要的物质之一。在这些矿物质中，有的是参与虾体组织的构成，如磷和钙是形成虾壳的重要成分，有的则参与物质代谢的过程。对于青虾，必需矿物元素可以通过两种途径摄取，即通过从鳃膜交换或吞饮水，以及通过肠道吸收途径获得。但是，因为在蜕壳过程中某些矿物元素反复损失，所以在养殖中，尤其是高密度养殖，为了维持青虾正常生长，在饲料中必须添加一些矿物元素。

（二）饲料选择

1. 饲料种类

青虾食性广，属杂食偏动物性。自然条件下，幼虾摄食浮游动物（轮虫、枝角类、桡足类等）、有机碎屑等，成虾摄食水草茎叶、有机碎屑、原生动物、水生昆虫、底栖动物（水丝蚓等）等。人工养殖条件下，水产养殖上常用的饲料品种，青虾基本上都喜食，包括米糠、麦麸、大麦、酒糟、豆渣、花生饼、豆饼、浮萍等植物性饲料，以及螺蛳肉、河蚌肉、小杂鱼、鱼粉、蚕蛹（粉）、猪血、蝇蛆、蚯蚓及畜禽内脏等动物性饲料。这些饲料来源广泛，可以就地取材，加工简便，但容易污染水质，饲料系数较高。如果采用这些饲料投喂青虾，动、植物饲料应保持合理配比，一般动物性饲料占30%～40%，植物性饲料占60%～70%，搅碎拌糊投喂，并补充青绿饲料，这样可确保青虾获得全面的营养需求，促进生长。

近年来，随着青虾养殖业的迅速发展，养殖规模日趋扩大，大多数养虾户选择投喂人工配合全价颗粒饲料，主要是颗粒配合饲料具有其他饲料不可媲美的优点：①根据青虾营养需求，由多种不同营养价值的原料配制而成，营养全面均衡，能满足各生长阶段要求；②应用多种添加剂，如蜕壳素、促长剂、引诱剂等，起到防治疾病、驱虫、诱食、促进生长、改善品质等多种作用效果；③利用现代加工工艺配制而成，饲料中的营养物质能够被很好地消化和利用，而且便于储藏、运输和投喂操作；④已经商品化，可以大批量获得，有利于规模化养殖。

随着青虾养殖规模的扩大，特别是在长三角地区，青虾已成为主导养殖品种，目前各大饲料生产厂家都可以提供青虾专用配合颗粒饲料。但由于目前国内南美白对虾的养殖规模大于青虾养殖规模，因此在人工配合饲料的开发研究和生产工艺上，前者质量高于后者。在养殖实践中也发现，使用南美白对虾配合饲料一般比青虾配合饲料效果要好，所以有不少养殖户以优质南美白对虾饲料来代替青虾专用配合饲料进行投喂，也有用罗氏沼虾配合饲料替代的。如自己制作配合颗粒饲料，粗蛋白质要求达到35%以上。配方大体可按以下组合参考：鱼粉等高蛋白饲料25%、豆饼30%、糠麸类25%、菜饼17%、骨粉3%，再添加0.1%蜕壳素、矿物质等，配以适量面粉做黏合剂，均匀搅拌，根据虾的规格大小制成适口大小的颗粒饲料投喂。使用颗粒配合饲料，饲料系数通常能控制在1.5～2。

2. 饲料组成与调整

考虑到青虾杂食性特点，池塘养虾的饲料组成应做到多样性；同时虾苗放养后，随着青虾不断蜕壳生长，经历不同生长发育阶段，其食性也不断转换，对营养需求、饲料种类及颗粒的大小有不同的要求，应及时调整饲料组成。秋季养殖茬口，通常可以分为三个阶段进行饲料调整，以规格大小作为调整依据。

（1）**体长 2.5 厘米以下**　在放养初期应施足基肥，并定期适当施肥，以培育枝角类、桡足类等大型浮游动物和底栖生物作为虾苗下塘初期的优质天然适口饵料。同时，加投粉状或微颗粒配合饲料，通常青虾饲料对应为幼虾料，南美白对虾饲料对应为 0 号、1 号料；也可用粉状料，如米糠、麦粉、蚕蛹粉、鱼粉等粉碎性动植物饲料，动植物料比 1∶3 左右，加水搅拌成糊状，投喂在水下30 厘米左右的浅滩上。

（2）**体长 2.5～4.0 厘米**　在养殖后期，大多采取以颗粒配合饲料为主，适当搭配动、植物饲料的措施。此阶段颗粒配合饲料选择小颗粒幼虾料或破碎料，通常青虾饲料对应为中虾料，南美白对虾饲料对应为 2 号料。

（3）**体长 4.0 厘米以上**　此阶段投喂成虾料，通常青虾饲料对应为成虾料，南美白对虾饲料对应为 3 号料；9 月下旬至 10 月，可加大动物性饲料的投喂比例，以促进青虾育肥，提高肥满度。

（4）**其他**　种植的水花生、水葫芦、轮叶黑藻、苦草等水生植物及其碎屑，在养殖全过程中青虾均可摄食。青虾为杂食性偏动物性饲料食性，在饲料短缺的情况下，蜕壳虾会被作为动物性饲料被捕食，所以在青虾蜕壳期间，最好增投部分动物性饲料，以减少自相残杀现象发生。

（三）投喂方法

虾料投喂坚持"四定"原则。

1. 定质

配合饲料必须适口性强、营养丰富，不可投喂霉烂变质、过期的饲料，质量符合《饲料卫生标准》（GB 13078）和《无公害食品渔用配合饲料安全限量》（NY 5072）规定。颗粒配合饲料在水中浸泡时间最好能保持 3 小时以上不散失（即耐水性≥3 小时）；选用的颗粒配合饲料要保持相对固定，尽量使用一个厂家的优质全价饲料，不能频繁改变饲料。选择动植物鲜活饵料时，要确保新鲜、适口、无腐败变质、无污染，并且应加工绞碎后投喂。通常养殖前、后期配合饲料粗蛋白质含量 36%～40%，养殖中期32%～36%。

2. 定量

青虾投喂量要合理掌控，既要保证虾吃饱、长好，又要防止投喂过多，造成浪费，败坏水质。养殖前期日投饲量通常控制在全池虾体总重量的 6%～10%，养殖中后期生长旺季日投饲量通常控制在全池虾体总重量的 4%～7%；还应结合不同月份水温、天气、水质、摄食及蜕壳情况等灵活掌握，根据吃食情况适当增减投喂量，通常以投饲后 3 小时内吃完为度。一般初夏和晚秋可以少投，生长旺季多投；天气晴朗、活动正常、摄食旺盛则应多投，天气闷热或阴雨低温天气应少投；水色转黑、或红或是透明度突然增大等出现水质变坏情况，应适当减少投喂量；上午施药，下午就减少投喂量；白天加水，傍晚能适当增加投喂量；蜕壳高峰期，适当减少投喂量。

一般吃食检查早、晚各一次，清晨检查是看昨晚青虾的吃食情况，傍晚检查是看白天青虾的吃食情况，也可以在投喂后3～4 小时检查。吃食情况检查可通过在投喂区域放置小挑罾或小提罾检查饲料剩余情况来判断；还可以用小三角推网进行检查，用边长30 厘米的三角形钢筋缝上密网，插入竹竿制成手推网。检查时，在池边手握推网顺着食场的底部由近向池中间轻轻地推，然后慢慢地提出水面，看网布上是否有饲料来判断吃食情况。

3. 定位

青虾的游泳能力弱，活动范围较小，又是分散寻食，所以青虾养殖池塘不需要设置食台；而青虾喜欢在池边或水草丛中活动觅食，因此饲料投喂区域通常位于池边浅滩处或草丛中。一般养殖前期沿虾池四周均匀洒在离池边 1～2.5 米的浅滩处，呈一线式或多点式；养殖中后期全池遍洒；面积为 3 333.3 米^2 以上、水较浅或水草较多的池塘，前期就要全池均匀遍洒。上午投喂的浅滩位置要比傍晚投喂的位置稍偏深一些。

4. 定时

青虾具有昼伏夜出的生活习性，因此青虾夜间的吃食强度明显高于白天，20:00 后最高，08:00 后次之；另外，青虾对食物的消化速度一般为 8～12 小时，所以在青虾生长季节，人工投喂通常 2 次/天，分别在 08:00—09:00 和 17:00—19:00，投喂量大概分别为全天投喂总量的 1/3 和 2/3。进入越冬期间及前后（11 月中下旬至翌年 3 月），因水温不高，可适当减少投喂次数及投喂量，投喂时间也相应地调整为 13:00—14:00。

（四）其他

① 避免选用含有生长激素的饲料，原因是其会对青虾正常蜕壳造成一定影响。部分厂家生产的南美白对虾饲料含有生长激素，选择时务必加以甄别。

② 定期用光合细菌等微生物制剂拌饲口服，添加量为饲料的 5%，微生物制剂能参与青虾体内的微生态调节，提高蟹虾的免疫力，有效地防止病害的发生。

五、水质管理

青虾喜生活于水质清新、溶解氧丰富的水域环境中。当水质恶化、溶氧量低于 2.5 毫克/升时，青虾逐渐停止摄食，甚至浮头造成死亡；相反当水质良好、水体中溶氧量为 5 毫克/升以上时，青虾的摄食强度大，新陈代谢旺盛，生长迅速。因此，搞好虾池水质管理至关重要，应采取各项措施确保虾池水质保持清新，达到肥、活、爽、嫩的要求。

（一）水质指标要求

青虾对水质要求较高，对低溶氧量非常敏感，其窒息点比鱼要高。总体要求透明度前期控制在 25～30 厘米，中、后期控制在 30～40 厘米；pH 保持在 7～8.5；溶氧量白天在 5 毫克/升、夜间不低于 3 毫克/升；氨氮在 0.2 毫克/升、亚硝酸盐在 0.05 毫克/升以下。

（二）水位调控

无论春季养殖，还是秋季养殖，养虾池水位控制都是遵循"前浅后满"的原则。通常早期水深 0.5～0.8 米，中期 0.8～1.0 米，后期 1.0～1.2 米。苗种放养后，结合水质调节，逐步加注新水，通常每 7～10 天加注一次，每次 10～15 厘米，直至加至 1.0～1.2 米；此后每 7～15 天，或者水质变坏时换注新水一次，每次 15～20 厘米（表 4-1）。

表 4-1 青虾主养池塘注换新水要求

时间（月）	换水要求
3—4 7—8	每 7～10 天注新水一次，每次 10～15 厘米，水位逐步加至 1～1.2 米
5—6 9—10	每 7～15 天或水体透明度在 25 厘米以下时，应注换新水，每次换水量为 15～20 厘米

加水时应通过筛绢网过滤，防止野杂鱼及卵进入；换水时，排水口应做好防逃措施，避免青虾逃逸。青虾蜕皮时严禁换水或冲水，否则会造成蜕皮虾大批死亡。换水最好在气温较低的凌晨进行，此时塘内外的水温相差不大，可避免温差过大造成应激。青虾对许多农药特别敏感，因此在农作物大量施用农药的季节换水时，要谨慎选择从外源河沟进水。

（三）肥度控制

在养殖全过程中，应视水质肥瘦情况适时加施追肥或换注新水，保持一定肥度，使水体透明度满足青虾养殖水质要求。如果水太清，可施腐熟有机肥；如果水太浓，可适当注入新水，冲淡水的浓度。通常养殖前期每 7～15 天施腐熟有机肥一次，中后期每 15～20 天施有机肥一次；每次施肥量视水质状况而定，一般为每 667 米^{2}施 30～100 千克。或施用生物肥料，用量按产品说明书。

在水温高于 25 ℃以上时，可补施无机肥料，用量视水体透明度情况灵活掌握，一般每 667 米² 施用尿素 2.5 千克＋过磷酸钙 5 千克，掌握少量多次，应于上午加水，均匀泼洒，不宜施碳酸氢铵。

通常采取"两头肥，中间清"的肥水措施。前期因为虾苗刚下池，需要有充足的浮游动物供虾苗摄食，所以需要保持一定肥度，通常控制在 20～30 厘米，这样又能有效防止青苔、蓝藻大量滋生。到养殖中期（8—10 月），青虾进入快速生长期，此时正处于高温阶段，饲料投喂多，代谢产物也多，池水容易富营养化，所以需要控制一定肥度，防止池水恶化，通常透明度控制在 25～35 厘米。到养殖后期，气温下降，准备进入越冬阶段，此时需保持池水一定肥度，以提高水体保温效果。

（四）微生物制剂的使用

到养殖中后期，由于虾的排泄物、残饵等有机废弃物的积累，腐败后水中产生大量氨氮、亚硝酸盐、硫化物等有害物质，污染水体和底质，影响虾类生长；同时水体富营养化后病原微生物滋生，青虾也会感染发病。所以每隔 10～15 天应施枯草芽孢杆菌、光合细菌、EM 菌、硝化细菌或乳化菌等有益微生态制剂与底质改良剂来改善水环境，使用方法按产品使用说明操作。常用的有益微生物制剂具有气化、氨化、硝化、反硝化、解磷及固氮等作用，可促进粪便、残饵、残体的降解转化；也能吸收利用如氨氮、亚硝酸盐、硫化物等代谢产物，加快虾池水体物质循环，促进藻类生长；同时自身形成优势菌群，形成稳定的菌相，抑制一些有害菌群和藻类（如微囊藻）的繁殖生长，达到消减富营养化，平衡藻相、菌相，优化虾池水体生态，保持虾池水质稳定，提高青虾抗病能力的效果。

虾池中使用的微生态制剂主要有芽孢杆菌、EM 菌、光合细菌和乳酸杆菌等。每种微生物制剂在水质调节时发挥的作用不一样，所以应充分了解各微生物制剂的特点后再合理使用。常见微生物制剂的作用机理及使用注意事项见下：

1. 枯草芽孢杆菌

枯草芽孢杆菌可降解大分子有机物，将有机物转为营养物质，因此可促进粪便、残饲、残体的降解转化；同时也能分泌蛋白酶等多种酶类和抗生素，抑制其他细菌的生长，进而减少甚至消灭病原；还可直接利用硝酸盐和亚硝酸盐，从而起到净化水质的作用。因枯草芽孢杆菌能将大分子有机物降解为营养物质，所以早中期多使用芽孢杆菌，特别是虾苗放养前施基肥后，可促进肥料尽快发生肥效；养殖过程中也需定期使用，以促进粪便、残饲、残体的降解转化。

在使用芽孢杆菌前，需进行活化处理，即加入少量的红糖或蜂蜜，浸泡 4～5 小时，然后全池泼洒。由于芽孢杆菌为好氧菌，溶氧量较高时，其繁殖速度快，因此，施用该菌时，最好提前开启增氧机，防止使用后缺氧。但同时因其为好氧菌，所以青虾集中蜕壳期间，杜绝使用芽孢杆菌，避免加大溶解氧消耗，降低软壳虾蜕壳成活率。

另外，芽孢杆菌也可用作饲料添加剂，可使肠道 pH 及氨浓度降低，产生较强活性的蛋白酶和淀粉酶，促进消化，提高免疫力，抑制部分病原菌。

2. EM 菌

EM 菌是一类有效复合菌群，主要成分有光合细菌、酵母菌、乳酸菌、放线菌及发酵性丝状真菌等 16 属 80 多个菌种。通过利用其菌群产生较好的协同作用，能有效降低养殖水体的有害物质，降低水体生物耗氧量，从而提高水体溶氧量。

总的来看，EM 菌与芽孢杆菌作用效果类似，但因 EM 菌制作工艺要求高，市面上的产品大多很难达到标称的效果，有时使用效果还不如单纯的芽孢杆菌。但由于是复合菌群，好氧菌与厌氧菌均有，因此天气不好时也可使用，其与芽孢杆菌正好互补。

3. 光合细菌

光合细菌是目前在水产养殖中应用较广的有益微生物，可吸收小分子无机盐类，特别是可吸收氨氮和预防硫化氢，能与有害藻类竞争性吸收营养，可通过人为调高光合细菌数量形成优质种群，达到抑菌吸肥的效果。光合细菌适宜的水温为28～36℃，施用时的水温最好在20℃以上，阴天勿用。养殖全过程均可使用光合细菌，如藻相稳定、水色良好，则不必施用光合细菌；如发生氨氮过高、水体过肥、藻类生长过快等情况，或者连续阴雨天气，则可使用光合细菌净化水体。施用时通常采取二次泼洒法，第一次全剂量使用，3～5天后，再减半追加施用。光合细菌还可以作为饲料添加剂使用，按投饲量的3％～5％拌入饲料内投喂。

4. 硝化细菌

硝化细菌分为硝化细菌和亚硝化细菌。在水环境中，硝化细菌在氮的循环中将亚硝酸盐转化为硝酸盐而被藻类利用，从而起到净化水质的作用。

硝化细菌由于繁殖速度慢，施用后一般4～5天才能发挥作用，因此，提前施用显得格外重要。同时，由于硝化细菌是吸附在有机物上的，所以使用后4～5天内基本不排水或少换水。成虾池每次施用硝化细菌量为2～5毫克/升。

5. 乳酸杆菌

乳酸菌可以吸收利用有机酸、糖、肽等溶解态有机物，并快速降解亚硝酸盐，促进水质清新，并且代谢过程产酸，可以起到调节pH的作用。养殖中后期，如果出现水质老化、可溶有机物多、亚硝酸盐高、pH过高等情况，可施用乳酸菌。

6. 注意事项

① 虾池微生物制剂使用遵循"前促降解，后促吸收"原则。即在养殖前期特别是虾苗放养前施肥后，使用芽孢杆菌促进粪便、残饲、残体的降解转化，将有机物转化为营养物质，维持虾塘水质的良好。养殖中后期针对水体中氨氮含量高、pH高的特点，以使用光合细菌、EM菌等为主，吸收无机盐，降解水体中氨氮与硫化氢的含量，可达到抑菌吸肥的目的。在养殖中后期使用乳酸菌、EM菌，可吸收利用水体中糖、肽等有机物，降解亚硝酸盐，调节pH，促进水质清新，防止水体出现老化现象。青虾池塘中后期易

发蓝藻，可采用光合细菌加腐殖酸钠防治，光合细菌夺肥抑藻，使用腐殖酸钠遮光抑藻。

②微生物制剂使用后，正常情况下不应换水和使用消毒药物或杀菌药物；如果使用了消毒药物，则应在2～3天后再使用微生物制剂。

③微生物制剂使用前，先用适量二氧化氯等消毒剂对水体消毒，微生态制剂使用效果更佳。通过消毒，杀藻杀菌，破坏原有的生态系统，此时投放有益微生物，有利于形成优势菌群。定期消毒应在天气良好、水质正常、摄食正常、无大量蜕壳期间进行。

（五）生石灰使用

青虾作为甲壳类动物，在养殖的过程中，必须要补充一定量的钙离子，才能使青虾的甲壳快速变坚硬与顺利蜕壳。虽然在青虾苗种放养前用大量生石灰进行清塘增加了水体钙离子，但随着养殖过程的深入，水体中钙离子等微量元素越来越少，若不及时补充，会造成部分青虾钙离子缺乏，无法完成蜕壳而引起死亡，因此在养殖过程中也要适时补充钙离子。

通常养殖期间，每20天左右使用一次生石灰，每次用量为每667米^{2}10～20千克，化成浆液后全池均匀泼洒，可以起到增加水中钙质、改善池水、调节pH、杀菌消毒的作用，也可促进青虾蜕壳生长。也可选用市售的钙离子产品泼洒。

（六）溶解氧管理

青虾不耐低氧，水中溶氧量降至1.5毫克/升以下时，青虾就开始浮头，这时还看不到鱼类浮头迹象；而一旦鱼类缺氧浮头，青虾就已成批死亡。所以管理人员在巡塘时要特别注意溶氧量监测，特别是清晨巡塘，巡塘时最好用测氧仪检测底层溶氧量；也可以通过青虾活动情况来判断溶氧量状况，一旦发现塘边有虾侧卧水边的水草上，或青虾向岸边密集，或蹦上岸坡等浮头迹象，说明池中缺氧，必须及时采取加水或冲水增氧，或开动增氧设备，或施用化学增氧剂进行急救等措施，提高池水溶氧量，防止青虾进一步浮头、泛塘。

如果配有增氧设备，须科学合理使用。通常开机增氧时间：22：00左右（7～9月为21：00）开机，至翌日太阳出来后停机；闷热天气提前并延长开机时间，白天也应增氧，尤其是梅雨季节，13：00—16：00开机2～3小时，连续阴雨天气全天开机。需根据天气、水色、季节和青虾活动、摄食情况，进行浮头预测（特别是夏秋季节傍晚下雷阵雨或闷热天气，容易发生严重浮头），并灵活掌握增氧设备的开机时间。

（七）青苔、蓝藻防控

青苔、蓝藻是青虾养殖池塘水质管理出现偏差后，最容易出现的水质问题，在养殖生产中，要尽量避免出现这两种情况。

1. 青苔防控

早春三月，气温低，肥水不到位，藻类生长不良，池塘水质偏清，易造成青苔滋生；或者用药不当，破坏水体中菌相、藻相平衡，也会造成青苔滋生。

（1）预防措施

① 肥水。早春控制水位在40厘米左右并及时施肥。新塘可用发酵有机肥每667米^{2}200千克左右肥水（有机肥100千克＋芽孢杆菌50克浸泡12小时全池泼洒，有机肥100千克分40小袋挂袋肥水，可控性更强），芽孢杆菌能促进有机大分子快速降解为营养物质，提高肥效。老塘可用发酵有机肥每667米^{2}100千克左右肥水（有机肥50千克＋光合细菌50克泡12小时全池泼洒，有机肥50千克分20小袋挂袋肥水），再搭配氨基酸每667米^{2}1千克全池泼洒，适量补充钙磷物质，促进水体营养平衡，降低水体透明度。

② 合理追肥。池水如果肥不起来，可用磷酸二氢钙每667米^{2}750克化水全池泼洒，间隔3天，连用3次，不仅能有效控制及防治青苔，而且能补充虾蟹生长所需钙磷。可用钙磷双补每667米^2

250 克＋光合细菌每 667 米² 50 克全池泼洒，破坏青苔生成条件，从而达到杀死青苔的效果，一般 5～8 天青苔会慢慢死亡，并且不会坏水。

（2）杀苔措施 杀青苔药大多是化学药物，施用后，虽说近期没有虾蟹、水草死亡，但会对水草、虾蟹生长造成很大影响，碰到天气、水质突变，虾蟹容易出现应激死亡，水草容易腐烂，下半年容易发生蓝藻，因此切勿乱用药物。通常可通过以下两种方式进行杀灭。

① 巧用生石灰。在藻体聚集处巧洒生石灰，每平方米掌握 150 克左右，连续 3 次，每次间隔 3～4 天，通过突然改变局部水体的 pH 杀灭藻类。

② 洒施草木灰。在池塘上风处洒施草木灰，以阻断藻体光合作用。在实践中，通常选用稻草灰，因其重量轻、灰片大而不易下沉，从而延长遮光时间，效果很好。

2. 蓝藻防控

青虾池塘中后期肥水过多，水浓，水草活力不强，加上气温升高，乱用杀菌杀虫药破坏了菌相、藻相的平衡而导致蓝藻易发，存在"转池"风险，应及时对蓝藻进行控制。常见的蓝藻种类是微囊藻，俗称臭绿沙。

蓝藻出现的初期，先用适量（正常消毒剂量 1/2）二氧化氯或溴氯海因等消毒剂对水体消毒，破坏蓝藻活力，再施用光合细菌加腐殖酸钠防治，利用光合细菌与蓝藻争夺营养，腐殖酸钠遮光抑藻。通过池水消毒，杀藻杀菌，施用有益微生态制剂，使虾池保持优势菌群，从而抑制蓝藻的发生。在蓝藻暴发初期，使用该方法效果明显。

（八）虾池常见水色的判断

人肉眼观察到的池水颜色通常称为"水色"。它是由水中的溶解物质、悬浮颗粒、浮游生物、天空和池底色彩反射等因素综合而成，通常情况下，池中浮游生物变化会引起水色改变。因此，观察池塘水色及其变化有助于判断水质变化情况，是一项重要的日常管理工作。

1. 瘦水与不好的水

瘦水水质清淡，或呈浅绿色，透明度较大，一般超过 50 厘米，甚至达 60～70 厘米，浮游生物数量少，水中往往生长丝状藻类和水生维管束植物。不好的水指虽然水色较浓，浮游植物数量较多，但大多属于难消化的种类，因此不适合养虾使用。下面几种颜色的池水是常见的不好的水。

（1）**暗绿色** 天热时水面常有暗绿色或黄绿色浮膜，水中团藻类、裸藻类较多。

（2）**灰蓝色** 透明度低，混浊度大，水中颤藻类等蓝藻较多。

（3）**蓝绿色** 透明度低，混浊度大，天热时有灰黄色的浮膜，水中微囊球藻等蓝、绿藻较多。

2. 较肥的水

较肥的水一般呈草绿带黄色，混浊度较大，水中多数是青虾消化及易消化的浮游植物。

3. 肥水

肥水呈黄褐色或油绿色。混浊度较小，透明度适中，一般为25～40 厘米。水中浮游生物数量较多，青虾易消化的种类如硅藻、隐藻或金藻等较多。浮游动物以轮虫较多，有时枝角类、桡足类也较多，肥水按其水色可分为两种类型。

（1）**褐色水** 包括黄褐、红褐、褐带绿水等。优势种类多为硅藻，有时隐藻大量繁殖也呈褐色，同时有较多的微细浮游植物如绿球藻、栅藻等，特别是褐带绿的水。

（2）**绿色水** 包括油绿、黄绿、绿带褐水等。优势种类多为绿藻（如绿球藻、栅藻等）和隐藻，有时有较多的硅藻。

4. "水华"水

"水华"水俗称"扫帚水""乌云水"，是在肥水的基础上进一步发展形成的。浮游生物数量多，池水往往呈蓝绿色、绿色带状或云块状水华。渔民们常据此来判断施肥后的施肥效果和肥水情况，此时应防止发生"转水"而引起"泛池"（尤其是天气突变时）。可在通过注、换新水，增氧，使用微生态制剂，使用生石灰等技术措施的基础上，适量追肥，调控水质。

（1）"转水" 藻类极度繁殖，遇天气不正常时容易发生大量死亡，使水质突变，水色发黑，继而转清，发臭，成为"臭清水"，这种现象人们称之为"转水"。这时池中溶解氧被大量消耗，往往引起"泛池"。

（2）"水华" 保持较长时间的"水华"水，不使水质恶化，可提高青虾和鲢、鳙等的产量。

（九）避免应激

水质调控措施不当会造成虾池水质剧烈波动，而环境剧烈变化易造成青虾产生应激、抵抗力下降，影响其正常生长。因此在调控过程中，应坚持"主动调、提前调、缓慢调、分次调"的原则，维持水体理化指标处于相对平衡，避免大幅波动，达到"肥、活、嫩、爽"的效果，保障青虾在稳定、良好的水体环境中生长，避免环境突变造成青虾应激反应。

水质调控要做到"防患于未然"，在水质出现变动的前期就提前做好水质调控管理。密切关注水质和天气，提早使用维生素C、葡萄糖等免疫增强剂，以及采取加水、施肥等措施，避免恶劣天气对青虾造成应激反应；特别要加强高温季节和梅雨季节的养殖管理，维持良好的生态环境，降低虾、蟹应激反应。

在加换水、施肥、使用生物制剂等调控水质时，采取"缓慢调、分次调"的措施，可有效避免大幅波动。避免大排大灌、急调猛调，引起水质剧烈波动。调水时要对水质指标分析，准确掌握水体各项指标失衡的量值，针对性选用水质改良剂和合理剂量进行调控，避免水质调控出现剧烈波动造成应激。

六、水草管理

以往虾池水草栽种借用蟹池经验，保持较高的水草覆盖率，导致后期管理困难，水质难以调控；现在通常将虾池的水草覆盖率控制在 30％左右，可完全满足青虾对栖息场所的需要，而且能有效避免水草过多，造成虾池溶解氧、pH 等指标昼夜变化幅度过大和水体流动性差的问题，也降低了养护难度，减少了水草管理成本。如果水草覆盖率偏低，则应及时泼洒肥料促进水草生长；若水草覆盖率过高，则通过人工刈割进行调控。水草种好后，应经常管理，要始终保持水草均匀成簇地分布在池塘中，避免水草连成片，妨碍水体流动；高温季节，只要发现水面上漂浮的断草或烂草，就要将其捞除，以防止其腐烂败坏水质。

七、日常管理

水产养殖的一切物质条件和技术措施，最后都要通过池塘日常管理才能发挥作用，获得高产高效。渔谚"增产措施千条线，通过管理一根针"，说的就是这个道理。虾池的日常管理是一项艰巨复杂的工作，既要求认真细致，又要坚持不懈。

1. 巡塘、记录

坚持每天清晨及傍晚各巡塘一次，观察水色变化、虾活动情况、蜕壳数量、摄食情况；测量水温（测量点为距表层 50 厘米水深处）；检查塘基有无渗漏，防逃设施是否完好；查看是否有青蛙、蝌蚪、水鸟等敌害生物。发现问题及时采取相应措施。

每天做好塘口记录，记录要素包括天气、气温、水温、水质、投饲用药情况、摄食情况等。

2. 定期检查

定期检查，一般每 10～15 天用地笼（甩笼）或三角抄网取样（数量≥30 尾），检查虾的生长、摄食情况，测量体长、称量体重，检查有无病害，以此作为调整投饲量和药物使用的依据。通常大虾喜欢栖息在水草的根部，中虾喜欢栖息在水草的中部，小虾喜欢栖息在水草的上部，捕捞或抽样检测时要注意。使用地笼打样时，建议使用密眼网。

八、几个阶段的管理

(一)春季管理要点

春季养殖是提高青虾养殖塘全年产量的重要环节,具有成本低、效益高、资金周转快的特点,相对于秋季养殖,春季青虾养殖日常生产管理相对简单。其主要管理要点在于:

1. 水质管理

春季养殖前期特别要注意合理控制水位,不宜过深,保持在0.6 米左右即可;当春季气温开始回升时,水位保持在较低水位,有利于池塘水温的尽快提升,从而促进青虾尽快开口摄食进入生长阶段;而水位太深则不利于水温的快速升高。水温回升后,间隔7~10 天添加一次新鲜水,每次15~20 厘米,水位达1 米以上时,可适时换水,每次换水量为15 厘米左右。适时施用生石灰改良水质,并补充水中钙的不足,促进青虾生长。

春季虾养殖茬口因水温不高,池水水质往往偏瘦,养殖过程中一般不易出现严重的水质恶化问题;但同时也要注意肥水,控制好透明度,防止生长青苔。

2. 做好饲料投喂

开春后水温达到10 ℃以上,即开始隔天少量投喂;14 ℃以上,每天中午投喂一次;水温升至18 ℃以上时,进入正常管理阶段,每天投喂2 次,投喂饲料量占虾存塘量的3%~6%,以颗粒配合饲料为主。4—5 月随着水温的上升,进入成熟前的旺食期,投喂饲料要质量高、营养全、数量足,适当增加小杂鱼、螺蛳、贝类等新鲜动物性饲料,并配以青绿饲料,以促进肥育上市。做好投饲后的检查工作,根据虾每日的吃食情况,及时增减调整投饲量,既要防止浪费,又要防止投饲不足。

3. 水草

春季养殖以栽种沉水植物为宜,不适宜移植水花生等漂浮水草,否则不利于虾池水温的快速升高。在养殖前期,水质不宜过肥，以免影响池塘水草正常生长。在养殖后期，随着水温升高，水生植物生长趋于茂盛，应适当控制水域中水生植物的数量，根据水生植物长势情况，及时清除过多的水生植物，使其面积不超过总水面的 1/3。

4. 溶解氧管理

虽然春季不会像高温季节出现大量缺氧浮头情况，但此阶段昼夜温差大，容易发生水层上下对流而引发水体溶氧量不足，即使不出现浮头现象，也会因溶氧量不高影响青虾生长。因此，仍需要勤察看虾塘，注意天气及水质的变化，不盲目使用药物，注意经常添加新鲜水，切实做好防浮工作。放养密度高的虾塘，在气温升高时要在中午开动增氧机 1~2 小时，增加水体溶氧量，防止因缺氧浮头造成损失。

5. 防止虾病危害

放养后，正常虾塘三月中旬可以使用漂白粉、活性碘全池泼洒一次，防止放养时因碰伤引起的细菌性感染。检查时虾体（时）如发现有纤毛虫病出现，必须先杀灭寄生虫，然后间隔 5~7 天再使用一次消毒剂杀灭细菌，防止黑鳃病、红点病。

6. 及时轮捕上市

到 4 月中、下旬可开始进行轮捕上市，捕大养小，以提高商品虾规格，提高产量。

（二）秋季管理要点

秋季是青虾最适宜生长的季节，也是青虾管理的关键期。此阶段青虾摄食旺盛，生长快速，病害易发，水质很容易变化。加强秋季青虾养殖管理可稳固养殖成果，确保池塘青虾养殖的产量和效益。通常从饲料、水质、水草、巡塘、防病、防浮等方面来强化秋季养殖管理，可使青虾快速生长，提高商品虾规格，增加经济效益。

1. 饲料投喂

秋季水温通常为 20~30 ℃，十分适合青虾生长，摄食量也大，因此要充分利用此阶段加强饲料投喂，促进青虾生长，培肥促壮。秋季前期要适时增加精饲料的投喂如青虾、罗氏沼虾、南美白对虾颗粒饲料等，以满足青虾的生长需求；增加动物性饲料（如螺蛳）投喂比例，不仅能增加产量，而且可有效提高商品青虾的出塘规格与养殖效益。晚秋时，水温开始下降，应适当减少投喂次数和投喂量，必要时采取隔天投喂的方法，以避免饲料浪费，同时也可减小劳动强度；虽然投喂次数减少，但仍需选用优质饲料投喂。投喂饲料时要看天气、水色、水质，青虾的活动、摄食情况，灵活机动掌握，还应遵循"定时、定位、定质、定量"的"四定"原则，少量多次，勤投勤喂，确保青虾吃好，吃饱不浪费。

2. 水质调控

在长江和淮河流域，秋季虾养殖期间，因正遇高温季节（8—10月），应特别注意水质的控制。由于青虾池塘水位普遍在1米左右，水草茂盛，水体溶氧量波动幅度大，容易造成水体下层缺氧，引起青虾浮头；而且此阶段青虾个体增大，新陈代谢仍较旺，加之其秋繁后消耗很大，缺氧很容易致死。所以秋季应加强水质管理，秋季前期透明度控制在30～35厘米，pH 7.0～8.5，一般每周换水一次，每次换水20厘米左右，每隔10～15天使用一次生石灰，利用微生物（EM菌、光合细菌等）和换水调控水质，使水质处于"肥、活、嫩、爽"的状态。进入晚秋，池塘水色宜浓，透明度控制在25厘米左右，并适当加深水位，若水色浓度不够，每667米^{2}可以抛洒复合肥1.5千克＋尿素0.5千克，并视水质肥度适时追施肥料；若水色浓、水位深，可以保持水温，有利于青虾的活动、吃食。秋季前期虽然水色要求保持清淡，但仍需控制一定的肥度，透明度不宜过大，最好不要超过35厘米。因为秋季是生长旺季，蜕壳次数多，水色将直接影响到青虾体色，水色过清的池塘，青虾体色发黑，卖相不好，不利于销售。

3. 水草管理

青虾养殖成败与水草管理的好坏密切相关。秋季应保持水草面积占整个水面的30%左右，最多不超过40%。9月下旬至10月初人工捞除将要枯死的及多余的水草，同时也应注意留好水路，便于水的流动，减少水草夜晚耗氧量和腐草败坏水质。清除过多水草时，不能使用除草剂药物，以免被杀灭的水草腐烂后，严重败坏水质影响青虾正常生长；水草偏少的，应在水面及时补栽水花生等漂浮植物。秋末，需要将水质调肥，因此必须控制好水草覆盖率，水草过多将给水质调控带来较大的难度。

4. 病害防治

秋季"白露"后是水产养殖一年当中病害流行的第二个高峰季节（9月中旬至10月下旬），危害青虾的病害主要有体外寄生虫病（纤毛虫病等）和细菌性病（红体病、黑鳃病等），因此要采取"无病先防、有病早治"的积极措施。可依据水色、水质等情况施用生石灰等，调节水体 pH，定期用消毒剂（如二氧化氯）进行消毒；期间遍洒 1～2 次硫酸锌类药物（如纤虫净等）和 1 次杀菌药，同时结合内服维生素 C、免疫多糖等抗病和提高免疫力的药物进行虾病预防，还可在饲料中应适当添加光合细菌、饲料酵母、各种酶制品等添加剂。10月上旬如发现有纤毛虫，务必在其最后一次蜕壳前使用纤虫净类药防治一次。晚秋时节，水温下降，药效也会有一定幅度的下降，因此使用药物时，要适当加大施用量。

5. 加强巡塘

秋季是生长旺季，应强化对巡塘的管理。坚持每日早晚巡塘，勤观察青虾的摄食、蜕壳、活动及水质情况，加强防盗巡视，及时捞出浮于水面的腐烂水草，最好增加一次下半夜巡塘。在气压偏低的时节，切记要做好防浮头工作，一旦发现水体缺氧，有青虾浮头现象，应及时冲注新水或开启增氧机，必要时投施增氧剂急救。

6. 轮捕上市

入秋后青虾个体普遍增大，气温虽有所下降，但适宜青虾生长，新陈代谢仍然旺盛，加之池塘出现大量秋繁苗，池塘青虾密度和载虾量都大幅上升，对池塘溶解氧、空间、饲料等的需求也相应提高，池塘负载压力过大，因此需要及时对达到商品规格的虾进行捕捞上市，以利存塘中小虾快速、健康生长。

7. 秋繁苗的控制和利用

青虾具有秋繁习性，当年繁殖的虾苗，经 45～50 天的生长，体长达 3 厘米左右就可抱卵繁殖。秋季养殖时，通常 7 月放养的虾苗到 8—9 月即可抱卵繁苗，产生的大量秋繁苗与其争食、争氧、争空间，相互制约生长，大规格虾比例下降，商品率降低，产量和效益受到影响。长期以来，为确保养成商品虾的规格和产量，对秋繁苗都是采取一味灭杀的措施。

然而近来发现，性早熟是青虾的一种正常生命现象，不可能从根本上消除。同时，秋繁苗也是翌年春季虾养殖重要的虾种来源。随着养殖户日益重视春季虾养殖，对由秋繁苗育成的幼虾需求量急剧增加，因此必须对青虾秋繁苗密度进行合理控制，既保证其较高的商品率，又要保证有足够量的幼虾满足翌年春季养殖需求。通常采取"促早苗、控晚苗"的技术措施。

"促早苗"指对 8 月底前出现的秋繁苗，要促进其生长，保持虾池肥度，透明度控制在 25～35 厘米，以增加早期秋繁虾苗的天然饵料来源，同时适当加投粉状饲料，提高早期秋繁虾苗的成活率。"控晚苗"指 9 月后使用 1～2 次生石灰杀灭后期繁殖的溞状幼体，每次用量每 667 米^{2}5 千克，通过泼洒石灰，快速提高水体 pH，使尚未变态的溞状幼体因无法忍受水质因子突变而死亡；同时通过换水提高水体透明度减少天然饵料，控制新生溞状幼体的生长。控制秋繁苗还可以通过投放鳙和人工捞出抱卵虾的方式，在青虾池中配养每千克 20～30 尾的鳙鱼种，可滤食青虾孵出的溞状幼体；抱卵虾喜藏身于水花生下，可通过抄网适量捕出抱卵虾，控制池中秋繁苗数量。上述控杀秋繁苗的时间节点仅供参考，具体应根据市场需要来调控，若当地每年早春的青虾种供不应求，且价格略高，那就将控杀时间延后，甚至不一定灭杀，届时可多卖虾种；否则将控杀时间提前。

为促进秋繁苗生长，应采用"适时轮捕、错时投喂、按需配料"的技术措施。适时轮捕：当虾达到上市规格时，及时捕捞上市，降低池塘载虾量，保证留塘虾充足的生长空间；错时投喂、按需配料：在正常投喂成虾料后，适量加投满足秋繁苗营养需求的幼虾料，促进秋繁苗的生长。上述技术措施的应用，不仅能增加商品虾的产量，而且能够批量获得大规格优质虾种，满足春季虾养殖大规格优质虾种需要。

（三）越冬管理

在长江中下游地区，青虾的越冬通常是针对自当年 12 月到翌年 3 月这段时间，时间长达 4 个月，商品虾、春虾种和后备亲本等都存在越冬问题。有些地方青虾销售集中在春节前后，以提高商品虾售价和效益；另外，8—9 月的秋繁虾苗，到 12 月还未长到商品规格，需要通过越冬待翌年进行春季养殖；同时选留下来待翌年繁殖用的后备亲虾也需要安全越冬。虽然正常情况下，越冬期间很少出现死亡现象或发生病害，但如越冬管理不当，到春季也会出现掉膘或发生寄生虫等病害问题；对于商品虾会造成损耗，降低经济效益，得不偿失；对于翌年还要继续养殖的幼虾或强化培育的后备亲本，当气温回升时，则还需要一段时间让其恢复体质，导致其步入正常生长的时间节点向后延迟，使得养成期或强化培育期缩短。因此，越冬管理是青虾养殖生产的重要环节，要高度重视越冬问题。

1. 越冬前准备

10 月下旬至 11 月上旬为秋冬季节转换阶段，气温骤降，青虾面临第一次寒冷的严重考验，开始进入越冬。此时要充分做好越冬前准备工作：

① 10 月底用"纤虫净"＋强氯精预防杀灭纤毛虫一次。因越冬时间长，水温低，青虾活动少，长达五六个月不蜕壳，虾壳附着大量脏物，容易感染寄生虫，故需做好预防工作。

② 越冬期间，青虾一般潜伏在水草丛中，很少活动。因此，池中应有一定的水草，便于青虾聚集栖息；如果水草偏少，可以通中放置人工虾巢，每 667 米^2 放置 15～20 个为宜，均匀分布，也可将水花生等水草捆成束后投放池中。

2. 越冬期间管理

① 11 月中旬茶粕肥水 按 50 千克茶粕放生石灰 0.5～1 千克或食盐 0.5 千克混匀，浸泡 2～3 天后，全池均匀泼洒，每 667 米² 泼洒 5 千克；茶粕在肥水的同时，也可杀灭池塘中的野杂鱼和螺丝；茶粕对软壳虾有一定损伤，使用时应注意结合天气、水温及蜕壳情况确定使用时间，必须避开蜕壳高峰；绝对不能使用五氯酚钠。

② 第一次强冷空气来临之前适当增加水深，通常在 11 月中旬前将池水加深至 1.2～1.5 米，且整个越冬期间保持不低于该水位；适当施肥，保持透明度为 25～35 厘米，如水太清，可以定期使用无机肥全池泼洒（按说明书用量每 20 天左右使用一次）。水体保持一定肥度，可减少青虾体表藻类着生，减少污物附着，防止虾体发黑。

③ 越冬期间，至少预防杀灭纤毛虫一次；并使用温和的消毒剂（如聚维酮碘等）定期消毒。但在雨雪天前后 2 天不适宜泼洒药物，原因是冬季药物降解慢，一旦雨雪天出现冰冻天气，容易造成虾死亡。

④ 青虾的摄食强度有明显的季节变化，这主要受水温的影响。水温降至 8 ℃以下时，则停止摄食，潜入深水区越冬；当水温升到 8 ℃以上时，开始摄食。为此，在青虾整个越冬期间，只要出现水温在 8 ℃以上的晴好天气，就要坚持投饲，以维持其生命和活动所需。投喂饲料要求少而精，通常选择青虾颗粒配合饲料，投喂量按 1%～2%，投喂时间为 13:00—14:00。

⑤ 严冬季节，池水结冰要及时敲碎或打洞，严防亲（幼）虾缺氧窒息死亡，从而使亲（幼）虾安全顺利越冬。

（四）降低自相残杀的措施

青虾虽然为杂食性动物，但喜食动物性饲料。青虾游泳能力较弱，捕食能力也较差，对鱼或有坚硬外壳的贝类均无法捕食，只能捕食活动较缓慢的水生昆虫、环节动物及底栖动物或其尸体，作为动物性饲料的来源。然而养殖池塘中这类食物较少，故自相残杀就成为青虾获得动物性饲料的来源之一，自相残杀主要发生在刚蜕壳的软壳虾及体弱个体。特别在青虾生长旺盛时期（5—10月），青虾的摄食量大、蜕皮次数多，极易同类残杀。高密度养殖条件下，为减少青虾的自相残杀，提高成活率和青虾的规格、产量，可从以下几方面着手。

1. 投喂动物性饲料

① 投喂营养全面、适口性较好的优质颗粒配合饲料，以保证青虾摄食充足。

② 投喂适量的动物性饲料，如新鲜鱼糜、螺蚌肉、经消毒处理的冰鲜鱼等，从而满足青虾对动物性饲料的营养需求。在蜕壳高峰期，更应注重动物性饲料的投喂。

2. 增加隐蔽物

青虾领域行为明显，侵入其他虾领域空间的软壳虾极易遭受蚕食。通过移栽水草、设置虾巢、增设网片等方式增加青虾栖息、隐蔽空间，有利于刚蜕壳、活动能力弱的软壳虾躲藏，逃避敌害攻击。

3. 降低透明度

青虾蜕壳通常在夜间隐蔽处进行，光照越弱越好，而强光或连续光照延缓青虾蜕壳。所以，在青虾养殖过程中，池水应保持一定肥度，透明度相对偏低，为青虾蜕壳提供一个良好的环境，同时也能降低自相残杀概率。

4. 放养规格一致

青虾大小规格差距大，也会加大自相残杀的概率，因此放入同一池的虾种要求规格大小一致，以防止自相残杀。

5. 合理控制放养密度

由于青虾具有领域行为，放养密度过高会增加互相发现的概率，为相互蚕食留下隐患。而且事实也证明，提高放养密度，产量并不是也随之上升。因此，青虾放养密度要控制在合理范围内。

6. 及时捕捞

轮捕疏养、捕大留小，及时将达到商品规格的大虾捕捞上市，可降低池塘的载虾量，也可有效降低自相残杀概率。

九、病害防治技术

病害防治遵循无病先防、综合防控的原则，从环境营造、调控水质、合理投饲、药物预防、避免应激、提高免疫力、强化管理等方面着手，严防虾病的发生与蔓延。定期交替使用二氧化氯和生石灰消毒池水；每隔 15 天左右用微生态制剂一次，可有效预防虾病的发生，微生态制剂与消毒剂不可同时使用，一般间隔 3 天以上；养殖期间定期在饲料中添加 1‰ 的维生素 C、葡萄糖等营养物质，以增强虾体的免疫力。科学防治，择机用药，用药避开蜕壳高峰期、异常天气、水质不佳、吃食不旺等时期。青虾养殖发生较多的病害主要是纤毛虫病，可以在早春和越冬前施用硫酸铜每667 米^2 0.2～0.3 千克、硫酸亚铁每 667 米^2 0.2～0.3 千克、硫酸锌每667 米^2 0.5～0.7 千克合剂全池泼洒来预防。以下为常见病害的防治方法。

（一）黑鳃病（烂鳃病）

【症状】鳃丝末端先变性，然后扩大并溃烂，颜色变成红色、浅褐色、深褐色甚至黑色，局部霉烂，鳃丝残缺破损、溃疡，超薄切片可见在鳃丝的几丁质和表皮层中有许多细菌，部分病虾伴有头胸甲和腹甲侧面黑斑（彩图 39）。患病幼虾活力减弱，在底层缓慢游动，避光性变弱，变态期延长或不能变态，腹部蜷曲，体色发白，不摄食。成虾患病时，常浮于水面，行动迟缓。病虾因呼吸困难窒息而死。

【流行及危害】主要流行期在 4—7 月，8—11 月呈散发性发生，病程呈慢性。危害对象主要是成虾，发病率通常在 10% 以下，死亡率一般 30% 左右。

【病因】多种因素可导致发病。病虾鳃部被细菌、霉菌侵染（细菌性黑鳃病），致使虾体鳃部受损；池底铜等重金属含量过高，发生重金属中毒，鳃部呈现黑色素沉淀；长期缺乏维生素 C，导致虾体免疫力下降；池水中含有过多悬浮有机质，积存于鳃中；虾池中氨、亚硝酸盐含量过高时，可引起虾慢性中毒，也可引发黑鳃病。虾鳃部被寄生虫感染（寄生性黑鳃病）。某些黑鳃病患虾头部有时出现红色，但病原仍为寄生虫或细菌，可细分为寄生性红头黑鳃病和细菌性红头黑鳃病。

【防治方法】

1. 细菌性黑鳃病

① 用生石灰彻底清塘、消毒。

② 苗种下塘前用2%～3%的食盐水浸泡3～5分钟。

③ 由细菌引起的黑鳃病：用土霉素每千克体重80毫克或氟苯尼考每千克体重10毫克拌饲投喂，连用5～7天，第一天药量加倍，预防减半，连用3～5天；用溴氯海因0.3～0.4毫克/升或二溴海因0.2～0.3毫克/升的药物浓度全池泼洒，重症连用2～3次；蛋氨酸碘每667米^{2}50～100毫升。

2. 寄生性黑鳃病

由于寄生性黑鳃病往往与细菌性黑鳃病并发，所以在使用虾类杀虫药物治疗后，还必须相继使用细菌性黑鳃病药物进行治疗，以达到良好的疗效。

3. 非寄生性黑鳃病

① 保持良好的水质，不受污染。

② 由水中悬浮有机质过多引起的黑鳃病：定期用生石灰15～20毫克/升的浓度全池泼洒。

③ 由重金属中毒引起的黑鳃病，要大量换水，并添加柠檬酸，同时在饲料中添加适量的维生素C。

4. 红头黑鳃病

(1) 预防用方　生石灰，每立方米水体15～20克全池泼洒，10～20天一次，连用2次。

(2) 治疗用方

［处方1］由寄生虫引起的红头黑鳃病：硫酸铜和硫酸锌全池泼洒，用量为每立方米水体0.5克和0.3克，3天用2次。

［处方2］全池泼洒碘伏每立方米水体0.1～0.2克，2天1次，连用2～3次。

[处方3] 全池泼洒二溴海因，每立方米水体 0.2～0.4 克或溴氯海因 0.4～0.5 克，病重时隔日再重复一次；同时每千克饲料用 2 克维生素 C 拌饲投喂，连用 5～7 天为一个疗程。

休药期：漂白粉≥5 天；土霉素≥21 天；氟苯尼考≥7 天。

注意事项：①土霉素勿与铝、镁离子及卤素、碳酸氢钠、凝胶合用。②生石灰不能与漂白粉、有机氯、重金属盐、有机络合物混用。③使用硫酸铜或高锰酸钾治疗虾病时应慎重，使用后隔几小时必须进行大换水。④蛋氨酸碘勿与维生素 C 类强还原剂同时使用。⑤经常给养殖池塘加注新水，特别是夏季和早秋季节，以保持池塘水质清新。养殖池塘中种植水生植物，如苦草、马来眼子菜、水花生等，种植面积应占池塘水面的 20%～25%，有利于改善生态环境，控制池塘水质，提高池水溶氧量，增强青虾的抗病力。

（二）红体病（红头病、红肢病、红腿病）

【症状】本病以躯体和附肢变红为特征。病虾步足、游泳足、尾扇、触角呈微红或鲜红色，尤以游泳足内外缘最为明显。发病初期大多青虾尾部变红，继而扩展至游泳足和整个腹部，最后步足均变为红色（彩图 40）。胃内无食或残胃，胃壁发炎呈红色，肠道线看不清，尾部腐蚀成不规则缺口，呈火烧焦状。有时并发败血症。病虾行动呆滞，食欲下降或停食，严重时可引起大批死亡。

【流行及危害】一般流行期 5—10 月，高峰期 7—9 月。主要危害成虾，死亡率 80% 左右，高者可达 100%，危害十分严重。

【病因】该病主要是虾体受伤后由多种弧菌感染引起。病原主要由副溶血弧菌、鳗弧菌、溶藻弧菌、坎贝弧菌、气单胞菌、假单胞菌等弧菌属的细菌侵入并大量繁殖而引起。个别病例亦见病原为革兰氏阴性短杆菌，极生单鞭毛。

【防治方法】

1. 预防用方

[处方1] 曝晒池底，用生石灰彻底清塘消毒。

[处方2] 苗种浸浴消毒，用 0.8%～1.5% 食盐水浸洗，时间视苗种情况而定。

[处方3] 疾病流行季节（水温 20℃）到来之前，每立方米水体用 0.1～0.2 克溴氯海因全池泼洒，同时每千克饲料用庆大霉素 3～4.4 克拌饲投喂，每天 2 次，连用 5 天。

[处方4] 用浓缩光合细菌全池泼洒，每立方米水体用 750 毫升，10～15 天一次，以保持水质良好。

[处方5] 用复合菌制剂，每立方米水体用 1～1.5 千克全池泼洒，15 天一次。

[处方6] 蜕壳促长散和抗应激维生素 C，每千克饲料分别用 1 克和 2 克拌饲投喂，每天一次，连用 7～10 天，停药 5～6 天后再循环施用，直至收获前半个月。主要是操作时要细心，尽量带水操作，不要使虾体叠压、滚动等。

2. 治疗

(1) 外用方

[处方1] 用二氧化氯全池泼洒，用量 0.1～0.2 毫克/升，严重时 0.3～0.6 毫克/升。

[处方2] 用聚维酮碘全池泼洒，幼虾 0.2～0.5 毫克/升，成虾 1～2 毫克/升。

[处方3] 0.3～0.4 毫克/升溴氯海因全池泼洒，隔天再泼洒一次；

[处方4] 0.2～0.3 毫克/升二溴海因连续泼洒 2 次。

[处方5] 含氯石灰（漂白粉），或 30% 三氯异氰脲酸粉，每立方米水体 1～1.5 克或 0.3 克全池泼洒，每天一次，连用 2 天；同时用诺氟沙星 5 克拌饲 1 千克投喂，每天 2 次，连用 5 天。

[处方6] 三黄粉 60 克拌饲 1 千克投喂，每天 2 次，连用 10 天。

[处方7] 每立方米水体 0.1～0.12 毫升复合碘溶液全池泼洒，每天一次，连用 2 天。

[处方8] 复合亚氯酸钠，每 666.7～1 333.3 米² 池塘用主剂 100 克加水 1 000 毫升溶解，再加入活化剂 150 毫升，活化后加水

至 15 000 毫升全池泼洒一次；病情严重时隔天后再重复使用一次。

［处方9］聚维酮碘（含量 10%），每立方米水体 0.1～0.2 克全池泼洒，病情严重时，隔天再用一次。

（2）内服方

［处方1］用氟苯尼考每千克体重 10 毫克拌饲投喂，连用 5～7 天，第一天药量加倍。

［处方2］用磺胺甲噁唑每千克体重 100 毫克，连用 5～7 天，第一天药量加倍，预防减半，连用 3～5 天。

［处方3］大蒜，每千克饲料加 10～20 克拌饲投喂，每天2次，连用 5 天。

［处方4］维生素C，每千克体重用 10～15 毫克拌饲投喂，每天一次，连用 3～4 天。

休药期：二氧化氯≥10 天；磺胺甲噁唑≥30 天；氟苯尼考≥7 天。

注意事项：①二氧化氯勿用金属容器盛装，勿与其他消毒剂混用。②磺胺甲噁唑不能与酸性药物同用。③聚维酮碘勿与金属物品接触，勿与季铵盐类消毒剂直接混合使用。

（三）甲壳溃疡病（黑壳病、褐斑病、烂壳病、黑斑病）

【症状】发病初期，虾体表面甲壳病灶呈较小的灰斑或褐斑，以后逐渐扩展（彩图41），形成褐色的腐蚀区。溃疡的边缘较浅、呈现白色，溃疡的中央凹陷，严重时可侵蚀到几丁质以下组织，可致附肢腐烂缺损。患病青虾鳃、腹、附肢等部位均可见病斑。头胸甲鳃区和腹部前三节的背面发生得较多，触肢、剑突及尾扇部位的甲壳在外伤或折断时，也常出现黑褐色溃疡。黑褐色是由黑色素沉积而成，在虾、蟹的甲壳受损后，黑色素就可沉积在伤口上，抑制细菌的侵入和生长。因此，黑色素的沉积具有防御病菌的功能。发病青虾活力极差，摄食下降或停食，常浮于水面或匍匐于水边草丛，直至死亡。

【流行及危害】甲壳溃疡病主要流行期为 5—10 月，往往与红体病并发，主要危害成虾，幼虾亦有感染。因与红体病并发，其病传染快，发病率和死亡率较高，危害相当严重。本病在我国海淡水养殖的越冬亲虾中最为流行，淡水的罗氏沼虾的幼虾和成虾，以及龙虾、蟹类、对虾也可发生该病。发病季节为越冬的中后期（1—3月），病死率可达80%以上。

【病因】主要是水质和底质败坏及一些具有分解几丁质能力的细菌（从患甲壳溃疡病对虾的病灶处分离到的细菌，最常见的是贝内克氏菌，还有弧菌、假单胞菌、气单胞菌和黏细菌等。这些细菌都具有分解几丁质的能力）侵袭所致。但真正的病因至今尚未完全查明，目前有四种说法：①上表皮先受到机械损伤，然后具有分解几丁质能力的细菌侵入；②先由不具分解几丁质能力但具有分解上表皮能力的细菌将上表皮破坏，然后具有分解几丁质能力的细菌再入侵；③由营养失调引起，因为甲壳类的甲壳是由皮腺分泌的物质形成的，在营养不良时就影响到皮肤分泌，从而影响抵抗能力，如Fisher等（1978）发现饲料不足的小龙虾比投饲充足的小龙虾容易感染甲壳溃疡病；④Couch（1978）报道本病是由于水中的化学物质引起，在含硫酸铜、氯化铜低浓度的水中饲养，可导致虾体出现黑鳃、褐斑症状。但人工感染都没有成功，因此推测甲壳溃疡病的病因可能很复杂。如果能做到选留健壮亲虾、操作细心、越冬池四周用护网或塑料薄膜相隔，此病就会很少发生，因此分析越冬亲虾甲壳溃疡病主要是虾体受伤后继发细菌感染所致。

【防治方法】

1. 预防

① 保持水质清爽，定期注、换水，定期泼洒生石灰水或水质改良剂（如光合细菌，EM菌等）。

② 操作细致，捕捞、运输、放苗带水操作，防止青虾甲壳受损，并注意合理放养密度，合理投饲。

③ 预防用方。

[处方1] 含氯石灰（漂白粉），每立方米水体0.5～1克全池泼洒，7～10天一次，连用2次。

［处方2］生石灰，每立方米水体5～10克全池泼洒，7～10天一次，连用2次。

2. 治疗

（1）外用方

［处方1］聚维酮碘，每立方米水体0.1～0.3毫升全池泼洒，每天一次，连用2天。

［处方2］溴氯海因粉（24％），每立方米水体0.13～0.15克全池泼洒，每天一次，连用2天。

［处方3］复合碘溶液，每立方米水体0.1毫升全池泼洒一次。

［处方4］二氧化氯（8％），每立方米水体3克全池泼洒。

（2）内服方

［处方1］10％氟苯尼考粉，每千克饲料1克拌饲料投喂，每天2次，连用3～5天。

［处方2］诺氟沙星，每千克饲料0.5克拌饲料投喂，连用7～10天。

（3）内服外用合方 聚维酮碘，每立方米水体0.1～0.3毫升全池泼洒，每天一次，连用2天；同时，用维生素C每千克饲料添加2克拌饲投喂，连用10天为一个疗程。

注意事项：①聚维酮碘勿与金属物品接触。②勿与季铵盐类消毒剂直接混合使用。

（四）固着类纤毛虫病（寄生或着生性原虫病）

【病原】种类很多，最常见的为聚缩虫、累枝虫，其次为钟虫、拟单缩虫、单缩虫及杯体虫，属缘毛目固着亚目，故又称为缘毛类纤毛虫病。每个虫体的构造大体相同，呈倒钟罩形或高脚杯形，前端形成盘状的口围盘，边缘有纤毛，里面有一口沟，虫体内有带形、马蹄形、椭圆形大核和一个小核，虫体后端有柄或无柄。有柄的种类，根据柄是否分支（单体或群体）、柄内有无肌丝、肌丝在分支处是否相连（相连的群体同步伸缩，不相连的则个体单独伸缩），以及肌丝呈轴心排列，收缩时呈Z形，或肌丝沿柄内壁盘绕，收缩时呈螺旋形等特点而进行区别。无性生殖是纵二分列法，有性生殖是不等配的接合生殖。这些纤毛虫借游泳体进行传播。

【症状】病虾体表和附肢的甲壳，以及成虾的鳃上、鳃丝和头胸甲的附肢上，有一层肉眼可见的灰白色或灰黑色绒毛状物附生（彩图42），同时有大量的其他污物，严重时使虾体负荷增大，影响青虾呼吸、活动及蜕壳生长，寄生处往往被细菌继发性感染。寄生在鳃部时，会使鳃变成土黄色或黄褐色甚至黑色，鳃组织变性或坏死，引起细菌继发性感染，严重时窒息死亡，尤其在缺氧时更为严重。底质腐殖质多且老化的池塘易发该病。体表、鳃、附肢等表面附着有白色或淡黄色绒毛状物。扫描电镜观察，可见聚缩虫群体基部的主柄固着在虾体表形成一个直径15～20微米的圆盘，主柄穿过甲壳，并在其内表面形成一个直径10～20微米的圆孔，主柄呈树根状从圆孔中央伸入，形成一根较粗的主根及许多细须状的侧根。固着类纤毛虫少量固着时，外表没有明显症状。但当大量固着时，病虾外观鳃区呈黄色或灰黑色；虾、蟹的体表有许多绒毛状物，反应迟钝，行动缓慢，呼吸困难，将病虾提起时，附肢吊垂，螯足不夹手，手摸体表和附肢有滑腻感。摄食能力降低乃至停食，生长发育停滞，不能蜕皮，最后窒息死亡。

【流行及危害】固着类纤毛虫病一年四季均有发生，病程呈慢性。主要危害淡水养殖中各阶段的各种虾、蟹卵、幼体和成体，并以虾、蟹幼期的危害较为严重。一般4—9月发病，5—6月为发病高峰期；流行温度18～35℃。

【防治方法】

1. 预防

① 彻底清塘。

② 勤换水，投饲量适当，合理密养和混养，保持水质优良。

③ 加强饲养管理，投喂优质饲料，提高机体抗病力。

④ 预防用方。

[处方1] 生石灰，每立方米水体15～20克全池泼洒，15天一次。

〔处方2〕含氯石灰，每立方米水体1.5～2克全池泼洒，15天一次，并每天对食台进行清洗消毒。

〔处方3〕硫酸锌粉，每立方米水体0.2～0.3克全池泼洒，15～20天一次。

〔处方4〕复方硫酸锌粉Ⅱ型，每立方米水体0.3克全池泼洒，15～20天一次。

2. 治疗

〔处方1〕硫酸铜，每立方米水体0.7克全池泼洒，同时投喂蜕皮素。

〔处方2〕无水硫酸锌，每立方米水体0.3～0.5克全池泼洒一次；严重时每立方米水体用1～2克，隔3天再用一次，用药后适量换水。

〔处方3〕硫酸铜与硫酸亚铁（5∶2）合剂，每立方米水体0.7克全池泼洒一次。

〔处方4〕硫酸锌粉或三氯异氰脲酸粉，每立方米水体0.75～1克或0.18～0.27克全池泼洒，每天一次，连用2次。

〔处方5〕用0.3～0.6毫克/升无水硫酸锌全池泼洒，隔日用0.2～0.3毫克/升二溴海因或0.3～0.4毫克/升的溴氯海因全池泼洒。

〔处方6〕用0.3毫克/升无水硫酸锌全池泼洒，2小时后用络合铜0.2～0.3毫克/升全池泼洒。

〔处方7〕用聚维酮碘全池泼洒（幼虾0.3～0.5毫克/升，成虾1～2毫克/升）。

休药期：硫酸锌≥7天。

注意事项：硫酸锌勿用金属容器盛装，使用后注意池塘增氧。

十、商品虾捕捞

（一）捕捞方式

人们依据青虾的生长栖息环境和生活习性特点，在长期捕捞生产实践中，创造性地发明了多种青虾捕捞工具，最初都是在天然水域捕捞使用，随着人工养殖规模的扩大，部分捕捞方法也在池塘中得到应用。

1. 常见的池塘捕捞方法

目前在池塘中应用的有以下几种捕捞方法。

（1）**地笼法** 地笼又称百脚笼，为定置网具，在池塘水温10℃以上，青虾开始活动时一般可以利用此方法，这是最常见的一种成虾捕捞方法。这种方式需要两人共同操作，另需配备小船一只；也可由一人穿下水裤单独下水放笼。选择在每天17:00开始，第二天06:00起捕。地笼的制作方法为：采用直径为6毫米钢筋、无结聚乙烯网片、3×4聚乙烯线、铁丝等原材料，先将钢筋切割成160厘米（或120厘米）的小段，然后将160厘米（或120厘米）的钢筋弯成边长为40厘米（或30厘米）的正方形，并焊接好接头备用，再将焊接好的钢筋四角固定在聚乙烯线上（首端应留2～3米的线用于固定在岸边处），每档30～40厘米；笼长可依据池塘的宽而定，一般30～40米不等，全网系用网目尺寸1.5～2厘米的聚乙烯网片拉直包缠每个框架上，并用网线缝合好，尾部余下的2米网片用作尾端的网兜。每档侧面缝一进虾口，内置倒须，相连两档进虾口方向相反（彩图43）。这种网具每3 333.3米² 池塘可设1～2条。为了获得高产，还可在地笼中放一些切碎的鱼肉或敲碎的河蚌等作诱饵，高产时每条地笼能捕获5千克以上的大规格青虾。各种养殖水体中均可使用这种方法，这是池塘养殖最主要的捕捞方法之一。

（2）**三角抄网法** 采用3根竹竿做成三角形支架，缝上网目尺寸为2厘米的聚乙烯网布做成的网袋（彩图44），即可操作。捕捞前，先将人工虾巢置于水中（制作方法见人工虾巢部分），诱虾栖息其上，翌日将三角抄网伸于其下，向上用力抖动抄网或翻动虾巢，再向后退出虾巢，即可选捕青虾，小虾回塘养殖。这也是池塘养殖最主要的捕捞方法之一。

（3）**甩笼法** 此方法依据地笼的捕虾原理制成，全网用聚乙烯网布制成，网目尺寸为 1.5～2 厘米，网长 3～4 米，高、宽均为 25 厘米，分 13～14 节（彩图 45）。一端置系绳，操作和固定时用；另一端用绳扎紧成集虾囊袋。操作时，站在池埂边一手抓住系绳，另一手将笼向池心方向甩入池中，将系绳网竹竿固定在池边。每口池塘可放置 2～3 条，傍晚张捕，翌日清晨将笼收起，逐节抖动，将虾集中于囊袋中。此法与地笼法原理、结构类似，但更小巧轻便，通常用于池塘小批量起捕。

（4）**虾罾法**　虾罾是一种常用的呈方形的小型敷网渔具（彩图 46），俗称"方篮"等，其底部为 0.8 米×0.8 米正方形框架，用网目尺寸为 0.8 厘米的聚乙烯网布缝底，四周用竹片作为罾爪支撑，三边用网目尺寸 2 厘米的网片围住，另一口开口，每角下拴一个铁沉子，供青虾进入。一般在傍晚投喂后进行，投喂前将虾罾放置于近岸浅水区，投喂于网中，诱虾进入，10～15 分钟后起捕，起捕时动作要快，以防虾逃逸。目前该法使用也不多，多临时捕捞时使用或夏季高温季节捕虾使用，或者查看吃食情况时使用。

（5）**拉**(拖)**网法**　拉(拖)虾网是使用聚乙烯网片制作而成、类似于捕捞夏花的渔网（彩图 47），与虾苗捕捞采用的赶网捕捞法的拉网形式差不多；要求塘口池底平坦、淤泥少、无水草、无杂物。目前，青虾养殖池塘基本上都栽种有水草，该法难以使用；而且该捕捞法对青虾伤害比较大，现在很少使用，有时在虾苗捕捞时使用。

（6）**干塘捞捕法**　干塘捞捕法是青虾捕捞时最后采用的，也是必须采用的方法。其对青虾的损伤较大，通常待其他方式捕捞结束后，再排掉池水，让虾集中至蓄水区，然后用小捞网捕虾。用此法捕获的小规格虾应及时移到清水中暂养，去除污物，减少损伤，再进行下茬养殖。

2. 其他捕捞法

以上方法是在池塘养殖中常见的商品虾捕捞方式，另外还有一些具有地方特色的捕捞方式，大多也属于定置张网类捕捞工具，下面也做简单介绍，供参考。

（1）**虾笼法**　采用竹篾或编织带（包装带）制成的"丁"字形或 T 形篾筒（彩图 48），直径为 10～12 厘米，进口处设有倒须，使青虾能进不易出，后端汇集处有一开口，开口设有盖子。每 667 米² 池塘可安置 20～30 只，用绳串联在一起，每个笼内放入米糠、麸饼或次粉等诱饵，诱虾入内吃食，如添加动物性饲料更好。一般傍晚放笼，将虾笼沉入水底，作业水域水深 1～1.5 米，翌日清晨收笼提虾。一般在天然水域中使用，使用范围较小。

（2）**虾球法**　用竹条编成直径为 60～70 厘米的扁圆形网状空球，其网眼大小以够青虾爬行出入为度，球内填塞竹丝、竹梢等，竹丝、竹梢间有供青虾栖息的空间。捕捞时将虾球逐个沉入水中，过一段时间后，可取虾球捉虾，其方法为：左手操划钩，将虾球钩牢后轻轻提至水面，注意虾球不能出水，此时右手将一比虾球大的篓或抄网放在虾球下面，左手捏住虾球在水面上反复多次抖动，使虾球中的青虾全部抖出来为止，使用后的虾球可就地再沉入水中或移至别处进行下一轮捕捞作业。池塘养殖使用很少，主要在兴化地区局部使用。

（3）**四门篓法**　四门篓法为兴化地区渔民的说法。四门篓为长方体，长宽 25 厘米，高约 10 厘米，上、下底由直径 2 毫米的铁丝扎成方框，再用 12 根竹棒均等支撑和连接上、下铁框，每侧面分成 3 等分，外用网目尺寸 1.5 厘米的聚乙烯网片瞒牢，每侧缝制一口径 2.5 厘米、内伸 7 厘米的进虾口，故名四门篓（彩图 49）。在一侧面开一活动门，篓底正中钉入一根朝上的铁钉，以便于插入诱饵。用一塑料绳系住篓的正中部位，绳头扣一块泡沫塑料，将篓放入池底，每 667 米² 可放 10 只左右，翌日清晨用竹丫叉叉住泡沫塑料即可提篓倒虾，操作较为简便，捕虾效果较好。该法主要在兴化地区局部使用。

（4）**张虾网法**　兴化地区又称狗头罾，为定置性网具，采用网目尺寸为 1.5 厘米的聚乙烯网片缝制，翼网高 26 厘米，长 1.5 米，中央开孔，缝上直径为 28 厘米的圆铁圈，后连 80 厘米长的囊袋，囊袋中等距离缝上两道带倒须的铁圈，翼网底部缝上小石笼。傍晚张捕时，将翼网两侧张开和囊袋尾部用竹竿固定于池边，每667 米² 池塘可张 1～2 只，翌日清晨收取。

（5）**箔捕法** 虾箔是用于湖泊等大型水域的拦阻式栅箔类渔具，为定置性渔具。作业时用竹子编成帘状，设于浅水多草、水体流动的湖边或断口处，拦断虾的去路，诱其进入箔内的虾篓中而达到捕获目的。现在大多改用网箔而不再使用竹帘，在湖泊中应用较广。

（二）捕捞措施

1. 适时轮捕

到养殖中后期，因个体差异，青虾生长会出现大小分化现象，同时池塘生物容量也在不断加大，导致小规格虾生长受到抑制，从而影响虾池整体产量；特别是秋季养殖茬口，因青虾特有的秋繁习性导致养殖后期青虾多种规格同塘，造成虾池密度过大，相互争食，养虾池负载压力大，影响青虾正常生长。所以在青虾养殖过程中应采取常年分批捕捞、轮捕疏养、捕大留小的技术措施，当青虾达到商品规格后，便可陆续捕捞上市，以及时降低池塘载虾密度，确保在池青虾的合理密度，利于存塘小规格虾生长，提高大规格虾的上市比例（商品率）、规格、产量和品质；而且能有效避开集中上市量大价贱的弊端，提高产量和经济效益，提高生产资金利用效率，并能达到均衡上市、满足市场需求的目的。实践证明，分批多次捕捞比一次捕捞产量高 40％～50％。青虾繁殖和养殖全过程均适用此技术措施。

2. 春季虾捕捞

春季虾从 4 月中下旬开始及时将达到上市规格的陆续捕捞上市，采用地笼和抄网捕捞方式；6 月干池，将存塘虾全部捕捞上市。因为春季放养的虾种都是越冬的老龄虾，此时都已性成熟，寿命到期会相继自然老死，影响最终产量，降低经济效益。

3. 秋季虾捕捞

秋季虾捕捞从 9 月开始，将达到上市规格的商品虾不断捕捞上市，留下小虾继续养殖。轮捕的次数和每次的起捕量，应因地因时制宜，科学安排。通常前期使用地笼和抄网捕捞，11月后使用抄网捕捞，最后采取干池捕捞。

在前期使用地笼捕捞时，因混有大量体质娇嫩的小规格虾，所以捕捞时应采用大网目地笼，以减少对幼虾的伤害。通常使用网目尺寸为1.8厘米的"大9号"有节网制作的虾笼捕捞（即用于捕捞南美白对虾的地笼），最好适当增加笼梢的长度（即环数），并且放置时尽量使笼梢张开，扩大笼梢空间，方便小虾更充分地离开笼梢。

进入11月后，因温度下降，青虾活动减少，其上笼率也随之降低，用地笼难以成批量捕捞。此时通常采用"虾巢＋抄网"的捕捞方式，在池塘中尽可能多放置虾巢，然后用抄网捕捞；通常在10月中下旬放置虾巢。此捕捞方法对青虾损伤小，但间隔期较长，捕捞一次需间隔7～10天才能进行下次捕捞。

商品虾大部分起捕后，可采取干池捕捞的方式将剩余青虾全部起捕。在干池前，如果池中没有水草、杂物，可以用拉网法捕捞。但无论是拉网捕捞，还是干池捕捞，对青虾的损伤都较大，获得的青虾质量都不高。

为减少对春虾种的损伤，在后期捕捞过程中挑剩的不能上市的小虾尽量不要回塘，直接放养到其他池塘养殖；全部大虾捕捞完毕后，除留一部分小虾原塘养殖外，剩余的小虾集中捕捞放养到其他池塘养殖。

4. 杂交青虾"太湖1号"的捕捞

"太湖1号"青虾前期生长很快，到9月下旬，有一部分虾的规格达到220尾/千克以上（称为"特大虾"），一定要及时捕捞上市，否则越冬期间该部分"特大虾"会死亡，无法留到春节上市。

（三）注意事项

① 高温季节捕虾时，不能长时间让青虾密集在捕虾工具内，傍晚投放工具后3～4小时内应检查捕捞情况。捕捞数量不可过多，否则会造成虾窒息死亡，如数量较多，应及时将已钻入网具内的青

虾转入活虾箱或其他容器中，这时需配备小型增氧设备，以提高其成活率。

② 在捕捞商品虾的同时，要搞好商品虾的暂养，通常可用网箱、大规格虾笼等工具，选择水质条件较好的池塘、河道等水域，将轮捕上来的商品虾集中暂养，并加强管理，待集中到一定数量时，运往市场销售。

③ 捕捞时应避开青虾蜕壳高峰期，减少软壳虾的损失（蜕壳高峰一般间隔 15～20 天，如每天都有一定数量的虾蜕壳，说明池塘水质不正常，应及时加以调节）；虾池刚使用过化学药物或阴雨、闷热天气时不宜进行捕捞，否则捕捞虾死亡率高。

④ 要注意提高轮捕的质量。捕捞技术要熟练，操作要规范标准，动作要轻快敏捷，不得伤及虾体，尤其是需回放的小虾；捕获起的虾要及时进行分拣，未达上市规格的虾要及时放回原池或其他池中，不可挤压或离水时间过长。春季虾捕捞时，应注意保护抱卵虾，捕捞时动作要快、轻，一般不宜采用拖网方式。

⑤ 网具捕捞结束后或不使用时应清洗干净，保持网具清洁，以提高捕获量。新买的地笼、甩笼等工具在使用前需要先用池塘水进行浸泡处理，目的是除去网片的异味，并使笼上附着生藻类，促进青虾进笼的机会，提高捕捞效果。

⑥ 捕捞应更多考虑市场需求和价格走势，采取多种捕捞工具相结合的方式，提高池塘的经济效益。

⑦ 使用地笼捕捞时，正值生长旺季，会有少量虾卡在虾笼网眼内，此属正常情况，不可避免。虽然有部分小规格虾会损伤，但能促进其他大部分小规格虾的生长，因此总体来看，这部分损失还是值得的。

⑧ 因各地消费习惯不一样，对上市的商品虾规格要求也不同，应随行就市来确定捕捞规格；比如南京地区 400 尾/千克就可以上市，而苏州地区则要到 250 尾/千克才能上市。捕捞后期未能达到上市规格的作为春虾种留下来进行育苗或春季养殖（主养或河蟹塘套养）。

⑨ 绝对禁止使用"敌杀死"捕捞，因为"敌杀死"会严重影响剩余小虾（春虾种）的春季养殖。

（四）商品虾分拣

传统青虾挑选需要通过人工分拣，耗时、耗力，效率低，且易造成青虾伤亡，特别是高温季节，更易导致青虾死亡。人们在生产实践中发明了一种青虾自动分拣装置——青虾自动过滤器，能快速将青虾自动分拣成大、中、小三种规格，使用方便，分拣效率高。该装置由电动机、减速器、角钢、不锈钢条、轴承、铁皮、皮带盘等组成。使用时将收获青虾放入位于高处的过滤托盘，通过旋转桶状过滤网（分成两段，每段网目不同）时，在自身重力的作用下，规格较小个体从相应网目中滤出，大规格虾自然滑落，从而实现将各规格虾分别拣出。使用本装置每小时可分拣青虾 500 千克，节省了大量的劳力成本，减少了分拣损伤，可应用在商品虾上市、分池、种虾筛选等生产多个环节，分拣效率高，可实现批量化分拣，是推动青虾产业化生产的一个有效手段，得到了养殖户的普遍欢迎。

第二节　虾、蟹混养模式

近年来，池塘虾、蟹混养模式已成为当前渔业结构调整的一种主推高效养殖模式，此模式具有技术成熟、养殖简易、投资风险小、收益稳定高等特点。其主要原理是利用两物种间相互共生的特点，充分利用养殖池塘水体和饲料资源，提高池塘经济、社会及生态效益。由于青虾繁殖能力强，过多的虾苗可以作为蟹的鲜活饵料，起到控制秋繁虾苗数量的作用，提高青虾生长规格；青虾还可以摄取蟹的剩余饲料，有利于净化水质。传统的虾蟹混养模式通常是以蟹为主，适当套放青虾，这也是养殖规模最大的混养模式；目前又发展出虾蟹双主养模式和以虾为主的虾蟹混养模式。本文以传统的虾蟹混养模式为主进行描述。

一、池塘要求及准备

(一) 池塘条件

池塘选择要求水源充足、水质良好、排灌方便、交通便捷、水电配套，养殖场周围 3 千米内无威胁养殖用水的污染源。水质应符合《渔业水质标准》（GB 11607）和《无公害食品　淡水养殖用水水质》（NY 5051）两项标准规定，其中溶氧量应在 5 毫克/升以上，pH 7.0～8.5，透明度 25～40 厘米，硝态氮（NO_3^-、NO_2^-）、硫化氢（H_2S）不能检出。

池塘为长方形，东西向，塘堤坚固，防漏性能好。土质为壤土或黏土，淤泥不大于 15 厘米；池埂内坡比为 1：（2～4）；面积 0.33～2.67 公顷，以 0.67～1.33 公顷为宜，过小或过大都不利于生产管理。通常养殖池塘有两种类型：①池底较平坦，只在池塘中间开挖一条集虾沟，在排水口处开挖一个集虾坑即可，池深 1.2～1.5 米；②在池底开沟槽，即在沿池埂内侧 2 米处开挖 5～8 米宽的环沟，中间开挖成"十"字或"井"字内沟，内沟与环沟相连，沟深为 0.8 米，最高水深保持在 1.3～1.6 米，中间浅滩处最高水位保持在 0.5～0.8 米，由稻田开挖的蟹池，多采取此种方式。

建有完整的进排水系统，进排分开，进水口用 60 目和 80 目筛绢做成两层网袋过滤，出水口要安装防逃纱网和活动防逃板，防逃纱网一般采用 40 目筛绢网。每 0.67 公顷安装一台 1.5 千瓦的增氧机或按每 667 米^2 0.2 千瓦铺设微孔管道增氧设施（具体安装见青虾双季主养相关内容），每 2.67 公顷安装一台 1.5 千瓦的水泵。四周并用 60 厘米高的铅皮板、加厚薄膜或钙塑板等材料做围栏，围栏埋入土下 15～20 厘米。

(二) 池塘清整

在上一年冬季养殖结束干塘后，进行池塘冻晒整修，并清除过多的淤泥和杂草，对养殖多年的老池塘更为必要。晒塘要求晒到塘底全面发白、干硬开裂，越干越好。一般需要晒 10 天以上，若遇阴雨天气，则要适当延长晒塘时间。放养前 20 天，池塘水深保持在 20 厘米左右的条件下，按每 667 米² 30 千克的茶籽饼杀灭野杂鱼，放养前 10 天排干池水，再次按每 667 米² 75～150 千克的生石灰对池底进行消毒。对上年曾大量发生青苔的塘口要再使用一次硫酸铜进行全池喷杀，用量为每 667 米² 0.5 千克，也可使用杀青苔的成品药，使用剂量按照说明书进行，这样可有效地防治养殖过程中青苔的滋生。

池塘清淤后，使用每 667 米² 1 千克的 EM 原露配红糖 1 千克稀释 100 倍，均匀喷洒在池底、池壁，在池塘进水后，再按每 667 米² 1 千克施 EM 原露。

（三）适时施肥

放养虾种前一周，向池中适当注水，每 667 米² 施放经发酵消毒后的牛粪、鸡粪或猪粪等有机肥 100～150 千克进行早期培肥水质，这对早期为虾蟹提供天然活性饵料有很大的好处。后期可依据池塘水质情况进行适当追肥，追肥采用磷肥、尿素或专用生物有机肥等。肥水有以下几点好处：①促进水中藻类迅速繁殖，为早期虾蟹类苗种生长提供营养和生物基础饵料，提高苗种成活率。②改善水体营养状况和水色，达到肥、活、嫩、爽的良好水质，抑制青苔生长。③保持水质平衡，增加水体溶氧量，促进虾蟹健康生长。④可以有效地促进水草生长，维持池塘水环境平衡。

（四）栽种水草

虾蟹类属甲壳类动物，水草的种植对虾蟹类生长起到重要的作用：①为虾蟹蜕壳提供隐蔽的场所；②提供植物性饲料源；③净化和稳定水质；④合理的水草种植对虾蟹生长起到促进作用。虾蟹塘种植的常见水草品种有金鱼藻、轮叶黑藻、伊乐藻、苦草、水花生、水葫芦、水蕹菜、浮萍、茭白等。虾蟹池种植的水草基本要求是分布均匀，多品种搭配，沉水植物、挺水植物、漂浮植物相结合。应根据各种水草生长的特点，保持相应的比例。具体水草覆盖率为春季 25%～40%，夏季 40%～60%，秋季 30%～40%。水草的栽植方法有多种，应根据不同的水草特点采取不同的方法进行，一般有栽插法（如金鱼藻、轮叶黑藻、伊乐藻等）、播种法（如苦草等）、培育法（如水蕹菜、浮萍等）、移栽法（如水葫芦、水花生、茭白等）。

清塘药物药性消失后，立即种植水草，种植时间通常在 3 月左右。栽植时，水草应离池埂 2～3 米，尽可能形成水草带，各类水草分开种植，形成通道，行间距以东西向 1.5～2.0 米、南北向 2.0～3.0 米为宜。

（五）螺蛳投放

清明节前后每 667 米² 放 250～500 千克螺蛳，让其自然生长繁育，以净化水质并作为河蟹的活饵料来源。后期到 7 月，根据池塘螺蛳存塘量情况，再补投一次螺蛳，投放量每 667 米² 150 千克左右。

二、苗种放养

（一）扣蟹放养要求

要求在 3 月前放养结束，蟹种来源最好是自育的、本地购买的或天然捕捞的长江水系一龄蟹种。避免长途调运外地来路不明，甚至"带病"蟹种放养。蟹种质量要求品种纯正，规格整齐，肢体完整，爬行活跃，体质健壮，无病无伤。对外购蟹种要求运输时间掌握在 12 小时以内，蟹种用网袋或蟹苗箱盛放，运途中防止挤压和失水。经运输的蟹种放养前应在水中浸泡 2～3 分钟后取出，如此反复 2～3 次，让蟹的鳃吸足水份，以提高下塘成活率。蟹种下池时要进行必要的消毒处理，方法为用 3%～4% 的食盐水浸洗或用

10～15毫克/升的高锰酸钾药液，浸泡消毒3～5分钟，然后让其自行爬入养殖水体中。

（二）青虾放养要求

为提高虾苗、虾种下塘的成活率，放养时间应选择在晴天早晨或阴雨天进行，避免阳光直射，水温温差一般不超过2℃。放养前，用2%～3%的食盐水浸浴2～3分钟，杀灭病原。此时应密切注意观察虾苗和虾种的活动情况，一旦发现问题及时处理。放养时应采取多点分散放养。

因青虾生长周期短，3～4个月就可以上市，所以通常在一个养殖周期内，青虾苗种需要放养两次，12月至翌年3月放养上年养殖未达到上市规格的幼虾，7—8月放养当年繁殖的虾苗。秋季放养虾苗规格要偏大，因为此时正处于高温季节，蟹池水色清，池中饵料生物偏少，不利于幼虾生长，通常放养规格应达到1.5～2厘米。

（三）放养密度

虾蟹混养模式中，由于虾蟹均为底栖甲壳动物，养殖生物学特性相似，要提高二者的养殖产量和规格，必须要充分合理利用池塘资源，重点安排好各自主要生长时段，将二者间的干扰和冲突降到最低。蟹池周年的负载不均衡，前期负载轻，后期随着河蟹的生长，池塘负载逐渐加重。因此，青虾产量和规格的提高主要利用池塘负载较轻的3～6月这个生长时段，春季适当增加幼虾放养量，从而提高青虾周年产量，达到虾、蟹并举的效果。近年来，河蟹市场波动大，通过在蟹池中加大青虾放养量，可有效提高池塘综合利用率和养殖经济效益，降低单品种养殖风险。而且发展出多种虾蟹混养模式，可根据青虾、河蟹市场变动情况灵活调整放养结构，以抵御市场风险，争取养殖利益最大化。常见的虾蟹混养模式有以下三种。

1. 以蟹为主的虾蟹混养模式

以蟹为主的虾蟹混养模式是最常见的虾蟹混养模式，在传统的河蟹养殖池塘混养青虾，能充分利用水体资源，可比单养河蟹或青虾获得更好的经济效益。

河蟹放种时间为 12 月至翌年 3 月，每 667 米^2 放养优质蟹种 600～1 200 只，规格为 100～200 只/千克。

春季每 667 米^2 放养青虾幼虾 5～15 千克，规格 500～2 000 尾/千克，至 5 月可收获商品虾每 667 米^{2}10～30 千克；7—8 月，每 667 米^2 补放当年繁殖的虾苗 2 万～3 万尾，放养规格为 1.5～2.5 厘米，至河蟹收获的时候可产出商品虾每 667 米^{2}15～30 千克；同时，河蟹的产量及规格没有受到影响，每 667 米^2 能产出规格为 150～200 克的河蟹 60～100 千克。

2. 以虾为主的虾蟹混养模式

以虾为主的虾蟹混养模式指在虾蟹混养池塘中适当减少河蟹的放养量而提高青虾的放养量，使传统意义上以河蟹为主的虾蟹混养转变为以青虾为主的虾蟹混养。每 667 米^2 放养扣蟹 300～500 只，放养春季幼虾 25～30 千克，至 7 月，补放当年繁育虾苗 3 万～5 万尾，能收获春季商品虾 50～60 千克、秋季商品虾 30～40 千克，同时河蟹的产量也能达到每 667 米^{2}50～60 千克。

3. 虾、蟹双主养模式

虾、蟹双主养模式指在传统虾蟹养殖的基础上，适当降低河蟹放养量，提高青虾放养量，使河蟹和青虾产量保持相当的水平。春初每 667 米^2 放扣蟹降为 700～800 只，春虾放养量增加至 25～30 千克；春季按青虾主养技术进行管理，适当兼顾河蟹生长；秋季按传统虾蟹养殖进行管理。该模式最关键的技术是充分利用春季池塘空闲时段进行青虾养殖，春季青虾养殖产量可达到 50～60 千克，全年虾、蟹每 667 米^2 产量均达到 75 千克以上。

三种放养模式放养和收获区别见表 4-2。

表 4-2　三种池塘虾、蟹混养模式对比

项目	春季虾（千克）		秋季虾		每667米²青虾年产量（千克）	河蟹	
	每667米²放养量	每667米²产量	每667米²放养量（万尾）	每667米²产量（千克）		每667米²放养量（只）	每667米²产量（千克）
以蟹为主	5~15	10~30	2~3	15~30	25~60	600~1 200	75~90
以虾为主	25~30	50~60	3~5	30~40	80~100	300~500	50~60
虾、蟹双主养	25~30	50~60	2~3	25~30	75~90	700~800	75~80

4. 注意事项

① 扣蟹和青虾苗种放养密度，应根据养殖池的环境条件、养殖户的技术水平来合理确定放养密度。环境条件好、养殖水平高，则放养密度可以加大；反之，则减少。

② 下塘后全池均匀泼洒葡萄糖加维生素 C，以减轻虾蟹应激反应。

③ 另外，适当套养鲢、鳙每 667 米² 30~50 尾，规格 2~4 尾/千克；或细鳞斜颌鲴每 667 米² 80~100 尾，规格 30~40/千克；也可适当放养鳜，鳜一般不吃虾和蟹，吞吃野杂鱼，可充当虾蟹卫士，起到对虾蟹的保护作用，每 667 米² 放 4 厘米左右的鳜鱼苗 5~10 尾。

三、饲料投喂

虾、蟹同属甲壳类动物，食性相近，养殖条件下，投喂的饲料种类基本上都是植物性饲料、动物性饲料和人工配合颗粒饲料三大类，而且都喜食动物性饲料。因此，投料时应掌握"多品种搭配，荤素结合"的原则，在饲料投喂上采取"四定"科学投料方法。

（一）定质

虾蟹对饲料的要求基本相似，一般情况下不需专门分开，饲料选择由主养品种而定；如果精养，则需要分开投喂各自饲料，以满足各养殖对象的营养需求。饲料选择优质青虾和河蟹专用的全价颗粒配合饲料，要求新鲜、适口、营养丰富，并符合《饲料卫生标准》（GB 13078）和《无公害食品　渔用配合饲料安全限量》（NY 5072）规定，不得使用畜禽配合饲料替代。

注重人工配合饲料与新鲜天然饵料的互补，天然饵料不仅含有虾蟹需要的各类营养物质，而且还有多种生物性物质；而人工配合饲料往往缺乏这些成分。因此，当养殖池中水草、螺蛳缺乏时，若使用人工配合饲料喂虾蟹，应定期投喂一些天然动植物饲料，以满足虾蟹营养的要求；两者均喜食的动物性饲料有螺蛳、蚕蛹、鱼粉、小杂鱼等，喜食的植物性饲料有豆饼、米糠、大麦、酒糟、玉米等。也有养殖户将上述原料按照虾蟹不同生长时期要求进行配比（动物性饲料占约 30%，植物性饲料占约 70%），并添加少量的骨粉、蚌壳粉、蟹壳粉及微量元素等，通过自行加工制成配合颗粒饲料进行投喂。

河蟹吃食方式属咀嚼型，即用螯足夹住饲料，随即将饲料送到颚足经撕裂后送入口中咀嚼。根据这一摄食习性，要求配合饲料具有较强的黏合性。青虾的吃食方式属啃食型，即用附肢抱住啃食；长到 2 厘米以上的幼虾，可投喂颗粒饲料，但颗粒饲料粒径要求在 1~3 毫米，螺蛳、蚌肉、动物内脏等必须轧碎后投喂。

（二）定量

据不完全调查统计，除天然饵料外，使用虾蟹配合饲料的饲料系数一般为 2 左右，生产上可根据这一参数来规划养殖周期内饲料用量。饲料日投喂量一般为池中虾、蟹总量的 5%~8%，具体根据天气、水质、水温及虾蟹吃食、活动等情况灵活调整投喂量。青虾一般以饲料投喂后 3 小时左右吃完为最佳投喂量；河蟹傍晚投饲，第二天早上食场无剩余，表示投饲适量。可在投饲区设置网罾，其内适当多放些饲料，到时提罾观察吃食情况来判断是否吃饱。

（三）定位

因虾蟹都为分散觅食，故不必设置饲料台。河蟹投饲地点应选在浅滩处向阳的区域，要洒得开、洒得匀，但水草密集区不要投饲，因为该区域通常为河蟹蜕壳区，需保持环境安静，以免河蟹吃食去干扰正在蜕壳的河蟹而导致蜕壳不遂症。青虾投饲地点应选在池边浅滩处，沿边一线投饲，投饲面要广。

（四）定时

投饲要求从 3 月开始恢复正常，1—2 月水温 10 ℃以上的晴好天气也应少量投饲。

一般在 4 月前、11 月后日喂一次，时间为 15:00—16:00。日投喂量为池塘中虾蟹总重的 3%～5%。

在 5—10 月虾蟹生长旺季，日喂 2 次，一次在 7:00—8:00，一次在 17:00—19:00。日投喂量为池塘中虾蟹总重的 5%～8%，上午投喂日投饲量的 1/3，傍晚投喂余下的 2/3。

（五）注意事项

① 如果虾蟹料不分开，在放养虾苗初期除投喂河蟹饲料外，还要适当投喂青虾幼体饲料。如果河蟹料和青虾料各自投喂，可以将河蟹料和青虾料同一时间投喂，但投喂地点交叉分布，以便于青虾定时摄食；但考虑到河蟹抢食比青虾凶猛，最好采用二次投喂法，将投喂时间错开，先投喂河蟹料，将河蟹引至其食场，让河蟹先吃，以减少与青虾抢食；再投喂青虾料，让青虾摄食。

② 饲料投喂掌握"两头精，中间青"的原则。3—4 月，为恢复体力阶段，投喂颗粒饲料＋小杂鱼等；前期（5—6 月），以颗粒饲料为主；中期（7—9 月），颗粒饲料＋植物性饲料（玉米、豆粕等）；后期（10—11 月），河蟹蜕完最后一次蟹壳后，逐步减少配合饲料的投喂量，同时适当投喂野杂鱼，以改善河蟹的品质和口味。

③ 注重虾、蟹吃食情况。整个养殖季节饲料投喂要注意观察青虾的活动或肠胃饱满度，青虾肠胃饱满度好，说明饲料充足。

④ 青虾越冬期间体能消耗大，体质较弱，抵抗力下降，易受有害病菌侵袭。开春后，应投喂蛋白含量在 35％以上的饲料，并添加维生素 C、免疫多糖，全池泼洒硬壳宝或离子钙，满足青虾蜕壳所需的矿物质。

⑤ 虾、蟹双主养或以虾为主的虾蟹混养塘口，饲料品种选择采取上半年以青虾饲料为主、下半年以河蟹饲料为主的措施。上半年投喂青虾饲料时，按照春季青虾主养饲料投喂管理执行（早开食、早蜕壳、脱好壳）。下半年 8 月开始，除正常投喂河蟹饲料，根据青虾存塘量增喂青虾颗粒饲料。

四、水质管理

（一）水质要求

虾蟹混养池对水质有一定要求，一般要求水体溶氧量 5 毫克/升以上，透明度 30～45 厘米，pH7.5～8.5，氨氮含量 0.2 毫克/升以下，亚硝酸盐含量 0.05 毫克/升以下，硫化氢含量 0.02 毫克/升以下。

（二）水位控制

水位调控按"前浅、中深、后稳"的原则进行调控。2—3 月水位控制在 40～50 厘米，3—5 月水位控制在 50～80 厘米，6—8 月水位控制在 120～160 厘米，9—11 月水位控制在 100～120 厘米，并根据生长期的具体特点进行适时调整。

（三）适时注换水

5—7 月每 15～20 天换水一次，7—9 月每 7 天换水一次。9—10 月每 7—10 天换水一次。7—9 月，可每天注少量新水 5～10 厘米，以促进水体流动，一般换水量为 15～20 厘米，采取先排后灌的方式。

（四）肥度控制

在 6 月前对水质过瘦的池应适当施肥，一般每 7～10 天每 667 米² 施复合肥 5～10 千克或经发酵的有机肥 30～50 千克培肥水质，对水质过浓的池应适当换水。在 6—9 月高温季节，有条件的虾蟹混养池应适当加水或换水以保持水质清淡，一般要求平时水体透明度保持在 30～45 厘米，高温季节应控制在 40 厘米左右。

（五）增氧

适时开启增氧设施进行增氧，以防虾蟹缺氧浮头，影响虾蟹生长，一般开机时间为：晴天中午开机 2～3 小时，阴天 04:00—05:00 开机，阴雨连绵或有浮头征兆时半夜开机，一般傍晚不开机，阴雨天白天不开机。有条件的可使用溶解氧自动控制仪进行合理控制，效果较好。

（六）定期泼洒生石灰

一般每 15～20 天每 667 米² 施生石灰 15 千克左右；或每隔 15～20 天投施饲料级磷酸二氢钙，一般每 667 米² 施 1 千克左右。不但可以调节水体酸碱度，同时可调节水体中钙磷的平衡，促进虾蟹正常蜕壳。

（七）微生物制剂

在 5—9 月每隔 15 天投放一次微生物制剂调节水质，确保池水达到肥活嫩爽的良好水质，但要注意的是要与生石灰交叉使用，相互间隔 5～7 天。

秋季成蟹进入洄游季节，池塘水质将变混，透明度下降。此时，除水草可起到净化作用外，还要泼洒芽孢杆菌类等微生态制剂，确保水质透明度在 30 厘米以上。

五、水草管理

与传统河蟹养殖不同，虾、蟹混养池塘春季存在水草生长与肥水的矛盾，青虾生长需要肥水，但肥水时间长会影响水草的生长，通常采取"前肥后清"的方式解决。初期适度肥水，保持透明度30厘米左右，培育饵料生物，促进青虾快速生长；5月初开始逐渐换水，降低池水肥度，至5月中旬，使池水的透明度达到40厘米左右，促使水草生长。这样既可解决青虾对水质的要求，又不耽搁水草生长；而且，由于肥水抑制了早期水草的生长，水草在高温前高度、密度适宜，可避免常规河蟹养殖水草覆盖率和高度过高，需通过人工刈割进行调控的麻烦，达到了既控制水草生长又促进青虾快速生长的一举两得效果。

通常平底型的虾蟹池，水草以伊乐藻、黄丝草为主；带"井"字形槽沟的虾蟹池，滩面上以伊乐藻、苦草为主，槽沟以黄丝草为主。虾蟹池的水草应保持50%左右的池塘覆盖率，使虾蟹池在保持水草良好净水能力的基础上，又可使虾蟹有良好的栖息、隐蔽场所，提高养殖成活率。当水草覆盖率超过60%以上时，可采用隔1～3米间隔抽条的办法抽掉40%～50%的水草，当除掉区域的水草长至水深的一半时，可抽掉另一半的水草。水草覆盖率控制要提前开展，不能等到水草覆盖率过高后再去采取措施，因为割除水草时会将青虾裹挟带出，造成不必要的损失。

六、日常管理

坚持每天早晚巡塘。

① 检查水位水质变化情况，定期测量水温、溶解氧、pH等指标。

② 结合投饲掌握虾蟹活动、摄食情况，察看虾蟹蜕壳生长。

③ 查看防逃设施是否完好，发现破损，应及时修补。

④ 检查病害、敌害情况，出现问题应立即采取相应的管理措施，并做好生产规范记录。

⑤ 在汛期和台风季节，要配备相应的器材，以防河蟹逃逸。

每天做好塘口档案记录，将蟹池的苗种放养、饲料投喂、水质情况、虾蟹捕捞等情况及时录入塘口档案。

七、病害防治

贯彻"以防为主、防重于治"的原则，坚持生态调节与科学用药相结合，采取综合技术措施，预防和控制疾病的发生。重点做好以下几点。

① 在放养苗种时要先进行必要的消毒处理。

② 在养殖过程中注重调节水质，间隔使用生石灰和微生物制剂，5—9月，每20天每667米^{2}使用生石灰15千克左右，每隔半个月使用一次光合细菌、枯草杆菌、EM菌等微生物制剂。定期换水或开启增氧设备，使水体中溶氧量保持在5毫克/升以上。

③ 做好越冬后纤毛虫防治工作，脱好第一次壳。青虾越冬期间活动少，蜕壳间隔时间长，体表附着大量脏物，易生纤毛虫，影响蜕壳。2—3月进行一次预防治疗，用纤虫净、甲壳净、纤虫必克或硫酸锌复配药等预防治疗纤毛虫及附生性绿藻，隔天用二氧化氯、溴氯海因或碘制剂等高效低毒杀菌剂消毒，并用1%中草药制成（三黄粉）颗粒药料，能有效提高青虾越冬后第一次的蜕壳质量，促进生长。平时视虾蟹病害情况行水体消毒和内服药饵。虾蟹大量蜕壳期间禁止使用消毒和杀虫药物。

④ 病害易发季节可在饲料中添加药饵，一般可以使用大蒜素、维生素、免疫生长素等，适当添加抗生素，以提高虾蟹的免疫能力。

⑤ 特别注意的是在虾蟹混养塘应杜绝使用菊酯类、含磷类药物。谨慎使用硫酸铜等杀虫剂。在池塘溶氧量低、发生浮头、天气变化时，特别注意不能使用这些药物。

八、适时捕捞

虾苗一次放足，常年捕捞，捕大留小。捕捞工具通常选择网目尺寸为1.8厘米的"大9号"有节网制作的地笼捕捞（即用于捕捞南美白对虾的虾笼），捕虾时注意把地笼梢倒虾口张开吊离水面约

20 厘米，这样河蟹进笼后可自行爬出，虾便留在笼梢中。春季捕捞商品虾时，操作要轻手轻脚，避免擦伤河蟹；否则河蟹外壳受伤，春季容易感染细菌，存在诱发病害的可能。

河蟹捕捞在 10 月中旬后采用地笼张捕、夜间灯光诱捕及干塘捕捉相结合的方式。青虾一起捕捞，达商品规格的大虾上市，体长 4 厘米以下的青虾留作下年春季养虾的种苗。

捕捞的虾蟹应放置在预先准备的网箱中暂养 2 小时以上再进行运输或出售，暂养河蟹的网箱还需设置盖网，以防河蟹逃逸，暂养区还需配备一定的增氧设施。

第三节　其他养虾方式

一、淡水白鲳与青虾轮养

淡水白鲳，学名短盖巨脂鲤，原产于南美亚马孙河，为热带和亚热带鱼类。淡水白鲳是杂食性鱼类，生产周期短，一般在 5 月中上旬放养，养殖到 7 月下旬及 9 月中上旬达到上市规格 500～650 克/尾，通过技术改进，可提前到 7 月初上市，然后就可以开始秋季青虾养殖。淡水白鲳与青虾轮养，每 667 米² 可产淡水白鲳 400～500 千克，每 667 米² 产青虾 80 千克左右。

(一) 池塘要求

面积 0.33～1 公顷，东西向，池深 1.5～2.0 米，池底平坦，每个池有独立的进排水系统。晒塘 15 天左右，池底达龟裂状。放养前一周，彻底清塘并用生石灰消毒，用量为每 667 米² 75 千克。

(二) 苗种放养

随着淡水白鲳养殖技术不断成熟、水平不断提高，5 月上中旬放养尾重 150 克的较大规格越冬片鱼种，到 6 月下旬、7 月上旬就能达到 550～650 克/尾，起捕上市，养殖时间不到 70 天。这时的养殖效益通常是一个月后上市的 1 倍。清塘后，在 8 月上旬每

667 米² 放 6 000~8 000 尾/千克的青虾 8 万尾，这是一年中产生效益较高的时间段。参考模式具体见表 4-3。

表 4-3   池塘淡水白鲳与青虾轮养模式（每 667 米²）

品种	放　养			收　获		
	时间	规格	数量（尾）	时间	尾重	产量（千克）
淡水白鲳	5月上旬	150克/尾	800	6月下旬至7月上旬	550克	450
鲢	3月	500克/尾	200	6月下旬至7月上旬	1 000克	110
鳙	3月	500克/尾	80	6月下旬至7月上旬	1 500克	120
青虾	7月下旬至8月上旬	约10 000尾/千克	7万～8万	12月至翌年2月	300尾/千克	70
鲢	8月中、上旬	500克/尾	20	12月至翌年2月	1 500克	60
鳙	8月中、上旬	500克/尾	10	12月至翌年2月	2 000克	20

（三）饲料投喂

养殖淡水白鲳期间，在参照池塘主养淡水白鲳模式的饲料投喂方法时，要注意饲料的质量和投喂的精心程度直接影响淡水白鲳的上市时间和青虾能否正常放养。如果天气晴好，在保证一天投料量不增加的情况下，可以增加投喂次数 1~2 次，这时要提早第一次的喂食时间、推迟最后一次的喂食时间，保持每次喂食的间隔时间较长，以便于淡水白鲳更好地消化吸收。在投料期间有 60%~70% 的鱼离开时就可以停止投喂。

喂养青虾可以直接参照池塘主养青虾的操作方法。使用青虾配合颗粒饲料，其中的粗蛋白质含量应为 35% 以上。日投 2 次，每天 08：00—09：00、18：00—19：00 各一次，上午投喂量为日投喂总量的 1/3，余下 2/3 傍晚投喂；饲料投喂在离池边 1.5 米的水下，可多点式，也可一线式。

（四）日常管理

在每个养殖阶段开始前的清塘、晒塘或干冻的工作非常关键，直接影响到后面养殖生产中的水质调节。因此，这些前期准备工作要做细致、做充分。池底要干裂，这样才能有效杀菌，减轻生产时水质管理压力，特别是有利于青虾养殖期间的蓝藻控制。在巡塘管理上要"三注意"：注意观察鱼虾吃食活动情况、注意观察池塘水质变化情况、注意观察天气变化情况。在防范措施上要"三勤"：勤开增氧机、勤施改水调水的药品、勤防病治病。改善水质不宜常用生石灰。

（五）捕捞上市

淡水白鲳上市宜早不宜迟，7月上旬必须干塘。青虾捕捞在春节前后进行，也可以实行轮捕上市。

（六）青虾苗种配套繁育

由于青虾苗种不适宜较长时间的运输，因此应用这种模式要制订好青虾苗种的供应计划。一般地，池塘一年养两季青虾模式中秋季生产的虾苗在7月中下旬放养，这对于淡水白鲳与青虾轮养模式来说，外购虾苗放养的时间显得很紧张。最好的办法是自育虾苗自给，以保证生产顺利进行。自己繁育虾苗可实行联户协作的方式，共同解决虾苗供给问题。青虾苗种繁育生产可参照青虾养殖技术进行。

（七）病害防治

病害防治应坚持以防为主、防重于治的原则。在防治病害过程中，要遵照无公害水产品生产的用药准则，提高产品质量。淡水白鲳对有机磷药物敏感，因此，在防病治病用药时，切忌使用含有菊酯类的药物，如敌百虫、溴氰菊酯、氯氰菊酯等。淡水白鲳鱼种放养前10天，要分别进行杀虫、消毒各一次。

二、罗氏沼虾与青虾连茬养殖

该模式主要集中于扬州地区，利用罗氏沼虾养殖塘口空闲时段养殖一茬青虾。通常在罗氏沼虾出池前（7—8月）套放青虾苗种或出池后再放大规格青虾苗种，罗氏沼虾上市后，接着单养青虾。该模式每 667 米^2 可产罗氏沼虾 350～400 千克、青虾 35～40 千克，每 667 米^2 产值达 6 500～8 000 元，每 667 米^2 效益 3 000～4 000元。

（一）池塘条件和准备

1. 池塘要求

面积以 0.33～1 公顷为宜，池塘坡比为 1∶3 左右，一般罗氏沼虾养殖池塘都适宜。池塘水深以 0.8～1.2 米为宜，池塘不漏水，进水口一定要用 60 目的尼龙绢网过滤，防止野杂鱼及卵进入池塘。

养殖池塘附近无工业和生活污水污染，水质应符合渔业水质标准，池底平坦，淤泥不超过 10 厘米。池塘应配备水泵和增氧机，每 0.67～1 公顷配备水泵 1 台，功率 1.5～3.0 千瓦增氧机 2 台。

2. 清塘消毒

要求养殖池塘清除过多的淤泥，放养前经阳光曝晒，放养前半个月至 1 个月用生石灰每 667 米^{2}75～100 千克全池泼洒，进行清塘消毒，以杀灭野杂鱼，改善池塘底质。对往年发病的池塘可适当加大消毒药物量。

3. 施肥育水

池塘水质对虾苗生长及成活至关重要，放苗前一周，注水深 0.6～0.8 米，进水时必须用 60 目筛绢严格过滤，以防野杂鱼类或受精卵进入池塘，然后每 667 米^2 施发酵有机肥 150～200 千克，鸡粪或猪粪均可，保持水的透明度 30～40 厘米，水色呈黄绿色，使虾苗下塘后有足够的浮游生物饵料。

4. 设置附着物

虾类习性喜附着水草生活，故池塘要设置一定的附着物，可移栽一些轮叶黑藻、水花生或水葫芦，水草覆盖面约占池塘面积的1/4；另外，沿池塘四周可摆放一些竹把丝子。

（二）虾苗放养

1. 罗氏沼虾苗的放养与管理

在罗氏沼虾养殖池塘内，开挖占池塘养殖面积 $10\%\sim15\%$ 的罗氏沼虾苗强化培育池，培育池搭建竹架结构的塑料大棚，配备微孔增氧设施和锅炉。2 月中下旬在培育池内放养罗氏沼虾早期苗，放养密度为 $1\,000\sim1\,500$ 尾/米^2。虾苗培育期间以锅炉为增温设施，水温控制在 $24\sim28\,℃$。以微孔增氧设施机械增氧，保持溶氧量 5 毫克/升以上。投喂的饲料为罗氏沼虾破碎颗粒饲料，日投 $3\sim4$ 次，投喂量按幼虾吃食情况灵活掌握。适时加注新水，加注的新水与培育池水温差控制在 $2\sim3\,℃$。

5 月中旬，池塘水温达 $20\,℃$ 以上时，应选择晴好天气适时放苗，将培育池内培育的大棚苗放入养殖池塘内，每 667 米^2 放养 3.5 万 ~5.0 万尾。放苗后的 25 天内为苗期管理期，每天可投喂豆浆和粉状配合饲料，前期以豆浆为主，后期投喂粉状配合饲料和鱼糜，日投 4 次，日投量为每万尾 $0.25\sim0.75$ 千克。

2. 青虾苗种的放养与管理

青虾苗应专池培育。可以 7—8 月套放 1.2 厘米以上青虾苗 3 万 ~5 万尾，与罗氏沼虾混养一段时间；或者 10 月中下旬待罗氏沼虾起捕后，放养大规格（体长 2 厘米以上）青虾种 2 万 ~3 万尾。

（三）饲养管理

1. 投喂管理

虾苗下塘半个月内以投喂小杂鱼或鱼浆为主，搭配投喂少量小麦粉和饼粉，投饲量为每万尾虾苗 1 千克。每日投喂 2 次，09:00—10:00 和傍晚各投喂一次，傍晚投喂量约为 70%。虾体达到 3 厘米以上后，主要投喂全价颗粒饲料，少量搭配一些小杂鱼。日投饲量为虾体重的 4% 左右。

2. 水质管理

在饲养过程中，要经常加换新水，水体透明度要控制在 30 厘米左右。每隔一段时间要用生石灰调节水质，用量一般每 667 米² 20～30 千克（水深为 0.8～1.0 米）。pH 控制在 7.5 左右。溶氧量要求在 5.5 毫克/升以上，其他日常管理事项同常规养殖。

（四）捕捞上市

1. 罗氏沼虾捕捞

7 月，罗氏沼虾养殖塘内部分虾长至体长 7 厘米以上，开始用大网进行轮捕，以后每隔 10～15 天轮捕一次，每次每 667 米² 捕虾 50 千克左右。10 月中旬，降低池塘水位，用渔民俗称的爬网对在塘罗氏沼虾进行捕捞，经多次的拉网，捕尽罗氏沼虾后，注入新鲜水，水位控制在 80～100 厘米，将捆扎成束的水花生用竹竿均匀插入池塘中，每个池塘插 30～40 束的水花生，转入青虾养殖。

2. 青虾捕捞

在罗氏沼虾轮捕期间，由于大网网眼较大，基本捕不到青虾，用爬网捕捞罗氏沼虾时，对捕获的青虾分拣上市。11—12 月，用三角抄网在水花生束下抄捕青虾逐步上市，根据本地青虾消费的习惯，捕大留小，适时分批上市，到 4 月下旬干池清塘。并对捕获的青虾分拣，体长 4 厘米个体全部上市，不足 4 厘米个体出售给河蟹养殖户，用于虾蟹混养的塘口放养。

三、南美白对虾与青虾连茬养殖

南美白对虾放养时间在 5 月下旬，放养密度每 667 米² 5 万～6 万尾，7—8 月套养体长 2～3 厘米的青虾苗每 667 米² 5～10 千克，8 月中旬开始南美白对虾捕大留小，至 10 月上旬全部捕完。南美白对虾捕捞结束后，继续做好青虾的饲养管理工作，达到商品规格虾则捕捞上市，小规格虾连续留养到翌年 4 月全部起捕上市。

(一) 池塘条件

养殖池塘长方形,东西向,面积 0.2~0.33 公顷为宜,池深 1.5~1.8 米,坡比 1:(1.5~2)。青虾捕完后每 667 米² 使用 100~150 千克生石灰+15~25 千克漂白粉混合带水清塘,10~15 天后排干池水进行彻底晒塘。苗种放养前 3~5 天进水 50~60 厘米,每 667 米² 施用肥水宝 1~2 千克肥水。每个池塘一角设置暂养淡化池,面积按每 667 米² 15~20 米² 配置,架设塑料大棚用以保温。每 0.67 公顷池塘配备一台 2.2 千瓦微孔增氧机。

(二) 苗种放养

4 月,每 667 米² 放 8 万~10 万尾南美白对虾早繁苗,盐度 1‰~2‰,规格 0.8~1.2 厘米的淡化虾苗于暂养淡化池进行适应性淡化,逐渐交换水体降低盐度。6 月中旬气温升高后拿掉大棚薄膜。南美白对虾捕捞销售末期,每 667 米² 套养规格为 6 000~8 000 尾/千克的青虾苗 5 万~6 万尾。

(三) 水质管理

南美白对虾苗移入池塘前 5~6 天使用 0.7 毫克/升硫酸铜杀灭大型轮虫,虾苗入池后正好有适口饵料。水位前期 0.6~0.7 米,逐步加高水位至中期 1.2~1.5 米;注水前期每 10~15 天一次,中期每 7~10 天一次,每次 15~20 厘米,每次添换新水进行水体消毒;水体透明度前期 25~30 厘米,中后期 35~40 厘米。增氧机前期每天中午开 2~3 小时,22:00 至早晨出太阳;5 月中旬至 7 月底高温季节,全天开启。高温季节每 15 天使用一次微生物制剂和底质改良剂。青虾苗放养前 3~5 天使用肥水宝培育天然饵料,并适时追肥。

(四) 饲料投喂

南美白对虾和青虾均选择优质大品牌南美白对虾 1 号饲料进行

投喂。南美白对虾养殖期间每天投 2 次，07：00—08：00 投 30％，16：00—17：00 投 70％；青虾养殖期间每天 16：00—17：00 投一次。2 小时内吃完为宜。

（五）病害防治

① 选择优质健康苗种放养；②彻底清塘和晒塘；③定期改良水质，保持水质稳定；④定期拌饲投喂维生素 C、免疫多糖等免疫增强剂，提高虾体抗病力。

（六）起捕销售

6 月底至 7 月初南美白对虾即可开始上市销售，因比露天池塘养殖提前上市，可获得较好的塘口收购价格；如果不使用大棚苗，要到 7 月底至 8 月初南美白对虾才能上市销售。青虾于 10 月开始上市，青虾可适当延长至春节前上市。

四、青虾、轮叶黑藻连作生态养殖模式

（一）池塘条件

池塘为长方形，东西向为佳。池底平坦略向出水口倾斜，淤泥厚度不大于 15 厘米，池塘底质应符合《农产品安全质量　无公害水产品产地环境要求》（GB/T 18407.4—2001）的规定。塘埂不渗漏，池埂内坡比为 1：（2～2.5）。适宜面积 0.33～0.67 公顷，塘深 1.8～2 米，水深 1.2～1.5 米。水源充足，排灌方便，水源水质应符合《渔业水质标准》（GB 11607）的规定；周围10 千米范围内没有对渔业水质构成威胁的污染源。池塘进排水分开，进水口用 60 目和 80 目两道筛绢网进行过滤，严格控制野杂鱼及其受精卵进入虾池；排水口安装密眼网。池塘配备微孔管道增氧设施，每667 米^{2}放置条式微孔增氧管 3～5 根，配套功率每 667 米^2 0.2 千瓦。

（二）池塘准备

1. 清淤曝晒

加固池埂，堵塞漏洞，清除过多淤泥。5月中下旬晒塘至塘底发白，干硬开裂，曝晒15天左右。

2. 清塘消毒

投放苗种前15～20天，选择晴好天气，池塘注水15～20厘米，每667米^{2}用100～150千克生石灰水溶后全池泼洒。

3. 进水施肥

虾苗放养前7～10天，池塘注水40～50厘米，新塘每667米^{2}施用磷肥15～20千克和复合肥3～4千克；老塘每667米^{2}施用复合肥1.5～2千克进行初次肥水。或使用商品有机肥、生物肥水剂进行肥水。使用量按说明使用。施肥应符合NY/T 394—2000的规定。

4. 栽种水草

青虾养殖池塘内水草栽种品种选择轮叶黑藻。消毒7～10天后，距离池边5米扦插栽种轮叶黑藻，栽种丛距横2.5米、竖3米，每667米^{2}栽种轮叶黑藻植株50～100千克，水草覆盖率25%～30%。

（三）苗种放养

1. 放养准备

放苗前2～3天用含茶皂素一类的清塘药物杀灭野杂鱼，并把漂浮到水面的死鱼捞除。

2. 苗种放养

每年7—8月放养，规格为1.2～2.0厘米，放养密度为每667米^{2}8万～12万尾，要求一次放足。苗种要求规格整齐、色泽鲜艳、体表光滑无伤、体质健壮。

（四）商品虾饲养管理

1. 饲料投喂

饲料选用新鲜、适口、无腐败变质、无污染的优质配合颗粒饲料，粗蛋白质含量 34％～42％，饲料符合《饲料卫生标准》（GB 13078）和《无公害食品　渔用配合饲料安全限量》（NY 5072）的规定。投喂原则坚持两头高、中间低。虾苗入池后的 10～20 天，使用粗蛋白质含量 40％～42％的微颗粒饲料投喂；待虾苗体长达到 2.5 厘米以后改用粗蛋白质含量 34％～36％的颗粒饲料投喂；10 月改用粗蛋白质含量 36％～38％的颗粒饲料，增加营养，增强青虾体质。日投喂 2 次，上午为 07：00—08：00，投喂量占日投量的 1/3；下午为 17：00—18：00，投喂量占日投饲量的 2/3。投饲量根据天气、水色、虾体生长、摄食情况调节，前期虾苗阶段日投饲量为每 667 米^{2}0.5 千克，逐步增加到高温时节虾快速生长期的每 667 米^{2}2.5 千克，10 月以后水温逐步下降，投饲量逐步减少，投饲量以投喂的饲料在 2 小时之内吃完为宜。

2. 水质管理

（1）**肥度调节**　在养殖过程中，根据水质肥瘦情况适时加施追肥或换注新水。养殖前期和后期每 15～20 天肥水一次，使用生物肥水剂，使用量按说明使用。养殖中期，每 10～15 天换注 1/4～1/3 的新水。高温时节，每 10～15 天使用芽孢杆菌制剂，使用量按说明使用。养殖前期池水透明度控制在 25～30 厘米，中期为 30～40 厘米，后期为 20～30 厘米。

（2）**水质调控**　根据水色定期使用有益微生物菌剂、生物底改剂改善水体环境，一般每 15 天调水一次。每半月泼洒交替使用一次生石灰或漂白粉。水体溶氧量保持在 5 毫克/升以上。pH7.5～8.5。

（3）**水位控制**　池塘水位随养殖过程逐步调整，苗种放养时水位控制在 40～50 厘米，随着水温升高逐步提高，养殖中期水位控制在 1 米，后期水位保持在 1.2 米。青虾捕捞结束后，池塘中保持水位 20～30 厘米，保证越冬芽孢 3 月及时萌发形成植株，至 4—5 月出售草种。

（4）**适时增氧**　一般每天开启增氧机一次，开启时间为 22：00 到翌日 06：00，闷热天气增加开启时间，为 18：00 至翌日 06：00。高温期间，中午开启增氧机 2～3 小时。

3. 日常管理

加强巡塘，每天清晨及傍晚各巡塘一次，观察水色变化、虾活动情况、蜕壳数量、摄食情况；检查塘基有无渗漏，防逃设施是否完好；严防缺氧。

（五）轮叶黑藻养护

1. 商品虾养殖期管理

水草总体覆盖率控制在 60％以下，控制覆盖率缓慢增加，前期 25％～30％，中期 30％～50％，后期 50％～60％。高温时节，水草快速生长时要及时清整、人工割除多余水草。水草均匀成簇分布在池塘中，及时割刈梳理，避免连成一片，保持水草丛独立成簇，间隔充裕，流动通畅。高温时节，根据水草生长情况定期使用护草素全池泼洒，促进水草根部生长、叶片粗壮，防止茎叶腐烂，破坏水质。

11 月中下旬开始使用生物肥水剂肥水，使池水透明度保持在 20～30 厘米，促进水草自然萎缩，芽孢成熟。

2. 水草专池管护

商品虾及芽孢收获后，池塘保持水位 20～30 厘米。后期水位随水草生长调节。3 月底至 4 月，每 15～20 天使用生物肥水剂肥水，防止青苔滋生，促进水草生长，使用量按说明使用。

（六）捕捞收获

1. 商品虾捕捞

9 月下旬开始，据养殖密度和生长情况及时使用网目尺寸为1.8 厘米的"大 9 号"有节网制作的虾笼捕捞，陆续捕大留小，轮捕上市。春节前后，使用网目尺寸为 0.4～0.6 厘米的拖网捕捞，将池中青虾捕净。捕捞时避开蜕壳高峰期。青虾捕获后，使用青虾自动过滤器将青虾筛选分级为大、中、小三级，分级出售。

2. 芽孢及草种收获

（1）**芽孢收获**　池塘中青虾全部起捕后，人工使用网目尺寸为

0.5～0.7厘米的三角抄网或扒网收集轮叶黑藻芽孢捕捞出售。

（2）**草种收获**　翌年4—5月人工收割草种出售。

五、池塘蟹、虾、鱼混养模式

池塘蟹、虾、鱼混养模式指将河蟹、青虾、鱼类按照一定的搭配比例同池进行养殖的一种生产结构模式。混养的鱼类以不危害主养品种为宜，过去一般以混养鲢、鳙及异育银鲫等常规性鱼类为主。目前，这种模式得到进一步优化补充，可以增加放养名特优品种，如鳜、翘嘴红鲌、花鲭等（凶猛肉食鱼类如乌鳢等不宜放养，容易影响虾蟹的产量），池塘每667米²效益可有所增加。青虾、河蟹与鱼类同池混养，虽互相有一定的影响，但只要搭配比例适当、大小规模适宜，可以趋利避害。具体有以下几点优势：①可以充分利用水体空间和饲料资源，起到改善养殖环境作用；②可提高养殖经济、社会、生态效益，一般每667米²可增收500～800元。这种模式与虾、蟹混养模式管理基本相似，常见的有两种模式：①以河蟹养殖为主、套养青虾和常规鱼类，一般每667米²产河蟹40～50千克，高的可达60～70千克，每667米²产青虾30千克以上，常规鱼类100千克以上；②以青虾为主、套养河蟹和常规鱼类，一般为每667米²产青虾80～90千克，河蟹15～25千克，常规鱼类50千克以上（类似于上述池塘虾、蟹混养技术模式）。这两种模式如增加名特优品种（如鳜、翘嘴红鲌或花鲭、细鳞斜颌鲴等）放养，一般可生产优质鱼类10～20千克，每667米²纯效益均在3 000元以上，是目前混养模式中结构优、效益好、风险低的一种可行模式。养殖水域可以为池塘、稻田、大水面等。现以池塘主养河蟹、套养青虾、搭配常规鱼类和鳜的相关养殖技术介绍如下。

（一）池塘条件

池塘面积0.67～3.33公顷，由于套养鱼类，水深相对虾蟹混养的塘口要深一些，水位可保持在1.5～2.0米。由于混养鳜，故进水口不需设置过密网目筛绢网来防止野杂鱼虾进入（因鳜主要是以小鱼虾等为饵料），其他条件与虾蟹混养相似。

（二）放养前准备工作

蟹、虾、鱼混养的池塘消毒、施肥培水、水草种植同虾蟹混养池。除此外，以河蟹养殖为主的塘口应适当投喂部分螺蛳，这样既能提供优质的天然动物蛋白源，又能净化水质，减少养殖污染。螺蛳宜采用多次投入法，4 月初每 667 米² 200 千克，7 月每 667 米² 200 千克，8 月后每 667 米² 50～100 千克。多次投入可防止因一次性投入量大，造成养殖前期水质清瘦，保持池塘螺蛳均衡，水质相对稳定，确保河蟹对螺蛳的常年需求。

（三）苗种放养

蟹种放养规格 120～200 只/千克，放养数量每 667 米² 500～600 只，安装微孔管道增氧设施的塘口放养数量可增加为每 667 米² 700～800 只。池塘面积较大的，需要用网片围成面积占全池 1/10 的深水区域作暂养区，尽可能靠近进水口处，用作蟹种的前期强化培育。暂养时间不超过 5 月，对提高河蟹养殖成活率和保护池塘水草的生长有很大作用。虾种、苗分春季和夏季两次投放，春季放养时间一般为 2 月底前，每 667 米² 放规格为 2～3 厘米的虾种 8～12 千克，也可在夏季每 667 米² 放当年繁育的 1.2～1.5 厘米的虾苗 1 万～2 万尾。池塘中放养鲢、鳙，主要是控制和调节池塘水质，每 667 米² 放 20～30 尾，规格为 6～8 尾/千克，鲢、鳙比 3∶1。鳜每 667 米² 放养 5～7 厘米大规格鱼种 10～15 尾。细鳞斜颌鲴放养量每 667 米² 30～50 尾。

（四）饲养管理

1. 饲料投喂

应以考虑河蟹养殖为主，虾蟹以投喂专用配合饲料为主，并适当搭配麦粉、玉米、小杂鱼等。一般定点投喂在离池岸水面 2～

3 米的浅滩处，投喂比例视水温、天气、吃食、生长等情况而改变。水温低时，每天投喂一次，高温季节需增加一次，一般上午投喂量控制在 30%～40%，下午投喂量控制在 60%～70%。同时做到两头精，中间青，精青合理搭配，荤素兼顾。前期以新鲜小杂鱼煮熟后拌少量小麦粉成团状多点投喂，日投喂一次，也可投喂全价配合饲料，投喂量为虾蟹体重的 2%～3%。如蟹种进行集中暂养管理，在饲料投喂中应增加鲜活饵料的投喂比例，以确保河蟹首次蜕壳的营养需要，有利于提高河蟹的成活率；从 5 月开始应适当增加投喂量，到 7 月开始应以植物性饲料为主，如玉米、小麦、南瓜、山芋等，主要防止河蟹性早熟，也可投喂低蛋白颗粒饲料（蛋白质含量为 25%～28%），投喂量为 4%～5%；从 8 月下旬至 9 月下旬，应以动物性饲料为主，投喂量为 8%～10%，蛋白含量为 36%～38%，主要是用于后期河蟹上市前育肥。鳜的饲料鱼为池中的小杂鱼。

2. 水质管理

池塘蟹虾鱼混养要求水色肥、活、嫩、爽，透明度 30～40 厘米，水层无悬浮颗粒、异物，表层无水膜、油膜，溶氧量大于 5 毫克/升，pH 为 7.5～8.5（酸性水质不利河蟹对钙的吸收且容易腐蚀河蟹的鳃，过碱影响河蟹的载氧能力），氨氮、亚硝酸盐含量 0.1 毫克/升以下，硫化氢含量 0.05 毫克/升以下。放养前期池塘水深控制在 40～50 厘米，以后随着水温的升高逐步加深，5—6 月保持水深在 60～70 厘米，7—8 月保持水深在 120～160 厘米，9—10 月保持水深在 90～100 厘米。适时注换水，5—7 月每 15～20 天换水一次，7—9 月每 7 天换水一次，9—10 月每 7～10 天换水一次，7—9 月可每天注少量新水 5～10 厘米，以促进水体流动。养蟹池塘水位要保持相对稳定，切忌忽高忽低，水位经常变化，否则易出现僵蟹，一般换水为 15～20 厘米，采取先排后灌的方式，时间应选择在凌晨或上午进行，不宜在傍晚加水。定时开动微管增氧设施，开启原则按增氧机要求，保持池塘水体溶解氧在正常水平。高温季节每 10 天左右施一次微生物制剂调节水质。

3. 水草管护

蟹虾鱼养殖池塘的水草一般有伊乐藻、轮叶黑藻、黄丝藻、苦草等。池塘中水草的覆盖率具体为：春季为 25%～40%，夏季为 40%～60%，秋季为 30%～40%。在高温季节来临之前进行分疏，割掉上面部分，留下根部以上 20 厘米。同时，要使水草相互之间形成水草带，适当预留空间，保持水流畅通、光照进入、水草底层溶解氧丰富，以防造成水草根茎发黑腐烂，影响和败坏水质。

4. 蜕壳管理

蜕壳是虾蟹生长中最大的特点。在虾蟹生态养殖过程中，确保虾蟹顺利蜕壳和提高蜕壳以后虾蟹的规格是养殖成功的关键所在，特别是蟹种进入成蟹养殖阶段的第一次蜕壳与最后一次蜕壳在生产中有着极为重要的意义。具体应做到：①投喂高质量的饲料。每次在河蟹蜕壳来临前，不仅要投喂含有蜕壳素的配合饲料，力求同步蜕壳，而且必须增加动物性饲料的数量，使动物性饲料比例占投饲总量的 1/2 以上，保持饲料的喜食和充足，以避免残食软壳蟹。②增加水中钙离子的含量。发现个别河蟹已蜕壳，可泼洒生石灰水，每 667 米^2 用生石灰 7.5～12.5 千克，加水化浆后，全池泼洒。或每 667 米^2 泼洒饲料级磷酸二氢钙 1～1.5 千克。③保持水位稳定。蜕壳期间，一般不换水。④严禁在蜕壳区投放饲料，蜕壳区如水生植物少，应增加水生植物，河蟹蜕壳一般在午夜及黎明前这段时间内进行，此时应保持安静。⑤加强巡塘。清晨巡塘时，发现软壳蟹，可捡起放入水桶中暂养 1～2 小时，待河蟹吸水涨足、能自由爬动后，再放入池中。

5. 日常管理

坚持每天早晚巡塘。检查水位水质变化情况，虾蟹活动摄食情况，蜕壳生长情况，防逃设施完好情况，病害、敌害情况等，以提高科学管理水平，保持良好的养殖态势，提高养殖经济效益。

（五）病害防治

病害防治同虾、蟹混养模式。

六、池塘鱼种、青虾混养模式

鱼种池混养青虾模式中平均每 667 米² 产鱼种 300～400 千克，青虾 30～50 千克，新增效益每 667 米² 800～1 000 元。它的优点是可以充分利用水体资源，在适当增加饲料投入、基本不影响鱼类生长的情况下，达到鱼、虾互利共生双赢的目的，且养殖技术不复杂，养殖户易掌握，是一种很好的养殖方式。

鱼种池混养青虾可实行两茬养殖法，即春季养虾和秋季养虾。春季养虾是在鱼种全部出塘后，于春节前后开始养虾，至 6 月底 7 月初结束，这季主要利用上半年空闲期进行，为池塘单养青虾方法；秋季养虾是在 7 月放苗，而后放养夏花至年底养成商品虾和鱼种出售。其技术要点为：

(一) 池塘选择与清整

一般的鱼种池都能混养青虾。一般要求面积 0.67 公顷以下，呈长方形，东西向，水深 1.5～1.8 米，滩脚要大，坡比 1：3，池底平坦，向出水口倾斜，水源充沛，进、排水设施齐全，淤泥深控制在 15 厘米以内。池塘中栽植适量的水生植物，以培育中上层鱼类的鱼种池为好，不宜在以底层鱼类培育为主的塘口混养青虾。

鱼种池混养青虾的清塘工作分两步进行：①冬季的彻底清塘，要求干池曝晒，用生石灰清塘。②经过春季和初夏几个月饲养后，在放养夏花前，用茶粕或巴豆药塘，目的是杀死小杂鱼、蛙卵、蝌蚪和蚂蟥等。茶籽饼药塘：将茶籽饼捣碎，加水浸泡一昼夜，连渣一起均匀泼洒全池。干池清塘留水 20 厘米，每 667 米² 使用 20 千克，每 667 米² 水深 1 米带水清塘使用 50 千克，施药 7 天后可以放虾。巴豆药塘：先将巴豆捣碎，加水浸泡半天，再磨细，均匀泼洒全池。如果将磨细的巴豆装入坛内，加入 3‰ 食盐溶液密封 2 天后使用，效果更佳。干池清塘每 667 米² 用巴豆 2 千克，带水清塘每 667 米² 水深 1 米用巴豆 3～5 千克，施药后 10 天可放虾。巴豆对人体有毒害，操作时不要直接触及皮肤和吸入体内。上述两种方法对青虾无妨碍，仅少数刚蜕皮的青虾死亡，大多数青虾都能继续生长和繁殖。有青泥苔或经常发生锚头鳋病、中华鳋病的池塘，还应再用一次 90％的硫酸铜，每 667 米² 用 0.5 千克。

（二）虾巢设置

青虾的游动能力较弱，通常是在塘底和水草丛中攀缘爬行。青虾不仅受养殖鱼类的杀伤，同类相残现象也很严重，尤以刚蜕皮的软壳虾最易受到同类的攻击，这也是青虾成活率低的主要原因。鱼种池混养青虾需种植水草，设置网片，为青虾提供栖息的虾巢：①供青虾栖息、蜕皮、隐蔽，以降低残杀概率；②种植的水生植物利于水蚯蚓等底栖动物的繁生，底栖动物和水生植物的嫩芽都是青虾的天然饵料；③水生植物能吸收池塘肥力，利于改善水质。

虾巢设置方法一：3—4 月向池内引水花生、水葫芦、马来眼子菜等水草。可以从天然水域中水草生长茂盛的地方，用铁耙将水草连根拔起运回，每 667 米² 水面投放 50 千克水草。放入池塘前应将水草置于 8 毫克/升浓度的硫酸铜溶液中浸泡半小时再移入池塘中，同时要用绳索将水草固定在池边，避免到处漂浮，让其自然生长。在夏季水草生长旺盛时，过多水草影响水面透气和浮游植物的光合作用，必须除去过多水草，保持遮阴面积不超过 1/5，否则会影响鱼种的培育。

虾巢设置方法二：可在池塘中搭设网片或放置树枝等，占池塘总面积的 25％左右。网片搭设在池塘中间，采用双层或单层网片搭栖息层一排或二排，网片采用 10～33 目的无节夏花网片，用毛竹架呈 ∧ 或 M 形固定；坡度设计为 30°～60°，上端离水面 20～30 厘米，下端离池底 15～20 厘米；两层网片间距约 30 厘米，上层网片移植空心菜覆盖上面，使其根系延伸并穿过第二层网片；网片宽度为 3～4 米；网片长度依塘长而定，0.2～0.33 公顷以下设 2 排，0.33～0.67 公顷设 4 排。

（三）进水施肥

该模式上半年主要是以养殖青虾为主，池塘需要一定的肥度，因此，冬季清塘后 10 天应及时进水 20 厘米左右，进水时要用密筛绢过滤，以防野杂鱼和敌害生物进入池塘。然后按每 667 米² 200～250 千克施有机腐熟鸡粪肥，另每 667 米² 施 10 千克磷肥，以利于青虾前期生长所需要的浮游生物、底栖生物等活饵料和水草的生长。后期随季节变化，适当加深水位。饲养过程中，如发现水质过淡，需及时追肥，以保持水质肥、爽、活、嫩。

（四）种苗放养

1. 鱼种

放养夏花鱼种，以鲢、鳙、草、鳊、鲫等为主。从多年的实践来看，夏花鱼种的放养结构与青虾产量有密切关系，一般青虾不能与青鱼、鲤混养，以培育银鲫鱼种为主的塘为好，其次为培育鳙、鲢鱼种为主的塘，最后是以培育草鱼、鲂鱼种为主的塘。

2. 青虾种苗

春季养虾的虾种选择：规格 2.5～3 厘米，体质健壮，活力强、无病、无伤，附肢齐全。12 月至翌年 2 月放养。池塘清整进水后即可放养。放养量视计划产量而定，一般每 667 米² 产 30 千克以内，放虾种 8～10 千克；每 667 米² 产 50 千克以上，放虾种 15～20 千克。秋季养虾有两种放养方法：①利用本塘自产的虾苗，不另行放养，只增放夏花鱼种；②将塘中青虾全部出池，药塘后重新放养虾苗和夏花鱼种，虾苗每 667 米² 放养量为 1 万～3 万尾，规格为 1.2～1.5 厘米，放养 1 周后再放夏花鱼种。虾苗要求规格一致、体质健壮、无病无伤、肢体完整、体表干净无附着物。投放时间选择阴雨天或晴天的早晨或傍晚，放养应坚持带水操作，动作轻快，避免虾苗受伤。

（五）主要放养模式

1. 以培育银鲫为主的鱼种池混养青虾模式

每 667 米² 放养夏花鱼种分别为：银鲫 4 000 尾、鲢 1 200 尾、鳙 300 尾，每 667 米² 放养幼虾 2 万～3 万尾。每 667 米² 可产青虾

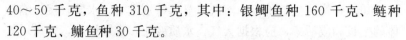

40～50 千克，鱼种 310 千克，其中：银鲫鱼种 160 千克、鲢种 120 千克、鳙鱼种 30 千克。

2. 以鲢、鳙种为主的鱼种池混养青虾模式

每 667 米² 放养夏花鱼种分别为：鲢 10 000 尾、鳙 1 500 尾，幼虾 1.5 万～2 万尾。每 667 米² 可产青虾 35 千克，鱼种 410 千克，其中：鲢鱼种 300 千克、鳙鱼种 90 千克。

3. 以草鱼、团头鲂为主的鱼种池混养青虾模式

每 667 米² 放养夏花鱼种分别为：草鱼 3 000 尾、团头鲂 1 000 尾、银鲫 500 尾，幼虾 1 万～1.5 万尾。每 667 米² 可产青虾 25 千克，鱼种 280 千克，其中：草鱼鱼种 200 千克、团头鲂鱼种 60 千克、银鲫鱼种 20 千克。

（六）饲养管理

1. 饲料投喂

上半年因池塘中主要为青虾养殖，饲料投喂同春季虾养殖。对下半年鱼种池混养青虾，每 667 米² 产青虾 30 千克的塘口，一般不单独投喂，鱼种池的残饵足够青虾摄食。但在 9 月青虾摄食高峰时，应在晚间增投一次青虾颗粒饲料、动物性饲料如轧碎螺蛳等浅滩投喂（要求先投足鱼饲料，再投青虾专用配合饲料）。每 667 米² 产青虾 30 千克以上的塘口，要在池塘四周浅水滩角处设置青虾食台，每天 17：00—18：00 投喂青虾配合饲料（蛋白质含量在 30% 以上），以促进青虾生长。在饲料投喂方法上，实行定时、定位、定质、定量和看天气、看水质、看鱼虾活动吃食情况，适时增减投饲量，确保鱼、虾都能够吃饱、吃匀、吃好，促进其快速生长。

鱼虾混养的池塘投饲时，应先投喂草食性鱼类的饲料，隔 1 小时再投喂青虾饲料，螺、蚬需轧碎后投喂，饲料投放于池边浅水区。开始 1 个月，仔虾还很小，游泳能力差，宜将饲料全池泼洒，以后逐渐集中投于池滩。

2. 水质管理

① 鱼虾混养池对水体溶解氧的要求高于一般鱼池，特别在 7

月下旬幼虾快速生长阶段，溶解氧显得特别重要。水质直接影响幼体的生长和成活率，应根据天气、水质变化，定期换水，开启增氧设施，确保水质肥、活、嫩、爽，溶解氧丰富。青虾不耐浮头，一旦缺氧就会造成死亡。因此要密切注意水质变化，经常打"太平水"，每周换水一次，换水量为全池的 1/5，高温季节，隔天换水一次，保持水体溶解氧充足。一旦发现浮头，就要及时抢救，必要时投放化学增氧剂。②根据水质情况，每隔 15～20 天施加追肥，一般以施无机肥过磷酸钙、尿素为主，每 667 米^2 为 2～4 千克。水质较肥的可减少施肥次数。水体透明度应保持在 30～35 厘米，高温季节透明度可提高到 40 厘米，水色为淡绿色，使水质既肥又爽。③要控制水草面积在 20％～25％，水草过多或腐烂变质时要及时将其清除，以防影响水质，不足时要适当补充。④每隔 15 天泼洒生石灰一次（或施磷酸二氢钙 2～3 千克），用于调节水质，增加水中钙的含量，利于青虾的蜕壳生长，生石灰用量为每 667 米^2 10～15 千克，保持池水中性偏碱。

3. 日常管理

坚持早晚巡塘检查，及时掌握了解鱼虾活动、吃食和水质变化情况，及时改进饲养管理措施，并做好生产日志记录工作。在换水时要注意外河水源是否受到农药污染，避免不必要的损失。

（七）病害防治

鱼种池混养青虾，鱼种发病的概率相对多些，因此应以鱼种为主，主要是采取生物制剂调控水质，平时注重以预防为主，发现鱼、虾病发生时，应对症用药，尽早治疗。特别提醒的是在治疗鱼种寄生虫疾病时，应使用鱼虾混养塘专用杀虫药，不得使用对青虾有影响的药物。

（八）适时捕捞

5—6 月及 9 月采用地笼或抄网捕捞春季及秋季青虾，捕大留小，均衡上市。当水温降至 10 ℃左右时及时拉网捕捞做好成虾上市鱼种并塘越冬工作。

七、秋季暂养模式

秋季可收购体长 4 厘米左右的中等规格青虾，在暂养池内经 3～4 个月的强化培育，于元旦、春节时起捕上市，青虾体重可增重 1 倍以上，售价要提高 3～5 倍，每 667 米^2 效益可达 3 000 元以上。这是一项投资少、见效快、效益高的养殖新方法，而且避开了秋繁高峰阶段，管理上更方便。

（一）暂养池的选择和准备

青虾暂养池要求紧靠水源，排灌方便，水质清新无污染，交通便利。暂养池面积以 2 000～3 000 米^2 为宜，东西向，长方形，坡比为 1：（2.5～3），池深 1.5～2 米，水深可保持在 1.2～1.5 米，池底平坦，淤泥层不超过 15 厘米。池底开浅水沟，并在出水口外挖一个长 5 米、宽 3 米、深 0.5 米的集虾坑。

青虾暂养前主要做好三项准备工作：①晒塘。池塘于 8 月彻底干池，曝晒 1 周左右，晒至池底开裂为好。②清塘。不论老池、新池都要在放养青虾前 10 天进水 30 厘米左右，每 667 米^2 用生石灰 50～70 千克化水全池泼洒。③移植水草或设置虾巢。在虾池四周浅水区移植水花生、空心菜等水生植物，并用木桩和绳子固定成带状，池中央栽种轮叶黑藻等沉水植物，水草覆盖率占总水面的 1/5～1/4。也可设置虾巢，方法有多种：①用旧的稀眼网片压在池塘中间成多层式虾巢；②用茶树枝扎成捆，沿池塘四周摆放；③柳树根扎成把沿池四周吊在水面下 40 厘米左右。此外，还需配备增氧设备和水泵。

放养前 7～10 天，池塘加水至 80 厘米深，进水需用 60 目以上筛绢进行过滤。进水后施基肥，可采取泼洒经去渣的腐熟的畜禽粪便肥液的方式，用量按每 667 米^2 300～400 千克。因放养时正值高温季节，因此放养前先"试水"，避免因温差过大引起死亡，如温差过大，应经过缓苗处理后再放养。

（二）暂养时间和虾种选择

青虾暂养的时间宜选择在 9 月中、下旬，此时暂养可确保中虾有约 2 个月的生长期，还可避开 8—9 月秋繁高峰期，避免了池中青虾大小混杂、密度过大、商品率低的问题。暂养的青虾应选择体长在 4 厘米左右、四肢完整、无病无伤、活力强、未抱卵的青虾。虾种来源应有质量保障。放养前注意剔除软壳虾。一般每 667 米^{2}水面可投放虾种 60～100 千克。

（三）饲料投喂

青虾一年内有两个摄食高峰期：①4—6 月；②8—11 月。秋季暂养正值青虾第二个生长旺期，应选用优质饲料加强投喂。投喂时以青虾全价颗粒饲料为主，动物性饲料（如螺蛳、河蚌、黄蚬、小杂鱼等）为辅。颗粒饲料粒径 2～4 毫米，粗蛋白质含量 35%～40%；动物性饲料要搅碎后投喂。每天 08:00—09:00 和18:00—19:00 各投喂一次，上午投喂全天量的 1/3，下午投喂全天量的 2/3。日投饲量一般按虾体总重的 3%～5%（指干料，鲜料则为 10%～15%），具体视天气、水质、水温及青虾的摄食情况灵活掌握。投喂时要将饲料均匀投喂在池边浅滩处、水草带中，或均匀投喂在虾巢上，以便池中所有的青虾都能吃饱吃好。上午以动物性饲料为主，下午以颗粒饲料为主。

（四）水质管理

日常管理要适时注、排水。幼虾入池后，视水质状况逐渐加水至 1.2 米左右，之后一般每隔 15～20 天换注一次新水，先排后进，每次进排水 20 厘米左右。为进一步控制秋繁，放养后至 10 月上旬，可调节透明度至 40 厘米以上，待秋繁期过去，再适当施肥，使透明度保持在 30 厘米左右。同时根据气温、季节调节水位，9～10 月水深 1～1.2 米，入冬后水位要保持在 1.5 米左右，以保温越冬。

预防浮头。由于青虾不耐低氧，水中溶氧量 1.12 毫克/升即可导致死亡，因此必须坚持早晚巡塘，适时开启增氧机，做到晴天中午开、阴天清晨开、连绵阴雨天半夜开。如发现浮头迹象，必须注水、增氧双管齐下，必要时泼洒化学增氧剂急救。秋天傍晚下雷阵雨，容易发生严重浮头，应提前加以预防。

（五）病害防治

青虾暂养期间，温度高，密度大，投饲量大，水质变化快，易导致疾病发生。预防的措施主要有：定期（15～20 天）全池泼洒生石灰一次，用量按每 667 米^{2}15～20 千克，以杀菌补钙，调节 pH 和水质；利用光合细菌、芽孢杆菌等微生物制剂调节水质，用水产专用肥培肥水质，少用或不用有机肥和化肥，使水质保持"肥、活、嫩、爽"；适当使用底改药物，增强池底对氨、亚硝酸盐物质的转化。每隔 20 天左右全池泼洒一次土霉素，用量按 1～2 克/米^3；或全池泼洒季膦盐碘、富碘等消毒药物，以预防青虾黑鳃病和红体病的发生。

同时也应注意清除敌害生物。青虾的敌害生物主要是野杂鱼和水老鼠。野杂鱼可用鱼类专杀药物予以杀灭；水老鼠喜吃青虾，对青虾危害极大，应采取各种措施捕鼠灭害。

（六）成虾起捕

起捕时间主要根据市场价格来定，一般要在 11 月中旬以后，此时水温已降至 10 ℃以下，青虾大多蛰伏池底，活动明显减弱。起捕时可先用抄网在草丛或虾巢中抄捕，然后降低水位至 0.5 米左右，取出水生植物和人工虾巢，再用虾拖（拉）网捕捞几次，将大部分虾捕起。最后把水排干，虾便沿出水沟向集虾坑游去，再进行抄捕。

八、稻田养殖青虾

稻田养虾是以种稻为主、养虾为辅、种养结合的青虾养殖类型，可充分利用稻田水、肥、饵等条件，通过适当的田间工程，以适应青虾养殖的基础条件，从而达到稻谷丰收、增产青虾、稻虾共生、种养互利的生态效果，大大提高稻田经济效益。

稻田养殖青虾可充分利用稻田的杂草、底栖生物、水生昆虫、浮游生物、寄生虫等天然饵料生物，有利于减少水稻的病虫害。青虾养殖中的废弃物、粪便也是很好的肥料，可促进水稻的生长，提高水稻产量。

稻田水浅、遮光、溶氧量高、水质好、动物性饲料丰富，为青虾提供了良好的栖息生活环境。

稻田养殖具有投资少、成本低、见效快、收益高、风险小等特点，是一项高效农副业生产，有着广阔的发展前景。

（一）田块选择

养虾的稻田要求靠近水源，进排水方便、水质好、无污染。土质保水性能好，不渗漏，水位稳定。田块的面积没有严格要求，可根据承包土地面积和相互组合情况而定，一般以每单元 0.67～1.33 公顷为宜。

（二）田间工程

青虾养殖的田间工程较为简单，四周不像养蟹要设防逃设施。仅沿田块四周加高加固田埂，沿埂内侧 2 米左右开挖环沟（彩图 50）即可。沟宽 5～6 米，深 1～1.3 米。田块一头的横沟加宽到 8～10 米，深 1.5 米，可作青虾暂养池用。

根据田块的大小，沿田间横向开挖等距离 2～4 条，纵向 1 条，宽、深 0.5～0.6 米的小沟。田块的进出水口最好建成闸门式，并设有防逃网等过滤设施。沟占稻田总面积的 20% 左右，环沟的坡度稍大一点，以利虾的栖息。

对于新开稻田，应在开挖后进水浸泡，多次换水，然后按每 667 米²75 千克的生石灰进行消毒处理（生石灰在酸性情况下还有降解重金属的功效），防止因稻田过去种植中曾使用农药产生农药残留，放养前最好再使用一次解毒药。

（三）苗种放养

养殖青虾的田块，栽植的水稻应选择耐肥力强、抗倒伏、抗病率强的高产单季稻品种，采用免耕直播法或抛秧法，尽量避免造成田内坑窝，秧苗栽种 1 周后即可进行虾苗的放养。

虾苗放养前环沟用生石灰清沟消毒，方法同池塘养虾；并在环沟内移植水草，水草覆盖面 1/3～1/2。

7 月每 667 米² 放 1.5～2 厘米的虾苗 1.5 万～2 万尾。因虾的活动能力弱，虾苗的放养应做到多点投放，均匀分布。为了充分利用水面，可放养少量的鳙、鲢夏花，培育大规格鱼种。

也可于 5 月下旬至 6 月初在暂养池内放养 5 厘米以上规格的抱卵虾。按稻田面积每 667 米²200～250 克计算，直接培育虾苗养殖。

（四）喂养管理

虾苗放养后开始喂养，将糠麸等植物性粉状料与动物性碎粉料混合加水调成糊状，沿沟滩多点投喂，以后逐渐增加混合料的粒径或使用配合饲料投喂。每天 2 次，8:00 投喂全天料的 1/3，18:00投喂 2/3。日投量为虾总体重的 5%～7%，并根据吃食情况调整，随着虾的生长投饲量逐步增加。

水质管理上要做到 3～5 天定期冲注新水或适量换水，保持水质清新。特别是高温季节要勤换水，换水量 1/4～1/3，透明度保持在 35～40 厘米，溶氧量保持在 5 毫克/升左右，并保持相对稳定的水位。

虾苗放养初期水深 0.6～0.8 米，逐步增加到 1～1.2 米。8—9 月水深满过田面，待水稻收割时逐步降水，把虾引入沟中。

稻田应尽量少用药物。即使使用也应选择高效低毒类农药，并注意使用方法，小心谨慎，尽量避免对青虾造成危害。

同时要做好清除青蛙、田鼠、水蛇等吞食青虾的敌害工作，特别要注意不得使鸭进入稻田水沟，否则将造成严重损失。

（五）青虾捕捞

稻田环沟是青虾养殖的主要栖息场所。青虾的留养与水稻的收割并不矛盾，所以青虾的起捕可适当延迟。

捕捞方法同池塘养殖，平时用小型捕虾工具，捕大养小，干塘前尽量用虾拖网捕捞出水，以减少干塘造成的损失。

干塘捕捞的商品虾可直接销售，也可在暂养池暂养，小规格虾种可留沟越冬，加强管理，继续进行春季虾养殖，到 5—6 月全部起捕上市。

稻田养虾的产量与虾苗的质量、成活率、捕捞方法等方面都有一定的关系，一般情况下，每 667 米^2 产量可达 25～30 千克。

在捕捞稻田养殖的青虾时，应先让田间沟的虾慢慢随水进入深沟中，水流下降不宜太快。

九、网箱养殖青虾

网箱养殖青虾，是将网箱设置在水流平缓、水位比较稳定、水质清新、无污染、pH7.5 以上、溶氧量 5 毫克/升以上、避风向阳、风浪小、水深 2 米以上、环境僻静的河道、库湾、湖汊等水域中，箱内放置一定的水草，放入青虾苗种，通过人工喂养管理生产商品虾的一种青虾养殖类型。

网箱养殖由于水质、溶解氧条件好，青虾饲养过程中的剩饲残渣、粪便都能及时漏出箱外，因此生长环境较好。加之网箱养殖管理方便，易于捕捞，养殖密度大大提高，可实行精养细喂，投饲均匀充足，青虾吃食量大、生长速度快、产量高。在条件具备的地方，可有计划地发展推广青虾网箱养殖。

（一）网箱规格

网箱一般有 30 米^2 和 60 米^2 两种规格。箱高 1.3 米，水下0.9 米、水上 0.4 米，过高则抗风能力差。

箱布要求使用结实耐用质量好的聚乙烯网布缝制而成。网目以

24 目为好，过密则污物容易附着，影响水体交换；过稀则苗种规格要求较大，而且小杂鱼等有害生物易于进入箱内。

水上部分为防逃网，必须用密的网布，网目 196 目，过稀则青虾容易攀缘逃跑。

（二）网箱设置

固定网箱的桩要牢固结实，箱体上下左右要绷紧扎牢。水位稍有涨落的水域，应考虑有网箱随水位上下浮动的装置。

网箱的排列可 5 只箱左右一排，箱距 5 米左右，行距 6 米左右。箱位交叉排列，箱底与底泥保持 0.5 米以上的距离。

（三）苗种放养与喂养管理

3 月底放养结束，虾种规格 2.5～3 厘米，每平方米放养100 只左右，到 6 月底至 7 月初起捕结束。

第二茬虾 7 月放养经强化培育，规格达到 2.5 厘米以上的虾苗，放养密度 150～180 尾/米^2。同一网箱放养规格应基本一致，一次放足，虾苗质量要好。

箱内水草可用水葫芦、水花生、小浮萍、轮叶黑藻等品种。水草占箱体面积的 1/2 左右，水草的设置要稀疏均匀。也可配挂一些 9 目的网片。

网箱养殖使用的饲料与投喂方法基本同池塘养殖，但在网箱内要设置用密网布制作的浅箱式食台，数量可视网箱大小而定。将饲料投放在食台上喂养。投喂后应观察检查青虾的吃食情况，进行投饲量的调整。

在管理上要做到勤检查。检查箱体是否破损、吃食生长情况是否正常、箱体要否洗刷、水草是否贴于箱体网片上等，以保持良好的养殖环境。注意及时清除箱内烂草及杂鱼等敌害生物。

汛期、台风季节必须加固网箱，清除箱外杂草污物，以防造成损失。网箱两茬虾养殖，可产虾约 350 克/米^2，每 667 米^2 产量 200～250 千克。

第五章　青虾养殖实例分析

第一节　青虾双季主养

一、"太湖1号"青虾双季主养

（一）养殖户基本信息

沈秋华，昆山市锦溪镇顾家浜村养殖户，2012 年养殖青虾三只池塘，面积 2.46 公顷，分别为 1.43、0.7 和 0.33 公顷，实现池塘每 667 米² 平均产 150 千克左右，每 667 米² 平均经济效益 4 500 元左右。

（二）放养与收获情况

"太湖1号"青虾双季主养模式放养与收获情况见表 5-1。

表 5-1　"太湖1号"青虾双季主养模式放养与收获情况

养殖品种	放养			收获		
	时间	规格（尾/千克）	每 667 米²放养量	时间（月）	规格（尾/千克）	每 667 米²产量（千克）
青虾春季	2012 年 2 月 15 日	800~1 200	20 千克	5—7	300	58.5
青虾秋季	2012 年 7 月 29 日	6 000	9 万尾	12	300 >300	66.8 25.5

（三）效益分析

"太湖1号"青虾双季主养模式效益分析见表 5-2。

表 5 - 2　"太湖 1 号"青虾双季主养模式效益分析

项 目		数量	单价	总价（元）
成本	1. 池塘承包费		2.47 公顷	每 667 米² 价格 550 元	20 350
	2. 苗种费	春虾种	740 千克	40 元	29 600
		秋虾苗	555 千克	40.3 元	22 385
		小计	1 295 千克	40.14 元	51 985
	3. 饲料费			—	45 695
	4. 渔药费			—	7 400
	5. 其他	肥料	1 313.5 千克	3 元	3 940.5
		水草		—	1 609.5
		水电		—	4 440
		人工		—	3 700
		小计			13 690
	6. 总成本		2.47 公顷	每 667 米² 成本 3 760 元	139 120
产值	单项产值	春季商品虾	2 164.5 千克	48 元	103 896
		秋季商品虾	2 471.6 千克	70 元	173 012
		秋季虾种	825.6 千克	35 元	28 897
		其他收入		—	
	总产值		2.47 公顷	每 667 米² 产值 8 265 元	305 805
	利润		2.47 公顷	每 667 米² 利润 4 505 元	166 685

（四）关键技术

1. 良好的池塘养殖条件

（1）**养殖池塘** 养殖池塘面积 0.33～1.43 公顷，池深 1.5 米，养殖水深 1.3 米；黏壤土池埂坚固不漏水，池埂坡度 1：1.5，池底淤泥 20 厘米。

（2）**养殖环境** 注排水系、交通和电力配套方便；水源充沛、水质清新，无工业、生活和畜禽养殖污染。

（3）**培育水质** 放养前一周回水 50 厘米，用 60 目纱绢袋过滤进水，随即施放肥料，春季每 667 米^2 用生态宝 3.5 千克和磷肥 10 千克；秋季每 667 米^2 用生物肥 12 千克和磷肥 10 千克，培育水质和天然饵料，使苗种下塘时有较好的肥水及适口饵料。

（4）**水质管理** 春季 3—4 月每半个月加水一次，每次 10～20 厘米；5—6 月每周加水一次，每次 10～15 厘米，逐步加水至水深 1 米。秋季 8 月中旬至 9 月上旬每 10 天加水一次，每次 10 厘米；9 月中旬至 10 月中旬每周加水一次，每次 10 厘米。水深过高则排放部分，透明度前后期 35～40 厘米、中期 25～30 厘米。

2. 苗种选优与放养

（1）**种质调优** 对种质种源进行提纯复壮，引进"太湖 1 号"青虾，有效解决长年池塘自繁苗种质退化问题，这是池塘养殖青虾高产高效的重要措施之一，以保证良好的苗种基础。

（2）**优质苗种放养** ①放养优质苗种，要求规格整齐、体色一致、附肢齐全、游泳活泼、行动敏捷；②放养大规格苗，春虾种 800～1 200 尾/千克，秋虾苗 6 000 尾/千克。

（3）**放养时间与密度** ①放养时间，春虾放养时间在 2 月 15 日，秋虾为 7 月 29 日。多年的经验表明，超过 8 月 10 日放养对养殖影响较大。②放养密度，春虾种平均每 667 米^2 放养 20 千克左右；秋虾苗平均每 667 米^2 放养 9 万尾。

3. 合理密植种好水草

（1）**种好水草** 品种以伊乐藻为主，搭配苲草，是养殖青虾较好的品种。

（2）**种植覆盖面积**　初种覆盖面积为池塘的 50%，养殖过程水草覆盖率以 35%～40% 为宜，不宜超过 40%，过多过少都会影响养殖产量。

（3）**水草的养护**　若水草覆盖率低，则通过泼洒生物制剂每 667 米²0.5 千克来促进水草生长，使高温季节水草不腐烂；若水草的覆盖率过高，则人工刈割进行调节与控制，割除过多部分的水草，捞除烂草与漂浮水草。

4. 投喂优质饲料

（1）**饲料品种**　采用南美白对虾的 1 号、2 号、3 号料及自配料，粗蛋白质含量 2 号料 42%、3 号料 36%、自配料 28%。春季整个养殖期以 3 号料为主，秋季虾苗放养后 10 天内投喂 1 号料，10 天至 1 个月用 2 号料，1 个月后用 3 号料，10 月下旬开始投喂自配料。

（2）**投饲方法**　春季每天投喂一次，在 16:00 投；秋季每天投喂二次，分别在 8:00—9:00、16:00—17:00。四周滩脚投洒，坚持四看（看季节、看天气、看水色、看吃食）和四定（定时、定位、定质、定量）的投饲方法。

（3）**投喂数量**　春季 4 月开始投食，每 667 米² 投 0.2 千克，4 月中旬至 5 月中旬每 667 米² 投 0.5～1 千克，5 月中旬至 6 月底每 667 米² 投 1.5 千克左右，秋季 8 月中下旬每 667 米² 投 0.5～1 千克，9 月 1.5～3 千克，10 月至 11 月上旬 0.5～1.5 千克。一般掌握 3 小时吃完为好，根据吃完情况调整投喂量，下午投喂日投量的 70%。

5. 使用增氧设备与生物制剂

（1）**配置增氧设备**　2.47 公顷池塘配备 4 千瓦叶轮式或水车式增氧机一台。

（2）**掌握开机时间**　5 月开始晴天中午每天开机 2 小时，闷热天开机 3 小时，凡缺氧天气的下半夜开机到天亮；秋季放苗 10 天后，平时晴天每天开机 2 小时，缺氧天气下半夜开机，确保水中溶解氧满足青虾生长。

（3）**使用生物制剂** 8 月下旬至 10 月中旬使用生物制剂及底质改良剂，每 10～15 天使用一次，底质改良剂用量每 667 米^{2}3～4 千克；5 月下旬至 6 月下旬视水草与水质情况每 15 天使用一次。进行生物防病，水质调控，护养水草。

（本案例由苏州市水产技术推广站 顾建华、昆山市水产技术推广站 周惠钟提供）

二、青虾一年二茬高效养殖模式

（一）养殖户基本信息

杨菊如，在社渚从事青虾养殖，通过自己十多年的养殖，养殖技术不断提高，6.4 公顷小虾塘产出较高的效益，带动了一大批社渚本地人开始养殖青虾，成为社渚镇远近闻名的青虾养殖带头人。他总结形成了一整套养殖技术，通过网箱培育虾苗、科学控制饲料投喂、水质调控、虾网捕捞等措施，达到了产量、质量、效益"三丰收"。

池塘面积为 0.53 公顷/口，池深 1.5 米，池塘坡比 1:（2.5～3），池底平坦，淤泥保持 15 厘米左右，设置独立的进排水系统。每 667 米^2 放置盘式气头 3 个，配套功率每 667 米^{2}0.2 千瓦。为防止野杂鱼等敌害生物进入池塘，在进水口采取了外层用密网包紧、出水口套上 120 目的尼龙网、排水口也套上密网的方法。

（二）放养与收获情况

苗种来源于自己配套繁育的"太湖 1 号"青虾 F$_2$ 代苗种。春节过后，每 667 米^2 放 1 600 尾/千克的"太湖 1 号"过季虾 10 千克；6 月底至 7 月 10 日，每 667 米^2 放"太湖 1 号"青虾 F$_2$ 代苗种每 667 米^{2}8 万～12 万尾，苗种规格为 7 000～8 000 尾/千克。苗种要求规格整齐、色泽鲜艳、体表光滑无伤、体质健壮，单只池塘一次放足。放养与收获情况见表 5－3。

表 5 - 3 青虾一年二茬高效养殖模式放养与收获情况

养殖品种	放 养			收 获		
	时间	规格 （尾/千克）	每 667 米² 放养量	时间	规格 （尾/千克）	每 667 米² 产量（千克）
青虾春季	2012 年 2 月	1 600	10 千克	2012 年 5—7 月	160～200	27.2
青虾秋季	2012 年 6—7 月	7 000～8 000	8 万～ 12 万尾	2012 年 10—12 月	160～200 1 600	74.6 45.9

（三）效益分析

青虾一年二茬高效养殖模式效益分析见表 5 - 4。

表 5 - 4 青虾一年二茬高效养殖模式效益分析

项 目		数量	单价	总价（元）
1. 池塘承包费		6.4 公顷	每 667 米² 价格 400 元	38 400
2. 苗种费	春虾种	960 千克	50 元	48 000
	秋虾苗	1 200 千克	40 元	48 000
	小计	—		96 000
3. 饲料费	配合饲料	43 200 千克	2 元	86 400
	小计			86 400
4. 渔药费	消毒剂			7 680
	微生态制剂			14 400
	杀虫杀菌剂			6 720
	生石灰			14 688
	小计			43 488

成本（纵排标注于左侧）

（续）

项　　目		数量	单价	总价（元）
成本	5. 其他　肥料	—	—	9 600
	水草	—	—	9 600
	电费	—	—	14 400
	人工	—	—	24 000
	小计	—	—	57 600
	6. 总成本	6.4 公顷	每 667 米²成本 3 353 元	321 888
产值	单项产值　春季商品虾	2 611.2 千克	80 元	208 896
	秋季商品虾	7 165.1 千克	80 元	573 199
	秋季虾种	4 402.9 千克	50 元	220 145
	总产值	6.4 公顷	每 667 米²产值 10 440 元	1 002 240
	利润	6.4 公顷	每 667 米²利润 7 087 元	680 352

（四）关键技术

1. 养殖技术要点

（1）**清塘消毒**　1 月初，青虾起捕出售后，开始干塘、曝晒，平整池底，投放苗种前 15～20 天，进水 20 厘米，每 667 米² 使用 200 千克的生石灰化浆全池泼洒，并在第二天用钉耙翻动底泥，尽量使底泥与生石灰混匀，彻底杀灭寄生虫、病原及野杂鱼。

（2）**栽种水草**　消毒 7～10 天后，扦插栽种轮叶黑藻，栽种丛距横 4 米、竖 4 米，每 667 米² 栽种轮叶黑藻 50 千克，并在池边四周留出空地以便虾体活动摄食。池塘水位随水草的生长进行调节，前期水草面积占池塘面积的 30%，中后期占 50%～60%。高温时节，水草快速生长时要人工割除多余水草。同时，根据水草生长情况定期使用氨基酸护草肽全池泼洒一次，促进水草根部生长、叶片粗壮，防止茎叶腐烂，破坏水质。

（3）**培肥水质** 投放苗种前 7 天，加水 50～60 厘米，每667 米^{2}使用 2 千克肥水宝和 1 千克氨基酸培藻素等微生物制剂混匀全池泼洒，培育饵料生物。

（4）**科学投喂** 饲料选用新鲜、适口、无腐败变质、无污染的优质配合颗粒饲料（粗蛋白质含量 34％～42％），投喂原则为两头精、中间粗。虾苗入池后的 1 周，使用粗蛋白质含量 40％～42％的微颗粒饲料投喂；待虾苗体长达到 2.5 厘米以后改用粗蛋白质含量 34％～36％的颗粒饲料投喂；10 月改用粗蛋白质含量 36％～38％的颗粒饲料。

投喂方法：日投喂 2 次，上午为日投量 1/3，下午为 2/3，投喂时间为每天 07：00—08：00 和 17：00—18：00。并根据天气、水色、虾体生长、摄食情况调节，前期虾苗阶段日投饲量每 667 米^2 0.5 千克，逐步增加到高温时节虾快速生长期的每 667 米^2 3 千克，10 月以后水温逐步下降，投饲量逐步减少，投饲量以投喂的饲料在 2 小时之内吃完为宜。

（5）**调控水质** 在养殖过程中，根据水质肥瘦情况适时加施追肥或换注新水。水质过瘦时，施用微生物肥水剂和氨基酸培藻素进行肥水；水质过浓时，及时换注 1/4～1/3 的新水。养殖前期池水透明度控制在 25～30 厘米，中、后期为 30～40 厘米。根据水色定期使用有益微生物菌剂、生物底改剂改善水体环境，一般每 15 天调水一次，溶氧量保持在 5 毫克/升以上，pH7.5～8.5。

（6）**适时增氧** 一般每天开启增氧机 2 次，开启时间为 23：00至翌日 08：00、12：00—14：00。闷热天气增加开启时间，为 18：00至翌日 08：00。高温期间，中午开启增氧机 2～3 小时。

（7）**病害防治** 坚持以预防为主，定期使用二氧化氯、复合碘消毒剂全池泼洒，高温时节每 15 天使用一次。

（8）**日常管理** 加强巡塘，每天清晨及傍晚各巡塘一次，观察水色变化、虾活动情况、蜕壳数量、摄食情况；检查塘基有无渗漏，防逃设施是否完好；严防缺氧。

（9）**捕捞收获**　根据市场行情，及时起捕商品虾上市，夏季使用地笼捕捞，冬季使用虾网捕捞。捕捞时避开蜕壳高峰期，减少软壳虾的损失。

2. 关键技术

（1）**网箱繁苗，培育同规格苗种技术**　优质、同规格的苗种是决定养殖成功、获得较高效益的关键因素之一。经过多年的养殖经验积累，杨菊如创造出网箱繁苗，培育同规格苗种技术措施。使用经池水浸泡过的网眼规格为 0.3～0.5 厘米的网片制作成 20 米² 的网箱，高度 1 米，网箱内布置 8 米² 的水花生。放入 20 千克受精卵处于成熟期的抱卵虾，并放入 2 千克的雄虾，亲虾入网箱的第一天，网箱内放置充气头充氧，其后撤出充气头。3～5 天后，待虾苗脱离雌虾，将网箱抬离育苗池。前期根据受精卵发育情况，使用生物有机肥肥水，保证虾苗有合适的开口饵料，经培育获得规格整齐的苗种。

（2）**虾网捕捞**　冬季商品虾捕捞一直是青虾养殖过程中较难解决的环节，杨菊如通过采用虾网捕捞的方式，不仅解决了冬季青虾难进地笼的问题，也保证了商品虾全部出池，提高了产量和青虾的品质。青虾起捕前半个月，使用灭草制剂杀灭水草，青虾停料 3 天后，使用网眼规格为 1.7 厘米的拖虾网捕获商品虾，起捕虾苗则使用网眼规格为 1.3 厘米的虾网。

（3）**冬季肥水、抬水位，确保商品虾成活率**　以前的养殖经验表明，冬季"太湖 1 号"大规格商品虾有损伤的现象，但杨菊如经多年实践发现，冬季将池塘水位提高至 1.3 米以上，并适度肥水，使透明度保持在 30 厘米，可以减少虾体损失，保证商品虾成活率。

（本案例由溧阳市水产技术推广站　陈罗明提供）

三、青虾池塘"三高"养殖模式

（一）养殖户基本信息

顾青松，金坛市直溪镇汀湘村青虾养殖户，从事青虾养殖已有十余年，养殖面积 3.33 公顷，前几年青虾养殖无论产量还是产值都是徘徊不前，每 667 米² 产效益总是在 1 000 元左右。2011 年，他参加水产部门组织召开青虾养殖技术培训班、青虾池塘微孔增氧新技术培训班，学习青虾生态高效养殖技术，并在市、镇水产部门的指导下引入"太湖 1 号"，通过亲本培育、虾苗自繁和高效养殖，达到了产量、规格和效益三方面提高。

养殖池塘面积 0.4～1 公顷，池深 1.4～1.6 米，养殖水深1.1～1.3 米；池埂坚固不漏水，池埂坡度 1：(2.5～3)，池底淤泥15 厘米左右。注排水系、交通和电力配套方便；水源充沛、水质清新，无工业、生活和畜禽养殖污染。池塘安装增氧设施，确保池水溶解氧充足，有利于池塘水体有机物质分解，加速氨氮、硫化氢、亚硝酸盐等有毒有害物质的降解，增加水体垂直对流，结合种植水草，提高水体的自净能力，减少换水或不换水，节约养殖用水。

(二) 放养与收获情况

青虾苗种来源于自繁"太湖 1 号"青虾，夏季放养在 7 月底进行，一般每 667 米² 放自繁"太湖 1 号"青虾体长 2.5 厘米左右的虾苗 5 万～6 万尾，还可以放少量鳙、鲢夏花每 667 米² 各 600 尾。春季放虾种在 2—3 月，每 667 米² 放 15～20 千克（规格 3～3.5 厘米）。虾苗放养时，应坚持带水操作，动作要轻快，选择在晴天清晨水温低的时候放养，有利于提高虾苗的成活率。放养与收获情况见表 5 - 5。

表 5 - 5 青虾池塘"三高"养殖模式放养与收获情况

养殖品种	放养			收获		
	时间	规格（尾/千克）	每 667 米² 放养量	时间	规格（尾/千克）	每 667 米² 产量（千克）
青虾秋季	2011 年 7 月	7 000～8 000	5 万～6 万尾	2011 年 10—12 月	1 600	42
					160～200	85
青虾春季	2012 年 2—3 月	1 600	15～20 千克	2012 年 5—7 月	160～200	28

（三）效益分析

青虾池塘"三高"养殖模式效益分析见表5-6。

表5-6　青虾池塘"三高"养殖模式效益分析

项目		数量	单价	总价（元）
成本	1. 池塘承包费	3.33公顷	每667米² 价格300元	15 000
	2. 苗种费　春虾种	900千克	50元	40 000
	秋虾苗	375千克	40元	15 000
	小计	—	—	55 000
	3. 饲料费　配合饲料	8 500千克	2元	17 000
	小计	—	—	17 000
	4. 渔药费　消毒剂	—	—	6 000
	微生态制剂	—	—	7 500
	杀虫杀菌剂	—	—	4 000
	生石灰	—	—	4 000
	小计	—	—	21 500
	5. 其他　　肥料	—	—	4 000
	水草	—	—	4 000
	电费	—	—	5 000
	人工	—	—	10 000
	小计	—	—	23 000
	6. 总成本	3.33公顷	每667米² 成本2 630元	131 500

（续）

项　　目		数量	单价	总价（元）
产值	单项产值 春季商品虾	1 400 千克	48 元	67 200
	秋季商品虾	4 250 千克	48 元	204 000
	秋季虾种	2 100 千克	31.3 元	65 800
	总产值	3.33 公顷	每 667 米² 产值 6 740 元	337 000
利润		3.33 公顷	每 667 米² 利润 6 740 元	205 500

（四）关键技术

1. 清塘消毒

6 月底春虾捕完后，将池塘水排干，清除过多淤泥，加固池埂，池塘曝晒 7～10 天。用生石灰每 667 米² 100～150 千克或漂白粉每 667 米² 5～8 千克，全池泼洒消毒，然后进水培肥。

2. 培育水质

虾苗放养前一周池塘上水 60 厘米，用 60 目纱绢袋过滤进水，随即施放肥料，每 667 米² 用生物有机肥 12 千克（根据不同的肥料特性，调整用量），培肥水质，使虾苗下塘时有适口生物饵料。

3. 水质调控

前期以肥水为主，水深在 60 厘米左右，之后水位慢慢加高直至 1.0～1.2 米。视水质肥瘦情况适时加施追肥或加注新水，养殖前期池水透明度控制在 25～30 厘米，中、后期透明度控制在 30～40 厘米。平时多用微生物制剂调水，也可以养护水草，保持水质的清爽；高温时多开增氧机，让青虾有一个良好的生长环境。养殖中后期，由于虾的排泄物、残饵的积累，水中有害物质，如氨氮、亚硝酸盐、硫化物等可能大量产生，影响虾类生长。所以每隔 10～15 天应施 EM 菌或硝化细菌等微生态制剂来改善水环境。

4. 饲料投喂

饲料一般用常规青虾料，要求新鲜、适口、无腐败变质，粗蛋白质含量达到 32％即可。蛋白含量过高，到养殖后期容易使青虾营养过剩而导致大量死亡。投饲量应结合不同月份水温、天气、水质、摄食情况等灵活掌握，以投饲后 3 小时内吃完为度。养殖前期将饲料均匀投喂在池塘四周离池边 1～2.5 米的浅滩处，养殖中后期全池遍洒。对于 0.33 公顷以上水较浅或水草较多的池塘，前期就要全池均匀遍洒。

5. 控制秋繁苗

虾池内保持合理的养殖密度，提高青虾的商品率，控制秋繁苗是关键。具体方法：①适当套养部分鱼种，既可保持水体的生物多样性，又可以控制池内青虾的繁殖过量。时间在 8 月底和 9 月初，主要套养品种为鳙、鲢，数量不宜过多，一般每 667 米^2 放 100 尾左右。让鱼种摄食池中大量的浮游生物和青虾变态前的溞状幼体，从而控制青虾秋繁苗的数量。②9 月上旬，当虾池内出现溞状幼体时，可用每 667 米^2 20 千克生石灰化浆后全池泼洒，快速提高 pH，使尚未变态的溞状幼体因无法忍受水质因子突变而死亡。

6. 病害防治

由于"太湖 1 号"青虾抗病能力强，在整个养殖过程中基本无病害发生，所以主要以防为主。平时应多投些生物制剂，调节水质。

7. 捕捞上市

由于"太湖 1 号"青虾生长很快，部分"炮头虾"在越冬期会过早死亡，所以在 10 月底，可开始用大号虾笼适当捕捞"炮头虾"上市，减少越冬期的损失。春节前后则大批上市，一般规格在400 尾/千克以下的均可上市，400 尾/千克以上的作为春虾种留下来进行春季养殖。春季虾在 5 月开始起捕，6 月底前全部上市。

（本案例由常州市金坛区直溪镇农业综合服务站　肖温温　包门华提供）

四、池塘青虾双季主养

（一）养殖户基本信息

杭友良，丹阳市延陵镇大吕村养殖户。池塘青虾养殖面积 8 公顷，13 只池塘。池塘基本条件良好，水源充足且排灌方便，养殖设施完善配套，塘口规则，面积以 0.53～0.67 公顷为宜，塘埂坡度、深度等符合青虾养殖要求。杭友良已从事水产养殖 16 年，基本掌握了水产养殖的技术和技能，具有一定的生产实际操作能力，在周边养殖户中具有一定的影响力和带动作用，养殖水平和效益较突出。

（二）放养与收获情况

放养与收获情况包括放养品种、时间、规格、数量等；各品种的收获时间、规格、数量等（表 5 - 7）。

表 5 - 7　池塘青虾双季主养模式放养与收获情况

养殖品种	放　养			收　获		
	时间	规格 （尾/千克）	每 667 米^2 放养量	时间	规格 （尾/千克）	每 667 米^2 产量（千克）
青虾春季	2012 年 1—3 月	1 500	12.7 千克	2012 年 4—6 月	365	29.6
青虾秋季	2012 年 7—8 月	8 650	11.2 万尾	2012 年 12 至 2013 年 3 月	365 1 500	63.4 21.5

（三）效益分析

池塘青虾双季主养模式效益分析见表 5 - 8。

表 5 - 8　池塘青虾双季主养模式效益分析

项　　目		数量	单价	总价（元）
成本	1. 池塘承包费	8 公顷	每 667 米^2 价格 600 元	72 000
	2. 苗种费　春虾种	1 524 千克	36 元	54 865
	秋虾苗	1 550 千克	36 元	55 800
	小计	3 074 千克	36 元	110 665

（续）

项　　目			数量	单价	总价（元）
成本	3. 饲料费	配合饲料	31 200 千克	6.3 元	196 560
		小计	31 200 千克	6.3 元	196 560
	4. 渔药费	消毒剂	250 箱	12 元	3 000
		微生态制剂	5 000 瓶	15 元	75 000
		杀虫杀菌剂	300 瓶	9 元	2 700
		内服药物	230 袋	10 元	2 300
		生石灰	5 500 吨	0.6 元	3 300
		小计	—	—	86 300
	5. 其他	肥料	4 800 千克	7 元	33 600
		水草	6 000 千克	1 元	6 000
		电费	4 200 度	2.3 元	9 660
		人工	417 工时	120 元	50 000
		折旧			24 000
		小计	—	—	123 260
	6. 总成本		—	—	588 785
产值	单项产值	春季商品虾	3 552 千克	95 元	335 855
		秋季商品虾	7 610 千克	90 元	684 900
		秋季虾种	2 580 千克	36 元	92 880
	总产值		8 公顷	每 667 米² 产值 9 280.4 元	1 113 635
	利润		8 公顷	每 667 米² 利润 4 373.88 元	524 865

（四）关键技术

1. 池塘条件

以小规模池塘为主，塘口面积 0.53～0.67 公顷；池塘已经过逐年改造，进排水设施齐全，能适时进行水位及肥度调节，配备增氧机械，各方面均适合青虾生长需求。

2. 苗种放养

已坚持多年两季养殖，苗种走自繁自育之路。2012 年从太浦基地引进"太湖 1 号"杂交青虾良种，进行良种繁育，8 公顷青虾塘口全部放养"太湖 1 号"良种青虾。放养密度春季虾每 667 米^2 12～15 千克，秋季虾每 667 米^2 10 万～12 万尾。

3. 投喂管理

养殖全程采用青虾颗粒饲料投喂。根据不同的时段投喂粒径不同的颗粒饲料，投喂主要采用少量多次的方法，确保虾吃饱不浪费。

4. 日常管理

① 苗种放养前严格清塘消毒。

② 坚持肥水养殖，以培育浮游生物为主，全程投喂颗粒饲料。

③ 坚持以微生态制剂调节水质和改良地质，保持良好的水体环境。

④ 坚持全程巡塘观察，适时开启增氧机。

5. 心得体会

① 舍得投入。每年进行塘口改造，清塘消毒，曝晒。养殖设施到位。

② 用微生态制剂进行塘口水质调控。

③ 善动脑筋引进良种；虚心学习，到苏州等地考察取经。

④ 合理掌握放养密度，根据苗种规格确定放养数量。

（本案例由丹阳市水产技术推广站　陈佳栋　姜菊梅提供）

第二节　虾蟹混养

一、以蟹为主的虾蟹混养模式

（一）养殖户基本信息

李小春，南京市高淳区砖墙镇养殖户。虾蟹混养面积 2 公顷，池塘 1 只。

（二）放养与收获情况

以蟹为主的虾蟹混养模式放养与收获情况见表 5 - 9。

表 5 - 9　以蟹为主的虾蟹混养模式放养与收获情况

养殖品种	放养			收获		
	时间	规格	每 667 米² 放养量	时间	规格	每 667 米² 产量（千克）
河蟹	2012 年 3 月 1 日	130 只/千克	700 只	2012 年 9 月 10 日至 2012 年 11 月 15 日	165 克/尾	72
青虾春季	2012 年 2 月 15 日	800 尾/千克	7.5 千克	2012 年 5 月 至 2012 年 6 月	350 尾/千克	16
青虾秋季	2012 年 7 月 16 日	10 000 尾/千克	1 万尾	2012 年 11 月 至 2013 年 2 月	350 尾/千克	27
					800 尾/千克	8

（三）效益分析

以蟹为主的虾蟹混养模式效益分析见表 5 - 10。

表 5 - 10　以蟹为主的虾蟹混养模式效益分析

项　目			数量	单价	总价（元）
成本	1. 池塘承包费		2 公顷	每 667 米² 价格 1 500 元	45 000
	2. 苗种费	扣蟹	21 000 只	0.8 元	16 800
		春虾种	225 千克	60 元	13 500
		秋虾苗	30 千克	70 元	2 100
		小计	—	—	32 400

（续）

项　目			数量	单价	总价（元）
成本	3. 饲料费	配合饲料	1 800 千克	6 元	10 800
		小杂鱼	7 500 千克	4.8 元	36 000
		螺蛳	15 000 千克	1.6 元	24 000
		玉米等	2 250 千克	3 元	6 750
		小计	—	—	77 550
	4. 渔药费	消毒剂	—	—	450
		微生态制剂	—	—	1 350
		杀虫杀菌剂	—	—	240
		内服药物	—	—	1 800
		生石灰	—	—	1 500
		小计	—	—	5 340
	5. 其他	肥料	—	—	3 000
		水草	—	—	2 100
		电费	—	—	6 000
		人工	—	—	3 000
		折旧	—	—	—
		小计	—	—	41 100
	6. 总成本		2 公顷	每 667 米² 成本 6 713 元	201 390
产值	单项产值	河蟹	2 160 千克	150 元	324 000
		春季商品虾	480 千克	60 元	28 800
		秋季商品虾	810 千克	80 元	64 800
		秋季虾种	240 千克	60 元	14 400
	总产值		2 公顷	每 667 米² 产值 14 400 元	432 000
利润			2 公顷	每 667 米² 利润 7 687 元	230 610

(四) 关键技术

1. 养殖技术要点

（1）**种质要优良** 蟹苗和虾种优良是取得良好效益的关键，蟹苗用"抄苗"（水花生上抄捕），不能用"挖苗"（洞里挖捕）；虾苗、虾种均用"太湖1号"青虾。

（2）**饲料要充足** 饲料投喂以满足河蟹的需求为主，为了获得较高的青虾产量，8月开始要额外增加豆粕、玉米、麸皮供青虾摄食，投喂量为每天每 667 米^2 0.5 千克。

（3）**水质要调控好** 池水保持清新，适当肥水。肥水使用氨基酸肥，微生态制剂调节水质。高温季节保证池塘溶解氧充足，缺氧时使用粒粒氧及冲水的方式及时增氧。

（4）**做好防病工作** 主要是预防寄生虫病，及时使用杀虫药。

（5）**投放螺蛳规格要大** 养殖前期围栏不拆除，待繁殖出的小螺蛳生长到一定的规格再拆除。

2. 养殖心得

提早捕捞螃蟹上市，可使青虾产量进一步提高。在10月底前将螃蟹全部上市，并在8月开始加强青虾饲料的投喂，可年获得每 667 米^2 50 千克以上的青虾产量，商品率达到80%以上。

（本案例由南京市水产技术推广站　周国勤　王庆提供）

二、蟹虾混养"双百"养殖模式

(一) 养殖户基本信息

近年来，金坛市依据青虾与河蟹互利共生的生物学特性和生态学原理，进行优化组合、合理搭配，实现了生态环境、产品质量、养殖产量、经济效益的有机统一，取得了明显成效。

张明庚，金城镇王母观村养殖户，采取种植复合型水草、放养大规格自育蟹种、科学投喂饲料、调节控制水质和科学防病等措施，使河蟹、青虾每 667 米^2 产量均突破了"双百"千克，成为金坛蟹虾混养取得高产高效的典型。因河蟹、青虾单位产量均达到每 667 米² 100 千克以上，故称为"双百"养殖模式。其池塘位于水源充足、水质清新、无污染的长荡湖畔，4 只池塘养殖净水面 2.53 公顷。池塘有效蓄水深度 1.2 米，进、排水系统完善，微孔管道增氧设施、水、电、沟、渠、路等配套齐全。

（二）放养与收获情况

青虾放养：2—3 月每 667 米² 放规格为 2 400 只/千克的过池虾种 15 千克，7 月每 667 米² 再套放规格为 12 000～13 000 只/千克的虾苗 2.5 千克。蟹苗放养：把 4 只池塘中的 1 只塘作为蟹种暂养池，全池散放肢体健全、无病无伤、活动敏捷、规格为 100～120 只/千克的自育蟹种 5 万。2—3 月蟹种完成第一次蜕壳、规格达 40～60 只/千克时，按每 667 米² 300 只的密度套放至另外 3 只池塘；4 月中旬至 5 月上旬，当蟹种完成第二次蜕壳、规格达 30～35 只/千克时，再向这 3 只池塘套放每 667 米² 500 只。放养与收获情况见表 5-11。

表 5-11 蟹虾混养"双百"养殖模式放养与收获情况

养殖品种	放 养			收 获		
	时间	规格	每 667 米² 放养量	时间	规格	每 667 米² 产量（千克）
河蟹	2011 年 2—3 月	40～60 只/千克	300 只	2011 年 10—12 月	205 克	125
	2011 年 4—5 月	30～35 只/千克	500 只			
青虾春季	2011 年 2—3 月	2 400 尾/千克	15 千克	2011 年 5—6 月	160～200 尾/千克	21
青虾秋季	2011 年 7 月	12 000～ 13 000 尾/千克	3 万尾	2011 年 10—12 月	1 600 尾/千克	39
					160～200 尾/千克	41

(三) 效益分析

蟹虾混养"双百"养殖模式效益分析见表5-12。

表5-12 蟹虾混养"双百"养殖模式效益分析

项 目			数量	单价	总价（元）
成本	1. 池塘承包费		2.53公顷	每667米² 价格679元	25 800
	2. 苗种费	扣蟹	30 400 只	1.6元	5 000
		春虾种	570 千克	50元	28 500
		秋虾苗	100 千克	40元	4 000
		小计	—	—	82 500
	3. 饲料费	配合饲料	—	—	32 000
		小杂鱼	—	—	6 000
		螺蛳	—	—	20 000
		玉米等	—	—	2 000
		小计	—	—	114 000
	4. 渔药费	消毒剂	—	—	5 700
		微生态制剂	—	—	8 500
		杀虫杀菌剂	—	—	3 800
		内服药物	—	—	3 000
		生石灰	—	—	2 000
		小计	—	—	23 000

（续）

项 目			数量	单价	总价（元）
成本	5. 其他	肥料	—	—	7 600
		水草	—	—	7 600
		电费	—	—	7 200
		人工	—	—	10 000
		折旧	—	—	12 800
		小计	—	—	45 200
	6. 总成本		2.53 公顷	每 667 米^2 成本 7 645 元	290 500
产值	单项产值	河蟹	4 750 千克	144 元	683 900
		春季商品虾	796 千克	50 元	39 800
		秋季商品虾	1 558 千克	50 元	77 900
		秋季虾种	1 486 千克	31 元	46 300
	总产值		2.53 公顷	每 667 米^2 产值 22 313 元	847 900
	利润		2.53 公顷	每 667 米^2 利润 14 668 元	557 400

（四）关键技术

1. 彻底清塘消毒

冬季抽干池水，冻晒塘 1 个月后进水 30～40 厘米，每 667 米^2 用生石灰 250 千克，采取在池中挖穴浸泡、化浆泼浇的方式，杀灭池中潜在的病原和敌害生物。

2. 逐次施肥培水

3 月左右，当水温达到 8～10 ℃时，以腐熟发酵的猪粪作为基肥，采取间距 2 米×3 米打点的方式设置肥料点，每 667 米^2 施 200 千克，让其逐渐扩散，达到肥水的目的。此后视水质变化情况，用生物有机肥进行追肥，晴好天气为主可 20 天后追施，阴天为主则 15 天后追施。此外，在 7 月虾苗下塘前，应提前 7～10 天肥一次水，使水质达到肥而活、嫩且爽。

3. 水草栽种管护

3 月底，当水温达到 3～4 ℃时，在距离微孔管两边 2 米处，按间距 1 米×1 米全池移植 15 厘米左右的轮叶黑藻，并在深水区种植黄丝草、浅水区种植苦草。当轮叶黑藻叶片出现污垢时，立即用枯草芽孢杆菌，使水草保持四季常青；当轮叶黑藻长至水面时，按微孔管道设置的方向，及时采取间隔割茬措施，即割 2 米宽、留 2 米宽。

4. 科学投喂饲料

3 月每 667 米^2 投放鲜活螺蛳 400 千克，为河蟹提供天然饵料。同时，结合天气、温度变化和河蟹、青虾活动情况灵活调整饲料品种和投喂量，并按照"四定、四看"的投喂方法进行科学的投饲管理。4 月前，以投喂颗粒饲料为主，促进青虾的快速生长；4—7 月，以动物性饲料作为河蟹开口饵料，适当搭配颗粒饲料；7—9 月，投喂颗粒饲料为主，搭配动物性饲料催肥；9—10 月，投喂动物性饲料，适当搭配豆粕、大豆等能量饲料来保膘。投饲量一般按河蟹体重的 5%～8% 计算，以投喂后 4 小时吃完为宜。投饲方法为全池均匀洒投，池塘四周坡面适当多投。

5. 注重水质调控

池塘补水要适量，通常每次加水 3～5 厘米；黄梅季节，水位突涨 10 厘米以上时，应及时排水。养殖期间，坚持采用生物制剂和底质改良剂相结合的方法来调节水质。5 月，每 15 天使用一次生物制剂；6 月，每 10 天使用一次生物制剂；进入高温季节，每 5～7 天使用一次生物制剂；每次使用生物制剂 4～5 天后用一次底质改良剂，以此调节水质、改良底质，增加水体有益菌群，促进物质良性转化，确保水质达到肥、活、嫩、爽。

6. 预防为主、防治结合

按照"预防为主、防治结合"的方针，坚持生态调控与科学用药相结合，预防和控制水产病害的发生。4 月底至 5 月初、9 月中下旬，全池泼洒一次硫酸锌，用于防治纤毛虫；5—9月，每半月对水体进行一次消毒；在河蟹生长季节，每月投喂一次添加了适量免疫多糖和复合维生素的饲料；病害易发季节，投喂添加了中草药的饲料；投喂动物性饲料时，坚持先用清水进行清洗，再用生物菌浸泡半小时后投喂。预防为主，防治结合，提高河蟹免疫力和抗病力。

7. 常用微孔增氧设施

当温度升高到20℃以上时，开始使用微孔管道增氧设施，通常每天24:00开启增氧设施至翌日07:00。遇到气压低、天气闷热时，及时开启增氧设施，确保池水溶解氧充足，避免河蟹、青虾因缺氧而造成损失。

8. 适时适价上市

按照"少量多次、捕大留小"的原则，在4月前后和9月底以后两个时间段，分批逐次地及时将商品虾捕捞上市；10月以后，结合市场行情，适时适价捕捞河蟹上市销售。

（本案例由常州市金坛区水产技术指导站　王桂民　丁彩霞，常州市长荡湖水产管理委员会管理处　田息根提供）

三、以蟹为主的虾蟹混养模式

（一）养殖户基本信息

李昌斌，兴化市海南镇湖东村养殖户。养殖面积3.33公顷，水源为外河水，水质较好，进水采用80目筛绢过滤。

该养殖户2002年开始进行池塘养蟹，近几年来积极探索蟹池混养青虾技术，有一定的养殖经验，河蟹产量50～60千克，青虾混养产量35千克，每667米^{2}效益一般在3 500元左右。现将2012年生产情况介绍如下。

（二）放养与收获情况

以蟹为主的虾蟹混养模式放养与收获情况见表5-13。

表 5-13 以蟹为主的虾蟹混养模式放养与收获情况

养殖品种	放养			收获		
	时间	规格	每 667 米^{2}放养量	时间	规格	每 667 米^{2}产量（千克）
春季虾	3 月 4 日	2 000 尾/千克	3.2 千克	5 月 1 日—7 月 10 日	350 尾/千克	7.1
秋季虾	7 月 26 日	8 400 尾/千克	2.6 万尾	8 月 20 日—3 月 25 日	400 尾/千克	24.8
					1 600 尾/千克	4.8
鲢、鳙	3 月 10 日	0.1 千克/尾	24 尾	2 月 20 日	1.5 千克/尾	26.4
河蟹	2 月 26 日	180 只/千克	700 只	9 月 20 日—10 月 15 日	150 克	60.2

（三）效益分析

以蟹为主的虾蟹混养模式效益分析见表 5-14。

表 5-14 以蟹为主的虾蟹混养模式效益分析

项　目		数量	单价	总价（元）
成本	1. 池塘承包费	3.33 公顷	每 667 米^{2}价格 800 元	4 000
	2. 苗种费　扣蟹	35 000 只	0.4 元	14 000
	春虾种	162 千克	50 元	8 100
	秋虾苗	160 千克	70 元	11 200
	其他	—		600
	小计	—		33 900

（续）

项　　目			数量	单价	总价（元）
成本	3. 饲料费	配合饲料	12 560 千克	6.1 元	76 600
		小杂鱼	950 千克	2 元	1 900
		螺蛳	—	—	5 500
		玉米等	—	—	1 500
		小计	—	—	85 500
	4. 渔药费	消毒剂	—	—	800
		微生态制剂	—	—	2 800
		杀虫杀菌剂	—	—	400
		内服药物	—	—	—
		生石灰	—	—	1 600
		小计	—	—	5 600
	5. 其他	肥料	—	—	2 000
		水草	—	—	1 500
		电费	—	—	4 000
		人工	—	—	—
		折旧	—	—	—
		小计	—	—	7 500
	6. 总成本		3.33 公顷	每 667 米^2 成本 3 450 元	172 500
产值	单项产值	河蟹	3 010 千克	70 元	210 700
		春季商品虾	355 千克	70 元	24 900
		秋季商品虾	1 240 千克	70 元	86 800
		秋季虾种	240 千克	50 元	12 000
		其他收入	—	—	7 900
	总产值		3.33 公顷	每 667 米^2 产值 6 846 元	342 300
利润			3.33 公顷	每 667 米^2 利润 3 396 元	169 900

（四）关键技术

1. 养殖技术要点

（1）**池塘准备**　冬季干塘后进行晒塘，晒至塘底发白、干硬开裂。晒塘结束后，每 667 米^2 用 100 千克生石灰干法消毒。

（2）**水草种植**　种好底层水草，品种有伊乐藻、轮叶黑藻、苦草，养殖期间水草覆盖率控制在 30％～60％。

（3）**螺蛳投放**　3 月底前每 667 米^2 放 200 千克活螺蛳，让其在池内繁殖仔螺，以净化水质并作为河蟹的活饵料来源。7—8 月间再补放活螺蛳。

（4）**种苗放养**　选择优质蟹种，要求规格整齐，体质健壮，爬行敏捷，附肢齐全，无损伤，无寄生虫附着，每 667 米^2 放养蟹种 800 只以内。7 月底前后，每 667 米^2 补放虾苗 1 万～2 万尾。套放鲢鳙鱼种，每 667 米^2 放 10～30 尾。

（5）**投饲管理**　种苗投放后即开始投饲，饲料投喂按照"前期精、中间青、后期荤""荤素搭配、青精结合"的科学投饲原则，4 月前及 11 月后日投喂 1 次，日投喂量为池塘中虾蟹总重的 1％～2％，5—10 月，日投喂 2 次，日投喂量为池塘中虾蟹总重的 3％～6％，其中下午的投喂量占日投喂量的 2/3。河蟹蜕完最后一次蟹壳后，增加投喂动物性饲料。

（6）**水质管理**　保持水质"新、活、嫩、爽"。5 月底前每 7～10 天每 667 米^2 施复合肥 3～5 千克以培肥水质，6—9 月高温季节应适当加水或换水以保持水质清淡。水位控制根据前浅、中深、后适中的原则，3—5 月水深 50～60 厘米，6—8 月 1.2～1.5 米，9—10 月稳定在 1.0～1.2 米。5—10 月，定期使用 EM 菌等生物制剂以及底质改良剂，调节水质，改良底质，降低氨氮、亚硝酸盐等有害物质浓度。及时捞除下风口漂浮的杂质，保持水体清洁。

（7）**水草管理**　保持 30％～60％的池塘水草覆盖率。当水草覆盖率超过 60％以上时，抽掉多余的水草；若水草高出水面，则采取割头的方法。

（8）**病害防治** 早期用硫酸锌预防纤毛虫病，平时使用二氧化氯或聚维酮碘及时进行预防。使用杀虫药和外用消毒药时，要避开河蟹和青虾的蜕壳高峰期。

（9）**捕捞** 春虾捕捞从 4 月下旬开始，使用 6 号网地笼捕大留小。秋虾捕捞从 9 月开始，将达到上市规格的虾及时捕捞上市。河蟹起捕结束后，再采用虾拖网或干塘起捕青虾。

2. 养殖特点

① 彻底清整池塘。晒塘期间及时排干池底积水，晒至塘底发白、干硬开裂，一般曝晒 1 个月以上。

② 春季虾要及时捕捞上市。从春虾蜕第一壳即 4 月 20 日后，开始放笼捕捞，采用换水、加注新水等方法，提高捕捞量，尤其是 5 月底前后，要加大捕捞力度，避免成年虾在塘中老死而降低春虾产量。

③ 秋季虾苗放养初期，除正常投喂河蟹饲料外，每天沿池边少量投喂豆粕、麸皮等粉状饲料，投喂 10～15 天。

④ 河蟹捕捞基本结束后，加强池内青虾的饲养管理，正常投喂要持续到 11 月底，有利于提高秋虾的产量。

（本案例由兴化市渔业技术指导站 周日东提供）

四、蟹池混养双茬"太湖 1 号"良种青虾

（一）养殖户基本信息

陈红，河蟹养殖已 20 余年，塘口位于盐都区大纵湖镇胥仇村，蟹池混养双茬青虾示范面积 6.67 公顷。

（二）放养与收获情况

2013 年 2 月 28 日，盐都区水产站于无锡淡水渔业中心大浦基地购进"太湖 1 号"F_0 代青虾 450 千克，其中分配到御品公司基地 F_0 代亲本 120 千克，强化培育面积 1.2 公顷；示范塘口于 3 月 12 日投放扣蟹，规格 140 只/千克，每 667 米^2 放 800 只，扣蟹为自育、规格整齐、活力好、品质佳；4 月 22 日，陆续地笼张捕抱卵

虾移至蟹塘混养，抱卵虾规格较整齐，达 380 尾/千克，每 667 米² 均放 0.35 千克。混养过程中，不针对青虾额外增加投饲，通过肥水依靠水体中的枝角类、有机碎屑、饲料残饵等作为青虾的摄食来源。7 月 20 日轮捕大规格的商品虾，平均规格 400 尾/千克，每 667 米² 收获 8.1 千克成品虾；同时补放 F_1 代"太湖 1 号"青虾幼虾，规格 1750 尾/千克，每 667 米² 放 0.5 万尾，12 月清塘销售，收获 350 尾/千克规格商品虾 520 千克、650 尾/千克规格虾苗 150 千克。放养与收获情况见表 5-15。

表 5-15　蟹池混养双茬"太湖 1 号"良种青虾模式放养与收获情况

养殖品种	放养			收获		
	时间	规格	每 667 米²放养量	时间	规格	每 667 米²产量（千克）
河蟹	2013 年3 月	140 只/千克	800 只	2013 年11 月	150～225 克	75
青虾春季（抱卵虾）	2013 年4 月	380 尾/千克	0.35 千克	2013 年7 月	400 尾/千克	8.1
青虾秋季	2013 年7 月	1 750 尾/千克	0.5 万尾	2013 年12 月	350 尾/千克	5.2
					650 尾/千克	1.5
鳜	2013 年5 月	1.5 厘米/尾	10 尾	2013.12	0.6 千克/尾	4.5

（三）效益分析

蟹池混养双茬"太湖 1 号"良种青虾模式效益分析见表 5-16。

表 5-16　蟹池混养双茬"太湖 1 号"良种青虾模式效益分析

项　　目		数量	单价	总价（元）
成本	1. 池塘承包费	6.67 公顷	每 667 米²价格 1 100 元	110 000
		—	—	110 000

（续）

项　　目		数量	单价	总价（元）
成本	**2. 苗种费**			
	扣蟹	80 000 只	0.5 元（市场价）	40 000
	夏虾种	35 千克	100 元	3 500
	秋虾苗	210 千克	90 元	18 900
	小计	—	—	62 400
	3. 饲料费			
	配合饲料	15 000 千克	6.5 元	97 500
	小杂鱼	5 000 千克	4 元	20 000
	螺蛳	6 000 千克	3 元	18 000
	玉米等	3 000 千克	3 元	9 000
	小计	—	—	144 500
	4. 渔药费			
	消毒剂	5 箱	200 元	1 000
	微生态制剂	500 瓶	60 元	30 000
	杀虫杀菌剂	40 瓶	50 元	2 000
	内服药物	300 袋	15 元	4 500
	小计	—	—	37 500
	5. 其他			
	肥料	360 千克	5 元	1 800
	水草	200 千克	32 元	6 400
	电费	20 000 度	0.6 元	12 000
	人工	2 人	25 000 元	50 000
	折旧	—	—	3 000
	小计	—	—	70 200
	6. 总成本	6.67 公顷	每 667 米² 成本 4 246 元	424 600

（续）

项 目		数量	单价	总价（元）
产值	单项产值 河蟹	7 500 千克	120 元	900 000
	春季商品虾	810 千克	80 元	64 800
	秋季商品虾	520 千克	85 元	44 200
	秋季虾种	150 千克	100 元	15 000
	鳜	450 千克	50 元	22 500
	总产值	6.67 公顷	每 667 米² 产值 10 465 元	1046 500
利润		6.67 公顷	每 667 米² 利润 6 219 元	621 900

（四）关键技术

1. 池塘条件与准备

（1）**池塘条件**　池塘要求水源充足，水质清新，周围无威胁养殖用水的污染源，排灌方便。水质应符合《渔业水质标准》（GB 11607）和《无公害食品　淡水养殖用水水质》（NY 5051）要求。池塘最好为长方形，东西向。同时要求塘堤坚固，防漏性能好，土质为壤土或黏土，池底较平坦，淤泥不超过 15 厘米。面积不限，池深 1.2～1.5 米，池埂内坡比为 1∶（3～4），并配套完整的进水和排水系统，配备水泵、船只和管理用房等。有条件的最好安装微孔管增氧设备。

（2）**池塘准备**　冬季排干池水，加固池埂，堵塞漏洞，清除过多的淤泥；然后晒塘 10 天以上，要求晒到塘底全面发白、干硬开裂，越干越好。放苗前 15 天加水 15～20 厘米，每 667 米² 用优质生石灰 100 千克，化开后趁热全池泼洒，泼洒后第二天用铁耙将沉底的石灰块搅拌均匀。消毒后用密网围栏池塘总面积 10% 左右的区域用于暂养鱼虾蟹种，其余区域不让其他养殖动物进入，用于种草和护草，一直待蟹池水草生长茂盛后再拆除拦网。

（3）**种草投螺**　水草品种主要有沉水植物，如伊乐藻、苦草、轮叶黑藻、苲草等。伊乐藻萌芽早，是前期虾蟹池优良草种；种植苦草的主要目的是形成"水下森林"，起生态调节水质的作用；轮叶黑藻和苲草是秋季和春季理想的水草。所以水草种植要品种多样化，最好采取一行伊乐藻、一行苦草、一行轮叶黑藻或苲草和留一行空白带的种植方式。清明节前每 667 米^2 水面投放鲜活螺蛳250～300 千克。

（4）**注水施肥**　进水时必须用 60～80 目筛绢做成的过滤网袋过滤，防止野杂鱼等敌害生物进入养殖池。前期池塘注水 50～80 厘米，每 667 米^2 施经腐熟发酵后的有机肥 100～300 千克，以促进水草生长、培育浮游生物和抑制青苔生长，将肥料堆放在池塘的四角浅水处水面以下，或装入编织袋内，用绳索拴住，水质过肥时可随时取出。

2. 苗种来源与放养

（1）**河蟹放养**　选购亲蟹品系纯正，来源于长江水系，雌性个体 100 克、雄性个体 125 克以上，用模拟天然条件土池繁殖的大眼幼体，经专池培育的优质蟹种。放养时间为 1—3 月，规格为160～200 只/千克，每 667 米^2 放养量 400～600 只，安装微孔管增氧设备的池塘可增加到每 667 米^2 放养 800 只。

（2）**青虾放养**　第一茬 4 月下旬（或 5 月上旬）放青虾抱卵虾，规格 380 尾/千克，3 个月后可达商品虾规格，轮捕上市；同时补防秋季第二茬青虾，体长 1.5～2.5 厘米，放养量每 667 米^{2}3 万～5 万尾，年底河蟹上市或清塘时收获。

（3）**套养鱼种**　虾蟹混养池塘还可套养部分鱼种，一般每 667 米^{2}10～20 尾/千克的鲢、鳙 5～10 尾，可与蟹种同时放养；另可在6 月上旬前放养体长 6 厘米以上的鳜鱼种 15 尾左右，或体长8 厘米左右的细鳞斜颌鲴鱼种 100 尾，用于控制蟹池野杂鱼及青苔。另外，可根据各地的条件，套养少量黄颡鱼或塘鳢等鱼种，控制下半年池塘自繁的第二代青虾幼体。

3. 饲料投喂与管理

（1）**饲料投喂**　坚持"两头精、中间粗，荤素搭配，定点投喂"的原则。前期（3—6 月）：水温 10 ℃左右开始投喂，早期投喂小杂鱼和蛋白质含量为 32％的配合饲料，力争使蟹种早开食、早适应、早恢复，确保第一次蜕壳顺利。中期（6—8 月）：逐渐改投蛋白质含量为 28％～30％的配合饲料，并增加投喂玉米、小麦、南瓜、土豆丝等植物性饲料。后期（8 月底以后）：投喂高蛋白含量的配合饲料，并增加投喂海、淡水小杂鱼，促进河蟹最后一次蜕壳，以达到催肥壮膘、增加体重和提高品质的目的。饲料投喂坚持"四定"，即定质：动物性饲料要求鲜活、不变质，植物性饲料营养要全面；定量：投喂量按在池虾蟹体重的 5％～7％计算，并根据天气情况、蟹虾吃食情况适时调整，一般以饲料投喂 3 小时左右吃完为最佳投喂量；定时：前期 17:00 左右，高温期 19:00 前后，后期 06:00 左右投喂；定点：沿池四周离水边 2～10 米和池中水草空白带处泼洒投喂。

（2）**水质调控**　蟹池水质以鲜、活、嫩、爽为目标，保持透明度 30～50 厘米，水体中的有机碎屑及悬浮物质较少，溶氧量 5 毫克/升以上，pH7～8，氨氮不超过 0.2 毫克/升，亚硝酸盐在0.02 毫克/升以下。蟹池水深以水草顺利生长作为加水依据，6 月底以前以加水为主，每次 10～20 厘米；7—8 月高温期，勤添加新水，加至最高水位。每月换水 2～3 次，每次 10 厘米；凌晨换底层老水；养殖后期每月换水 4～5 次，每次 20 厘米。河蟹蜕壳期，用药期避免换水。定期内服、泼洒芽孢杆菌、EM 菌、生物底改等生物制剂，以提高虾蟹肠道有益菌群优势和抗应激能力，降解硫化氢、氨氮、亚硝酸盐、重金属等有害物质，改良水质和底质环境。

（3）**保护草、螺**　养殖期间，水草覆盖面占池塘面积的 50％～70％，水草偏少的深水区还可补充少量固定的漂浮植物如水花生等，必要时用茶树等多枝杈树木扎成人工虾巢放入深水区。7 月初，在离池底 0.5～0.6 米处对蟹池中的水草进行刈割一次，割除的水草及时捞出。中期视蟹池螺蛳密度，如果螺蛳被蟹吃光，每667 米^2 再补投 200～300 千克。

（4）**病害防治**　所放苗种用 3‰～5‰的食盐水浸浴 5 分钟后下塘，防止带入病原菌；4 月底至 5 月初，在蜕壳前 7 天使用一次杀灭纤毛虫药物（纤虫净、甲壳净等）；5—6 月使用一次杀菌剂；6—9 月每月使用一次生石灰，用量为每 667 米² 用 5～10 千克；10—11 月河蟹上市前 20～25 天，再使用一次杀纤毛虫药物。防止水蛇、老鼠、鸟类等敌害生物进入养殖池，一旦发现需及时杀灭。

（5）**日常管理**　每天早晚各巡塘一次，观察水质状况、虾蟹的吃食与活动情况、防逃设施是否完好等，发现问题及时解决。对天气、气温、水温、水质要进行测量和记录，尤其是苗种放养、饲料投喂与施肥、虾蟹捕捞与销售等情况应及时录入塘口档案。

（五）养殖体会

蟹池混养双茬青虾，首先是注重前期的分塘培育，将幼虾强化培育至抱卵虾阶段再进行混养，小塘强化培育幼虾，肥水十分关键，有益藻、菌可保证幼虾饲料充足，满足其快速生长的需要，使其在 4 月下旬开始抱卵时个体规格整齐，个体饱满；其次为秋季轮捕收获与补放的巧妙结合，充分利用时间和空间，轮补轮放，干塘后可留部分大虾暂养到春节上市，剩下的小虾另塘囤养可作为翌年虾种，做到养殖效益最大化。

（六）注意事项

1. 重视种草投螺

养殖池中的水草和螺蛳，既可为虾增加隐蔽场所，净化水质，又能作为植物性饲料和优质天然动物性饲料。过多的水草应适时清除，特别是伊乐藻，生长旺盛，易封盖水面，尤其是后期要定期清理通道。饲养期间视蟹摄食情况要适当补充。

2. 重视青虾轮捕

"太湖 1 号"青虾生长很快，轮捕是提高混养产量的关键措施。

捕虾工具主要是虾笼，一般用网目尺寸为1.8厘米的"大9号"有节网制作，最好适当增加笼梢的长度（即环数），并且放置时尽量使笼梢张开，扩大笼梢空间，方便小虾更充分地离开笼梢；同时注意把笼梢倒虾口张开吊离水面约20厘米，这样河蟹进笼后可自行爬出，虾便留在笼梢中。捕捞时避开虾蟹蜕壳高峰期。捕捞规格根据当地成虾的上市规格自行控制。

3. 重视青虾种质

"太湖1号"青虾第1代生长速度快，个体大、产量高，增产增效显著；第2代虾生产性能有所衰退，约为第1代70%的优势；第3代与普通青虾相比已没有优势。所以"太湖1号"青虾引种后，最多养2代（2年）。

4. 谨慎使用药物

坚持"生态养殖、预防为主、防治结合"的原则，提高虾蟹抗病能力，减少病害发生。使用渔药时要有选择，并精确计算用药量，尤其是高温季节，更要谨慎，通常用低剂量或不用药。养殖全过程所使用的药物都必须符合NY 5071标准。

（本案例由盐城市盐都区水产技术推广站　宋长太提供）

五、青虾高产型虾蟹混养

（一）养殖户基本信息

丁正歧，系张家港市杨舍镇河头村养殖户，多年来从事河蟹及青虾的混养，拥有丰富的养殖经验。近年来，由于青虾价格的节节攀升及河蟹市场的不稳定，通过积极探索，他将传统的以蟹为主的虾蟹混养积极转变为青虾高产型的虾蟹混养，每667米^{2}效益达到9476元。养殖池塘2只，面积共计2公顷。

（二）放养与收获情况

青虾高产型虾蟹混养模式放养与收获情况见表5-17。

表 5 - 17　青虾高产型虾蟹混养模式放养与收获情况

养殖品种	放　养			收　获		
	时间	规格	每 667 米² 放养量	时间	规格	每 667 米² 产量（千克）
河蟹	1 月 25 日	160 只/ 千克	600 只	10 月 10 日	150 克	62.3
青虾春季	1 月 27 日	1 050 尾/ 千克	30 千克	5 月 1 日	340 尾/千克	61.2
青虾秋季	8 月 5 日	7 500 尾/ 千克	3.5 千克	9 月 20 日	325 尾/千克	28
					400 尾/千克	14

（三）效益分析

青虾高产型虾蟹混养模式效益分析见表 5 - 18。

表 5 - 18　青虾高产型虾蟹混养模式效益分析

	项　　目		数量	单价	总价（元）
成 本	1. 池塘承包费		2 公顷	每 667 米² 价格 600 元	18 000
	2. 苗种费	扣蟹	18 000 只	0.8 元	14 400
		春虾种	900 千克	40 元	3 600
		秋虾苗	96 千克	51 元	4 900
		小计	—	—	22 900
	3. 饲料费	配合饲料	—	—	24 000
		螺蛳	—	—	5 400
		小计	—	—	29 400
	4. 渔药费	小计	—	—	4 500

197

（续）

项 目		数量	单价	总价（元）
成本	5.其他 肥料	—	—	900
	电费	—	—	4 500
	折旧	—	—	2 100
	小计	—	—	7 500
	6.总成本	30 公顷	每 667 米² 成本 2 743 元	82 300
产值	单项产值 河蟹	1 875 千克	90 元	168 750
	春季商品虾	1 836 千克	62 元	113 832
	秋季商品虾	840 千克	80 元	67 200
	秋季虾种	420 千克	40 元	16 800
	总产值	2 公顷	每 667 米² 产值 12 220 元	366 582
	利润	2 公顷	每 667 米² 利润 9 476 元	284 282

（四）关键技术

1. 池塘准备

池塘呈长方形，面积 0.33～0.67 公顷为宜，池深 1.5～1.8 米，各池均能单独进排水，进水口用 60 目以上尼龙筛绢网过滤。养殖池在年终捕捞结束后、苗种放养前清除过多淤泥使之保持在 10～20 厘米，修复坍塌池埂。池塘清整好以后，在虾蟹苗放养前 7～10 天用每 667 米² 100 千克生石灰或每 667 米² 20 千克漂白粉干池消毒。

2. 放养前准备

虾蟹放养前 4～5 天，新池施每 667 米² 100～300 千克发酵有机肥或复合肥 10～20 千克，老池视底质肥瘦可少施或不施。种好伊乐藻及轮叶黑藻，在 3—6 月放螺蛳每 667 米² 200～400 千克。

3. 种苗放养

青虾在 1 月底 2 月初进行放养，每 667 米² 放规格为 1 000 尾/千克幼虾 30 千克；每 667 米² 放规格为 160 只/千克的扣蟹 600 只。

4. 投饲管理

投喂宁波天邦南美白对虾配合饲料，4 月前、11 月后日喂 1 次，时间 16：00—17：00；5—10 月一般日喂 2 次，一次在 06：00—07：00，一次在 17：00—18：00。日投喂量视季节及天气保持在虾蟹体重的 1％～3％，5—6 月青虾繁殖高峰时，每日加喂 1～2 千克黄豆磨成的豆浆。

5. 水质管理

各池施好基肥后，平时视水质适量施肥。3 月前，11 月后一般以少量加水为主；7—9 月视情况 3～7 天换水一次，每次换加水 20 厘米左右。另外，每 15～20 天泼洒一次生石灰，浓度为 8～15 毫克/升。通过上述措施，使池水透明度保持在 40～60 厘米。

6. 病害防治

平时每 15～20 天用硫酸锌、二氧化氯等交替预防病害，当水温高于 20 ℃时，使用微生物制剂调节水质及预防病害。

（本案例由苏州市水产技术推广站　诸葛燕，张家港市水产技术指导站　杨正锋提供）

六、以虾为主虾蟹混养模式

（一）养殖户基本信息

邵庚忠，兴化市西郊镇西坝村养殖户。养殖面积 1.6 公顷，大小池塘共 6 只，池深 1.2 米，水源为外河，进水采用 100 毫米直径的 PVC 管道，输送距离 60 米，80 目筛绢过滤，各池均配备叶轮式增氧机。

该养殖户 2007 年开始进行池塘主养青虾，善于探索和钻研养虾技术，积极配合做好项关专题试验，有丰富的养虾经验，产量和效益在兴化市名列前茅，有一定的影响力。

现介绍 2012 年其中一只主养高产塘口的生产情况，面积 0.4 公顷。

（二）放养与收获情况

以虾为主虾蟹混养模式放养与收获情况见表 5-19。

表 5-19　以虾为主虾蟹混养模式放养与收获情况

养殖品种	放养			收获		
	时间	规格	每 667 米² 放养量	时间	规格	每 667 米² 产量（千克）
春季虾	3 月 2 日	1 720 尾/千克	19.7 千克	4 月 20 日— 6 月 10 日	400 尾/千克	49
秋季虾	7 月 11 日	8 800 尾/千克	10.7 万尾	8 月 20 日— 3 月 25 日	400 尾/千克	72
					1 600 尾/千克	40.3
鲢鳙	7 月 20 日	0.3 千克/尾	30 尾	2 月 20 日	1.5 千克/尾	30
河蟹	3 月 25 日	200 只/千克	50 只	9 月 20 日— 10 月 15 日	150 克	2.5

（三）效益分析

以虾为主虾蟹混养模式效益分析见表 5-20。

表 5-20　以虾为主虾蟹混养模式效益分析

项 目			数量	单价	总价（元）
成本	1. 池塘承包费		0.4 公顷	每 667 米² 价格 450 元	2 700
	2. 苗种费	扣蟹	300 只	0.3 元	90
		春虾种	118 千克	50 元	5 900
		秋虾苗	82 千克	70 元	6 560
		小计	—	—	12 550

（续）

项　目		数量	单价	总价（元）
成本	3. 饲料费	配合饲料	1 600 千克	7.3 元	11 680
		小计	—	—	11 680
	4. 渔药费	消毒剂	—	—	80
		微生态制剂	—	—	460
		杀虫杀菌剂	—	—	160
		小计	—	—	700
	5. 其他	肥料	—	—	30
		电费	—	—	750
		折旧	—	—	450
		小计	—	—	1 230
	6. 总成本		0.4 公顷	每 667 米² 成本 4 810 元	28 860
产值	单项产值	河蟹	15 千克	60 元	900
		春季商品虾	294 千克	70 元	20 580
		秋季商品虾	432 千克	70 元	30 240
		秋季虾种	241 千克	50 元	12 050
		其他收入	180 千克	8 元	1 440
	总产值		0.4 公顷	每 667 米² 产值 10 868.3 元	65 210
利润			0.4 公顷	每 667 米² 利润 6 058.3 元	36 350

（四）关键技术

1. 养殖技术要点

（1）**放养前曝晒池底**　春虾养殖塘口在 2 月前后排开池水，冰冻、曝晒池底 1 个月以上，然后清整、消毒；秋虾养殖塘口在 6 月底前干池，放养前 10 天清整、消毒。

（2）**设置好人工虾巢** 每 667 米² 投放竹枝 30 把，吊设在水层中，池中央架设屋顶形网片 1 条，距离岸边 1 米处再设置部分浮性虾巢。

（3）**早放苗，放足苗** 7 月上旬放苗，每 667 米² 放虾苗 10 万尾。

（4）**合理投喂饲料** 根据青虾生长情况使用不同粒径的饲料。虾苗放养前期（10 天内）使用破碎料，粒径 0.5 毫米，10～30 天内使用 1.2 毫米料，30 天以后使用 1.6 毫米料。每天投喂 2 次，投喂时，以池边为主，兼顾虾池中央。

（5）**适时捕捞** 虾苗放养 40 天后，即开始放置 6 号网地笼张捕成虾，捕大留小，不断降低池内青虾的密度，促进小规格虾生长，提高产量。

（6）**控制秋繁苗** 放养鳙，降低池水肥度，控制部分秋繁溞状幼体；药物杀灭后期溞状幼体。

（7）**定期防控虾病** 在 3 月中旬、9 月中旬、10 月底及越冬前各使用一次硫酸锌，杀灭纤毛虫。

（8）**调控好水位、水质** 春季浅水位，施肥培水，定期加水，改良水质。夏秋季 7—9 月，保持水深 0.8～1.0 米，透明度 35～40 厘米，7～10 天使用一次 EM 菌，30 天使用一次底质改良剂。10 月至越冬期间，保持透明度 25～30 厘米。

2. 养殖特点

（1）**重视晒塘** 曝晒池底前在池底挖好"井"字形排水墒沟，使底质中所含水分渗出至墒沟，汇集到排水沟后及时排出，使池底曝晒更充分，底泥中的有机物分解更彻底。

（2）**准确掌握投饲量** 在池内放置 4～5 个自制的食台，经常检查青虾的摄食情况，不断调整投饲量，确保青虾吃饱吃好。

（3）**强化商品虾捕捞** 除正常用地笼捕捞商品虾外，定期采用抄网抄捕人工虾巢中的商品虾，采用抄捕方式捕捞上市量大，能集中上市。

（4）提高越冬成活率　青虾越冬期间视天气情况适当投饲，以提高越冬成活率。

（本案例由兴化市渔业技术指导站　李庆红提供）

七、青虾与河蟹双主养模式

（一）养殖户基本信息

赵腊平，常州市武进区奔牛镇常州市科远水产专业合作社养殖户，应用青虾与河蟹混养高产高效养殖，取得了较好的经济效益。1.33 公顷虾蟹混养池塘，塘深 1.5 米，平均最高水位可达 1.2 米。池塘进排水方便，水源充足，水质清洁无污染，符合渔业用水标准。全池安装 3 千瓦增压泵的微孔增氧管道一套，以及 1.5 千瓦水车式增氧机一台。

（二）放养与收获情况

青虾苗种来源为武进地区自繁自育的"太湖 1 号"F_2 代或 F_3 代，1 月底每 667 米^2 放规格为 1 300 尾/千克的青虾 12.5 千克。6 月底时池塘内再补放 180～250 尾/千克的抱卵亲虾（雌雄比为 3～4：1）每 667 米^2 3 千克。蟹苗来源为安徽浙江等地，2 月初每 667 米^2 放规格为 160 只/千克的河蟹 4 千克。放养与收获情况见表 5－21。

表 5－21　青虾与河蟹双主养模式放养与收获情况

养殖品种	放　养			收　获		
	时间	规格	每 667 米^2 放养量	时间	规格	每 667 米^2 产量
河蟹	2012 年 2 月初	160 只/千克	640 只	2012 年 10—12 月	130 克	55 千克
青虾春季	2012 年 1 月底	1 300 尾/千克	12.5 千克	2012 年 4—6 月	120～180 尾/千克	29.75 千克

（续）

养殖品种	放 养			收 获		
	时间	规格	每667米²放养量	时间	规格	每667米²产量
青虾秋季	2012年6月底	180～250尾/千克抱卵虾	3千克	2012年9—12月	120～180尾/千克 180尾/千克以上	22千克 15.5千克

（三）效益分析

青虾与河蟹双主养模式效益分析见表5-22。

表5-22 青虾与河蟹双主养模式效益分析

项 目		数量	单价	总价（元）
成本	1. 池塘承包费	1.33公顷	每667米²价格300元	6 000
	2. 苗种费 · 扣蟹	12 800只	0.35元	4 480
	春虾种	250千克	32元	8 000
	秋虾苗	60千克	53.3元	3 200
	小计	—	—	15 680
	3. 饲料费 · 配合饲料	—		29 350
	小杂鱼	—		5 000
	螺蛳	—		2 000
	玉米等	—		4 000
	小计	—	—	40 350

（续）

项 目			数量	单价	总价（元）
成本	4. 渔药费	消毒剂	—	—	1 500
		微生态制剂	—	—	2 000
		杀虫杀菌剂	—	—	1 350
		内服药物	—	—	600
		生石灰	—	—	800
		小计	—	—	6 250
	5. 其他	肥料	—	—	1 000
		水草	—	—	1 000
		电费	—	—	3 500
		人工	—	—	3 000
		小计	—	—	8 500
	6. 总成本		1.33 公顷		76 780
产值	单项产值	河蟹	1 100 千克	—	70 400
		春季商品虾	595 千克	—	62 732
		秋季商品虾	440 千克	—	46 200
		秋季虾种	310 千克	—	32 504
		其他收入	—	—	1 024
	总产值		1.33 公顷	10 643 元	212 860
	利润		1.33 公顷	6 804 元	136 080

（四）关键技术

1. 养殖技术要点

（1）**池塘消毒** 每年 1 月初，将池塘水排干，晒塘 5～7 天，然后加水 5 厘米，用漂白粉化水全池泼浇清塘。2 月中下旬开始，池塘内种植伊乐藻。以东西向 1.5 米、南北向 3.0 米插穴，每穴 8～10 株。养殖期间水草覆盖率控制在 30％左右。

（2）**投喂管理** 饲料使用大江饲料厂新鲜、适口、无腐败变质的河蟹专用优质全价配合饲料。2—4月使用1毫米粒径38％粗蛋白质饲料，5—8月使用1.2毫米粒径36％粗蛋白质饲料，9—11月使用1.4毫米粒径34％粗蛋白质饲料。另外，青虾苗放养前期（每年2—3月、7—8月）除投喂河蟹饲料外还适当投喂36％以上蛋白的青虾幼体料。投喂时间分开，先投河蟹料再投青虾料。

投饲正常从3月开始，1—2月水温10℃以上的晴好天气也少量投饲。一般在4月前、11月后日喂1次，时间为15:00—16:00，日投喂量为池塘中虾蟹总重的1％～2％。在5—10月虾蟹生长旺季，日喂2次，一次在05:00—06:00，一次在16:00—18:00，日投喂量为池塘中虾蟹总重的2％～3％，其中下午的投喂量占日投喂量的2/3。每年分两次（4月及8月上中旬），池塘分别投放螺蛳80、50千克。9月，当河蟹蜕完最后一次壳后，逐步减少配合饲料的投喂量，同时适当投喂野杂鱼，以改善河蟹的品质和口味。

平时要注重虾、蟹吃食情况：整个养殖季节饲料投喂要注意观察青虾的活动或肠胃饱满度，一般河蟹先吃、青虾后吃，青虾肠胃饱满度好，说明饲料充足。

（3）**水质管理** 在6月前如水质过瘦则适当施肥，每667米² 施复合肥5～10千克，确保水体透明度为25～30厘米。对水质过浓的池则适当换水，每次换水5厘米左右。在6—9月高温季节，水体透明度保持在30～45厘米，高温季节应控制在40厘米左右。一般6—7月、9—10月每15天换水一次，8月每7天换水一次。如发现换水后水体仍过肥，则每667米² 追投螺蛳20～30千克。另外，池塘每10～15天选择晴好天气轮流泼洒微生态制剂和底质改良剂，确保水质菌相、藻相平衡。

（4）**水草管理** 保持池内水草为60％左右的池塘覆盖率，既可使虾蟹池保持良好的净水能力，又可使虾蟹有良好的栖息、隐蔽场所，提高养殖成活率。

随着水温的升高，蟹池内伊乐藻容易出现"疯长"现象，影响河蟹活动，并且容易造成蟹池缺氧和大面积败草破坏水质。需人工清除部分伊乐藻。可在蟹池内间隔 6~8 米，整行拔去生长过密的伊乐藻，在池底留 3~4 米的通风沟，将伊乐藻覆盖面控制在 40%~50%，为河蟹的自由活动留有一定空间。同时，对长出水面的伊乐藻用刀具及时做割梢处理，使草头没入水面 30 厘米以下，防止遇到大的风浪，增加浮力，脱根死亡。同时，每隔 10~15 天使用氨基酸护草肽全池泼洒一次，促进水草根部生长、茎株矮化、叶片粗壮，防止茎叶腐烂，破坏水质。对于早期水草破坏严重的蟹池，应及时采取补救措施，适当移载水葫芦、水花生、水蕹菜等。

（5）**增氧管理**　日常增氧以微孔增氧管道为主。一般 6 月中旬（水温达到 28 ℃以上）以后开始适当增氧，高温季节晴天下午开机 1 小时，23:00 至翌日 07:00 开机。天气闷热、连续多日阴雨或雷雨天气容易发生缺氧现象，需全天开启微孔增氧机，如发现微孔增氧后还有缺氧现象，则加开车轮式增氧机或进行冲水增氧。

（6）**病害防治**　坚持以预防为主，平时每个月采用漂白粉化水全池泼洒消毒 2 次，并采用硫酸铜制剂全池泼洒杀虫 1 次。

"太湖 1 号"青虾与河蟹混养塘经常发生的病害有纤毛虫病、黑鳃病、红体病、细菌性肠炎病等，主要防治措施如下：

针对纤毛虫等寄生虫病，使用硫酸锌等全池泼洒，用量为 0.3~0.5 毫克/升。黑鳃病、红体病等细菌性疾病，采用二氧化氯、聚维酮碘等全池泼洒进行防治，用量为 0.5~0.6 毫克/升，病情严重时连续泼洒 2 次。用药时避开蜕壳期。细菌性肠炎病外用二氧化氯或聚维酮碘全池泼洒，每天一次，连续 2 次；内服采用诺氟沙星（或盐酸小檗碱）+新诺敏+大蒜素或板蓝根，6~7 天一疗程。

平日在虾蟹饲料中添加复合维生素、甜菜碱、β-葡聚糖等投喂，可明显增强虾蟹免疫抵抗能力。

（7）**日常管理**　每天清晨及傍晚各巡塘一次，观察水色变化、虾蟹活动情况、蜕壳数量、摄食情况；检查塘基有无渗漏，防逃设施是否完好。发现问题及时采取相应措施。

每天做好塘口记录，记录要素包括天气、气温、水温、水质、投饲用药情况、摄食情况等。一般每 10～15 天用虾笼取样，检查"太湖 1 号"的生长、摄食情况，检查有无病害，以此作为调整投饲量和药物使用的依据。

（8）**捕捞** 春季虾从 4 月上旬开始采用抄网和地笼网陆续起捕上市，至 6 月底结束。秋季虾 9 月下旬开始捕捞，至 12 月初结束。捕捞时避开蜕壳高峰期，减少软壳虾的损失（蜕壳高峰一般间隔 15～20 天，如每天都有一定数量的虾蜕壳，说明池塘水质不正常）。青虾每日捕捞后由养殖户直接上街售卖，河蟹则由中间商收购。

2. 养殖特点

① 受近年来青虾与大规格河蟹市场价格持续走高影响，赵腊平适时调整养殖模式，通过加大青虾养殖密度提高青虾养殖产量，并适当降低河蟹密度，提高河蟹规格，以达到高效目的。2012 年，该养殖户典型养殖塘平均每 667 米^2 产青虾 67.5 千克、河蟹 55 千克，每 667 米^2 平均效益达 6 804 元。武进区水产技术部门推广该模式取得了良好的社会、经济效益，大大促进了当地"太湖 1 号"青虾与河蟹养殖业的发展。

② 该养殖户在青虾养殖期间，极其重视"良种"概念，每年均从"太湖 1 号"青虾繁育基地引进更新良种青虾一次，池塘内自繁自育青虾世代从不超过二代，从种质上有效保障了青虾的高产高效。

③ 该地区青虾养殖户有自捕自售的传统，每天捕捞青虾后均直接上市场销售，从而减少了中间商收购环节，使青虾养殖获得了更高的经济效益。

（本案例由常州市水产技术指导站 王荣林，常州市武进区水产技术推广站 黄桦提供）

第三节 青虾养殖与繁育轮作

一、池塘错季养殖模式

（一）养殖户基本信息

王常忠，南京市高淳区固城镇养殖户。高淳区常忠水产品专业合作社位于高淳区固城镇 2814 项目渔场内，其中示范区有 14.67 公顷 "太湖 1 号" 青虾良种繁苗场，6.67 公顷虾蟹混养池。池塘均为长方形土池，每只面积 0.67 公顷。成蟹池四周设防逃塑料布，池塘进排水系统分设，全部配备微孔增氧机。

（二）放养与收获情况

池塘错季养殖模式放养与收获情况见表 5-23。

表 5-23　池塘错季养殖模式放养与收获情况

养殖品种	放养			收获		
	时间	规格	每 667 米²放养量	时间	规格	每 667 米²产量
鳜种	2013 年 4 月 20 日	0.85 厘米	3.6 万尾	2013 年 5 月 20—28 日	4 厘米	2.4 万尾 (3.33 公顷)
青虾苗	2013 年 6 月 1 日	200 尾/千克	26 千克	2013 年 7 月 10 日至 8 月 15 日	15 000 尾/千克	95.2 万尾
青虾种	2013 年 8 月 15 日	12 000 尾/千克	14 万尾	2013 年 11 月 27 日至 12 月 12 日	1 820 尾/千克	62 千克
商品青虾	2013 年 2 月 30 日至 8 月 30 日	600 尾/千克 7 500 尾/千克	5 千克 3 万尾	2013 年 5 月 20 日至 12 月 2 日	214 尾/千克	39.3 千克
商品蟹	2013 年 2 月 26 日至 3 月 24 日	120 只/千克	820 只	2013 年 11 月 15 日至 12 月 17 日	5.7 只/千克	68.7 千克

（三）效益分析

池塘错季养殖模式效益分析见表 5-24 至表 5-27。

表 5－24　鳜苗种培育效益分析

项　　目		数量	单价	总价（元）
成本	1. 池塘承包费	14.67 公顷	每 667 米^2 价格 900 元	198 000
	2. 苗种费　鳜鱼苗	180 万尾	0.2 元	360 000
	小计	—	—	360 000
	3. 饲料费　配合饲料	5 500 千克	5.6 元	30 800
	饵料鱼种	2 200 千克	3 元	6 600
	黄豆	8 800 千克	4.2 元	36 960
	小计	—	—	74 360
	4. 渔药费　消毒剂			2 450
	杀虫杀菌剂			450
	生石灰	15 吨	400 元	6 000
	小计	—	—	8 900
	5. 其他　　肥料	56 000 千克	0.2 元	11 200
	电费			1 500
	人工			37 500
	小计	—	—	50 200
	6. 总成本	14.67 公顷	每 667 米^2 成本 3 143 元	691 460
产值	单项产值　鳜鱼苗	1 200 000 千克	1.4 元	1 680 000
	总产值	14.67 公顷	每 667 米^2 产值 7 636 元	1 680 000
利润		14.67 公顷	每 667 米^2 利润 4 493 元	988 540

表 5－25　河蟹青虾混养池效益分析

项　目		数量	单价	总价（元）
成本	1. 池塘承包费	6.67公顷	每667米^{2}价格900元	28 800
	2. 苗种费 扣蟹	82 000只	1.2元	98 400
	春虾种	600千克	60元	36 000
	秋虾种	200千克	60元	12 000
	小计	—	—	146 400
	3. 饲料费 配合饲料	6 000千克	6元	36 000
	小杂鱼	3 000千克	4.8元	144 000
	螺蛳	4 000千克	1.6元	64 000
	玉米等	5 000千克	3元	15 000
	小计	—	—	259 000
	4. 渔药费 消毒剂			465
	微生态制剂			2 350
	杀虫杀菌剂	—	—	340
	内服药物	—	—	2 600
	生石灰			3 500
	小计			9 255
	5. 其他 肥料			13 000
	水草			—
	电费			16 000
	人工			5 000
	小计			79 000
	6. 总成本	6.67公顷	每667米^{2}成本5 225元	522 455

211

（续）

项　目			数量	单价	总价（元）
产值	单项产值	河蟹	6 870 千克	260 元	1 786 200
		春季商品虾	1 500 千克	80 元	120 000
		秋季商品虾	2 430 千克	95 元	230 850
		鳜	1 062 千克	45 元	47 790
	总产值		6.67 公顷	每 667 米² 产值 21 848.45	2 184 840
利润			6.67 公顷	每 667 米² 利润 16 623.85 元	1 662 385

表 5-26　青虾苗种生产效益分析

项　目			数量	单价	总价（元）
成本	1. 池塘承包费		14.67 公顷	每 667 米² 价格 900 元	已在鳜中支出
	2. 苗种费	亲本虾	—	—	已计入河蟹成本
		秋虾苗	220 千克	64 元	14 080
		小计			14 080
	3. 饲料费	配合饲料	17 820 千克	7.1 元	126 522
		小计	—		126 522
	4. 渔药费	微生态制剂			3 660
		杀虫杀菌剂			2 284
		生石灰	50 吨	400 元	20 000
		小计	—		25 944
	5. 其他	肥料	133 000 千克	0.2 元	26 600
		电费	—		22 000
		人工	2 工时	50 000 元	100 000
		小计	—		148 600
	6. 总成本		14.67 公顷	每 667 米² 成本 1 432 元	315 146

（续）

项 目			数量	单价	总价（元）
产值	单项产值	虾苗	10 450 千克	66 元	689 700
		冬季虾种	13 750 千克	56 元	770 000
	总产值		14.67 公顷	每 667 米² 产值 6 635 元	1 459 700
	利润		14.67 公顷	每 667 米² 利润 5 203 元	1 144 554

表 5-27 总体生产效益分析表

养殖类型	面积（公顷）	总成本（万元）	每 667 米² 成本（元）	总产值（万元）	每 667 米² 产值（元）	总利润（万元）	每 667 米² 均利润（元）
鳜苗种培育	14.67	69.15	3 143.18	168	7 636.36	98.85	4 493.18
河蟹青虾混养	6.67	52.25	5 225	218.48	21 848	166.24	16 624
青虾苗种生产	14.67（错季）	31.51	1 432.23	145.97	6 635	114.46	5 203
合计	21.33	152.91	4 778.44	532.45	16 639.10	379.55	11 860.94

（四）关键技术

1. 错季养殖

错季养殖即利用河蟹养殖池培育青虾亲本，把腾出的水面进行一季（茬）鳜苗种的培育。这样做首先是切合了高淳地区的市场需求，其次它为每 667 米² 养殖平均增加 4 493.18 元利润，占平均每 667 米² 效益 11 860.94 元的 37.88%，增效十分显著。

2. 青虾亲本的放养与培育

1—3 月，将省级良种繁育场供应的"太湖 1 号"杂交青虾亲本 500 千克，规格为 600 尾/千克，以每 667 米² 5 千克的密度投放到 10 只（共 6.67 公顷）河蟹养殖池中。河蟹养殖池必须严格清塘，并在 2 月底前结束扣蟹放养，每 667 米² 投放 120 只/千克的扣蟹 820 只。

3—5月，只进行成蟹养殖的常规投喂，不对亲本虾另投饲料。

3. 利用青虾繁育场错季进行鳜鱼种培育

1月对14.67公顷青虾繁育场的22只塘口彻底清塘，晒塘15～20天后进行肥水培育。3月底开始培育以鲫为主的饵料鱼。4月20日左右购进鳜鱼苗，利用其中的3.33公顷（5只池塘），每667米^{2}放3.6万尾鳜鱼苗，培育到4厘米以上，开始对外销售。5月28日前全部销售结束。一季共产4厘米以上鳜鱼种165万尾。

4. 青虾的强化培育与繁苗

当鳜鱼种销售结束后，6月初用地笼将套养在6.67公顷河蟹池中的"太湖1号"青虾的抱卵亲本捕捞回收，按雌雄比5∶1的比例放养到14.67公顷青虾繁育池塘中。规格为200尾/千克的亲本放养量控制在每667米^{2}22～30千克。强化肥水管理，投饲蛋白含量32%的饲料，并根据不同塘口的肥水情况增施发酵的有机肥和生物底肥。经过一个阶段的亲本强化培育，6月中旬产卵率平均达到85%以上，随后开始虾苗的培育，1个月后虾苗规格1.1厘米、每千克1.5万尾时开始出售。平均每667米^{2}繁苗量95.2万尾，折合每667米^{2}产45千克。

5. 青虾的养成

将虾苗的82%销售后，将留下的虾苗再进行分塘养成。放养前还必须对池塘进行消毒清塘，再计数放养，每667米^{2}放养量17万尾，日常管理注重肥水调节，增氧投饲，并进行2次纤毛虫防治。至12月底每667米^{2}产规格1 820尾/千克的虾种62.5千克。

（本案例由南京市水产技术推广站　周国平　薛洋提供）

二、"太湖1号"青虾两季主养加繁育模式

（一）养殖户基本信息

季大林，昆山市周市镇斜塘村养殖户。一只池塘养殖面积0.6公顷。近年来，该养殖户通过对"太湖1号"F_0代苗种繁育和青虾主养经验的总结，对养殖模式进行了细微的调整，获得了较好的效益，实现平均池塘每667米^{2}产160千克，每667米^{2}均经济效益6 363元，现将有关养殖技术总结如下：

（二）放养与收获情况

"太湖1号"青虾两季主养加繁育模式放养与收获情况见表5-28。

表5-28　"太湖1号"青虾两季主养加繁育模式放养与收获情况

养殖品种	放养			收获		
	时间	规格 （尾/千克）	每667米² 放养量	时间	规格 （尾/千克）	每667米² 产量（千克）
青虾春季	2月10日	800	25千克	4月初起捕 7月底结束	300 10 000	30 50
青虾秋季	7月26日	10 500	12万尾	集中元旦、 春节卖	300 1 300	30 50

（三）效益分析

"太湖1号"青虾两季主养加繁育模式效益分析见表5-29。

表5-29　"太湖1号"青虾两季主养加繁育模式效益分析

	项　　目		数量	单价	总价（元）
成本	1. 池塘承包费		0.6公顷	每667米² 价格200元	1 800
	2. 苗种费	春虾种	225千克	40元	9 000
		秋虾苗	108万尾	58.33元	6 300
		小计	—	—	15 300
	3. 饲料费	自制配方料	—	—	12 300
		小计	—	—	12 300
	4. 渔药费	渔药肥料	—	—	450
		小计	—	—	450
	5. 其他	水电	—	—	1 080
		小计	—	—	1 080
	6. 总成本		0.6公顷	每667米² 成本3 437元	30 930

215

（续）

项　　目		数量	单价	总价（元）
产值	单项产值 春季商品虾	270 千克	60 元	16 200
	亲虾苗	450 千克	60 元	27 000
	秋季商品虾	270 千克	100 元	27 000
	秋季虾种	450 千克	40 元	18 000
总产值		0.6 公顷	每 667 米² 产值 9 800 元	88 200
利润		0.6 公顷	每 667 米² 利润 6 363 元	57 270

（四）关键技术

① 彻底晒塘和清塘，生石灰和漂白粉用量要足，彻底杀死塘内的敌害生物和有害菌。首先对于多年养殖的老塘塘底过多的淤泥要及早清除，保持淤泥厚度在 20～30 厘米，清除塘边的杂草；干塘后，在太阳底下充分曝晒塘底 2 周左右，直到塘底龟裂颜色变灰白；放苗前 7～15 天使用漂白粉或生石灰进行清塘（两种清塘药品每年轮流使用），漂白粉每 667 米² 15 千克，生石灰每 667 米² 100 千克。

② 春虾养殖过程中采取捕大留小的办法，抱卵虾作为苗种繁育，增加产量及收入。春虾苗于 2 月底 3 月初放养，规格较大，每 667 米² 放规格为 1 400～1 500 尾/千克的春虾苗 15～30 千克；5 月中旬每 667 米² 放抱卵虾 7.5～10 千克，适当搭配少许雄虾，雌雄比例控制在 6～8：1；7 月底 8 月初育苗结束，将养殖池塘清塘消毒之后放养秋虾苗，每 667 米² 放规格为 6 000～8 000 尾/千克的虾苗 6 万～8 万尾。

③ 饲料投喂后勤观察，多核算，避免多投浪费和败坏水质。每天一次在 16：00—17：00 进行喂食，早期投喂每 667 米² 0.5～1 千克；到 5～6 月和 10 月时则增加投喂量，每 667 米² 1.5～2 千克。喂食后注意观察吃食情况，根据吃完情况进行投喂量的调整。

④ 定期使用微孔增氧机，从 5 月温度升高开始，每天中午开增氧机 2 小时，闷热天气适当延长时间，下半夜容易缺氧，应开启增氧设备确保水中溶解氧充足。

⑤ 定期使用微生物制剂和底改，5 月开始注意水质的变化 1 个月左右使用一次微生物制剂和底质改良剂，保持水质稳定。

（本案例由苏州市水产技术推广站　诸葛燕，昆山市水产技术推广站　蒋明提供）

第四节　淡水白鲳与青虾轮养

一、养殖户基本信息

苏多春，南京市浦口区永宁镇候冲村养殖户。该养殖户从事水产养殖近 20 年，思路灵活，有胆量，接受新事物快。个人承包土地 6.67 公顷，开挖鱼池 4.67 公顷，养殖过罗氏沼虾、斑点叉尾鮰、倒刺鲃、全雄罗非鱼等新品种，在当地养殖户中有带头作用，不少养殖户跟着他进行养殖；而且该养殖户还从事水产品及渔药的销售，市场信息了解较多。开展淡水白鲳与青虾轮养的养殖池塘 1 只，面积 0.8 公顷，塘口规整，池底平坦，池深 1.8 米，黏土底质，保水好。

二、放养与收获情况

淡水白鲳与青虾轮养模式放养与收获情况见表 5-30。

表 5-30　淡水白鲳与青虾轮养模式放养与收获情况

养殖品种	放养			收获		
	时间	规格（尾/千克）	每 667 米² 放养量（尾）	时间	规格	每 667 米² 产量（千克）
淡水白鲳	2011 年 5 月 8 日	7	800	2011 年 7 月 15 日	0.7 千克/尾	548.8
鲢	2011 年 1 月 8 日	2	70	2011 年 7 月 15 日	1.15 千克/尾	76.5

（续）

养殖品种	放养			收获		
	时间	规格（尾/千克）	每667米²放养量（尾）	时间	规格	每667米²产量（千克）
鳙	2011年1月8日	2	30	2011年7月15日	1.5千克/尾	40.5
银鲫	2011年1月8日	10	120	2011年7月15日	0.32千克/尾	32.5
秋季青虾	2011年8月5日	7 500	8万	2012年1月20日	300尾/千克945尾/千克	83.5 12

三、效益分析

淡水白鲳与青虾轮养模式效益分析见表5-31。

表5-31 淡水白鲳与青虾轮养模式效益分析

项　目		数量	单价	总价（元）
成本	1.池塘承包费	0.8公顷	每667米²价格800元	9 600元
	2.苗种费 淡水白鲳	9 600尾	2.6元	24 960
	鲢鱼种	840尾	2.2元	1 848
	鳙鱼种	360尾	3.0元	1 080
	银鲫种	1 440尾	1.2元	1 728
	秋虾苗	128千克	35元	4 480
	小计	—	—	43 696
	3.饲料费 配合饲料（淡水白鲳）	13 171千克	3.6元	47 415.6
	配合饲料（青虾）	2 292千克	4.8元	11 001.6
	小计	17 755千克	—	58 417.2

（续）

项　　目		数量	单价	总价（元）
成本	**4. 渔药费** 消毒剂	6 箱	120 元	720
	微生态制剂	12 瓶	240 元	2 880
	生石灰	4.8 吨	200 元	960
	小计	—	—	4 560
	5. 其他 肥料	—	—	1 200
	水草	—	—	800
	电费	—	—	3 500
	人工	—	—	30 000
	折旧	—	—	3 000
	小计	—	—	38 500
	6. 总成本	0.8 公顷	每 667 米² 成本 12 097.8 元	145 173.2
产值	**单项产值** 淡水白鲳	6 585.6 千克	15 元	98 784
	鲢	918 千克	5.6 元	5 140.8
	鳙	486 千克	10 元	4 860
	银鲫	390 千克	10 元	3 900
	秋季商品虾	1 002 千克	88 元	88 176
	秋季虾种	144 千克	52 元	7 488
	总产值	0.8 公顷	每 667 米² 产值 17 362.4 元	208 348.8
	利润	0.8 公顷	每 667 米² 利润 5 265.6 元	63 175.6

四、关键技术

1. 养殖技术要点

①　严把池塘准备关：按要求进行池塘准备与消毒，在春季放养鱼种与秋季放养青虾前进行晒塘，用石灰清塘，鱼种下塘时进行

消毒，防止存在敌害生物与带入病原。放养青虾前加水用 60 目网袋过滤，防止小杂鱼进入，配备完善的电力设施与微孔增氧设施。②严把饲料关：选择高质量配合饲料，在饲养淡水白鲳时选用蛋白32％的浮性料，用自动投饲机投喂，在养殖青虾时选用 33％的沉性料，用人工投喂。③严抓品种规格关：放养的淡水白鲳与其他鱼类品种，除了要整齐，还要达到一定规格，若规格小，养殖时间不够，上市规格不够或过小，将影响上市价格或无法上市。④严扣时间节点：在 1 月时养殖搭配品种放养完毕，在 5 月 10 日前淡水白鲳放养完毕，在 7 月 15 日前养殖的鱼类品种要捕捞上市。⑤严抓管理关：坚持每天巡塘 2 次，及时捞取池中杂物、漂浮的水草等，观察摄食情况。

2. 心得体会

淡水白鲳鱼种的规格要大，最好为 5～7 尾/千克，若规格小，到 7 月中上旬有一部分达不到 0.65 尾/千克，将影响淡水白鲳的销售，拖塘会影响青虾养殖。在青虾养殖季节要勤开增氧机，提高池塘溶氧量，提高生长速度。要加强秋放虾苗的质量管理，虾苗的规格要整齐，没有伤病。在平时要定期使用微生态制剂调节水质，防止蓝藻暴发，出现"水华"，恶化水质。

（本案例由南京市水产技术推广站　朱银安，南京市浦口区水产技术指导站　许尤文提供）

第五节　南美白对虾与青虾混（轮）养

一、养殖户基本信息

李正方，苏州市吴江区同里镇叶建村养殖户，主要养殖南美白对虾、青虾。针对南美白对虾生长速度快，养殖周期短等特点，近年来李正方摸索在南美白对虾养殖池塘套养青虾的养殖技术，2012年他养殖的 1 公顷南美白对虾套养青虾，每 667 米^2 产南美白对虾550 千克、青虾 30 千克，每 667 米^2 产值 21 250 元、成本 9 818 元、效益 11 432 元，实现了增产增效的目的。

二、放养与收获情况

南美白对虾与青虾混（轮）养模式放养与收获情况见表 5-32。

表 5-32 南美白对虾与青虾混（轮）养模式放养与收获情况

养殖品种	放 养			收 获		
	时间	规格	每 667 米^{2}放养量（尾）	时间	规格（尾/千克）	每 667 米^{2}产量（千克）
南美白对虾	3 月 31 日	0.3～0.5 厘米	8.5 万	7—10 月	70	550
青虾	7 月 22 日	6 000 尾/千克	5.5 万	12 月	340	30

三、效益分析

南美白对虾与青虾混（轮）养模式效益分析见表 5-33。

表 5-33 南美白对虾与青虾混（轮）养模式效益分析

	项 目		数量	单价	总价（元）
成本	1. 池塘承包费		1 公顷	每 667 米^{2}价格 900 元	13 500
	2. 苗种费	南美白对虾	127.5 万尾	150 元	19 125
		秋虾苗	138 千克	50 元	6 900
		小计	—	—	26 025
	3. 饲料费	配合饲料	10 吨	8400 元	84 000
		小计			84 000
	4. 渔药费	—			7 500

（续）

项　　目		数量	单价	总价（元）
成本	5. 其他　　肥料	—	—	5 745
	电费	—	—	10 500
	小计	—	—	16 242
	6. 总成本	1 公顷	每 667 米^2 成本 9 818 元	147 270
产值	单项产值　南美白对虾	8 250 千克	35 元	288 750
	秋季商品虾	450 千克	67 元	30 150
	总产值	1 公顷	每 667 米^2 产值 21 260 元	318 900
	利润	1 公顷	每 667 米^2 利润 11 442 元	171 630

四、关键技术

1. 南美白对虾养殖

南美白对虾套养青虾技术中，南美白对虾养殖仍按原来的养殖方法进行。

（1）苗种放养及淡化　在鱼池边开挖 2 只长 80 米、宽 5 米、深 1 米的暂养池，上面用薄膜呈圆弧形覆盖，内用开水锅炉循环水加热，保持暂养池水温为 23～28 ℃，连续增氧，确保南美白对虾淡化和生长。按每 667 米^2 16 万尾放养将未淡化的南美白对虾苗放养在 2 只暂养池中，每 1～2 天加 5 厘米的淡水进行淡化，待水位加满时采用排水 5～10 厘米后再加水 5～10 厘米，直到盐度接近淡水。

（2）苗种出暂养池时间　4 月 20—30 日，此时虾苗已长至 2～3.5 厘米，盐度已淡净，池塘最低水温为 18 ℃，此时即可放养至大池养殖了，大池加水至水位 60～70 厘米，暂养池沉没即可。

（3）大池的饲养管理　每天投喂 2 次，06：30—07：30 投每天总量的 30%，5：00—6：00 投总量的 70%。采用定时、定位、定质、定量的

"四定"原则进行投喂。适量加注新水，一般每次20～30厘米，认真做好生态防病工作，投放微生物制剂改良水质，一般每7～10天施一次。

（4）**捕捞方法**　捕捞采用地笼方式捕捉，地笼用网为9号网，小于180尾/千克的会从网眼中漏出，18：00—19：00，地笼由池埂向池中延伸，在地笼上投喂0.5～1千克颗粒饲料（捕捞当天晚上饲料在捕捞结束后投放），一般30～60分钟即可起捕，每条地笼可捕到25～40千克上规格的商品虾，反复几次后捕获率达到95％以上，不需干池。

（5）**收获**　采用锅炉苗暂养技术的，在7月初可收获第一批，一般每667米^{2}可收获100千克，7～10天后可收获第二批，直至全部收获，一般在9月底至10月初全部起捕销售。

2. 套养青虾

（1）**青虾苗种放养**　放养青虾苗时间为7月下旬至8月中旬，青虾苗的规格为6 000～8 000尾/千克，青虾苗的每667米^{2}放量为5万～7万尾。

（2）**青虾的养殖管理**　青虾苗种放养后的前一个月，除了需特别注意适时增氧外，其他池塘日常管理仍按养殖南美白对虾进行，1个月后南美白对虾起捕销售逐步接近尾声，此时抓紧青虾的养殖管理：水体消毒、加注新水、投喂青虾颗粒饲料、移植水草、做好生态防病工作，投放微生物制剂改良水质，一般每7～10天施一次。

（3）**青虾的收获**　每667米^{2}青虾产量30～60千克，上市商品青虾50％，商品虾销售价70元/千克左右，小虾销售价40元/千克，每667米^{2}产值增加近2 000元，在年底前销售结束，不影响翌年养殖白对虾池塘的改造和晒池。

3. 南美白对虾套养青虾的体会

采用南美白对虾套养青虾这一技术，在原来养殖南美白对虾的基础上套养青虾，每667米^{2}增产青虾30～60千克、产值增加近2 500元左右，扣除苗种、饲料等成本每667米^{2}效益增加2 000元，经济效益好且易操作，深受广大养殖户的欢迎。

（本案例由苏州市水产技术推广站　顾建华，吴江市水产技术推广站　周建忠提供）

第六节　虾草轮作生态养殖模式

一、养殖户基本信息

溧阳市社渚镇是江苏省最大、全国知名的青虾养殖镇区，现有养殖水面 3 000 公顷，其中青虾主养面积 2 333.3 公顷，从事青虾养殖农户 1 185 户。近年来，随着江苏省水产三项工程项目——"太湖 1 号"青虾高效养殖示范项目的实施推动下，该市青虾养殖技术不断优化，养殖模式不断创新，养殖效益也不断攀升。特别是青虾、轮叶黑藻轮作生态养殖模式的推广应用，改善了池塘水质，提升了青虾品质，同时也提高了单位面积的经济效益，每 667 米^2 均增收轮叶黑藻轮 1 500 元左右，有力地促进了渔（农）民增收。

张荣喜，社渚镇河口村青虾养殖户，从事青虾养殖多年，现有养殖面积 4.33 公顷，自 2010 年开始应用虾草轮作养殖模式，在保持青虾单位产量的同时，增加了单位面积产值，提高了养殖经济效益。

池塘面积为每只 0.4 公顷，池深 1 米，池底中央开挖一条 30 厘米深、30 厘米宽的排水沟，向排水口倾斜便于排水。每 667 米^2 放置盘式气头 3 个，配套功率每 667 米^2 0.2 千瓦。养殖场周边水源充足、水质良好，进排水方便。为防止野杂鱼等敌害生物进入池塘，采取了在进水口外层用密网包紧、出水口套上 120 目的尼龙网、排水口也套上密网的措施。

二、放养与收获情况

苗种来源于社渚镇"太湖 1 号"青虾良种繁育场繁育的"太湖 1 号"青虾 F$_1$ 代苗种。7 月 5 日起放养规格整齐、色泽鲜艳、体表光滑无伤、体质健壮的"太湖 1 号"青虾苗种每 667 米^2 8 万～10 万尾，苗种规格为 1.3～1.5 厘米，单只池塘一次放足。放养与收获情况见表 5-34。

表5-34　虾草轮作生态养殖模式放养与收获情况

养殖品种	放　养			收　获		
	时间	规格（尾/千克）	每667米²放养量（尾）	时间	规格（尾/千克）	每667米²产量（千克）
青虾秋季	2012年7月	7 000～8 000	8万～10万	2012年12月31日至2013年2月28日	160～200 1 600	63.8 58.9

三、效益分析

虾草轮作生态养殖模式效益分析见表5-35。

表5-35　虾草轮作生态养殖模式效益分析

	项　目		数量	单价	总价（元）
成本	1. 池塘承包费		4.33公顷	每667米²价格400元	26 000
	2. 苗种费	秋虾苗	650千克	50元	32 500
		小计	—	—	32 500
	3. 饲料费	配合饲料	23 920千克	2元	47 840
		小计	—	—	47 840
	4. 渔药费	消毒剂	—	—	5 200
		微生态制剂	—	—	13 000
		杀虫杀菌剂	—	—	6 500
		生石灰	—	—	9 750
		小计	—	—	34 450

（续）

项　目		数量	单价	总价（元）
成本	5. 其他　肥料	—	—	9 750
	水草	—	—	9 750
	电费	—	—	9 750
	人工	—	—	19 500
	小计	—	—	48 750
	6. 总成本	4.33 公顷	每 667 米² 成本 2 916 元	189 540
产值	单项产值　秋季商品虾	4 147.3 千克	80 元	331 784
	秋季虾种	3 828.2 千克	50 元	191 410
	其他收入	草籽 3 692 千克 成草按 4.33 公顷计	草籽 26 元/千克 成草每 667 米² 150 元	105 742
	总产值	4.33 公顷	每 667 米² 产值 9 676 元	628 936
	利润	4.33 公顷	每 667 米² 利润 6 760 元	439 400

四、关键技术

（一）养殖技术要点

1. 清塘消毒

5 月底成草卖完后，开始干塘、曝晒，平整池底，开挖向出水口倾斜的排水沟。投放苗种前 15～20 天，进水 20 厘米，每 667 米² 使用 150 千克的生石灰化浆全池泼洒，并在第二天用钉耙翻动底泥，尽量使底泥与生石灰混匀，彻底杀灭寄生虫、病原及野杂鱼。

2. 栽种水草

消毒 7～10 天后，距离池边 8 米扦插栽种轮叶黑藻，栽种丛距横 4 米、竖 4 米，每 667 米^2 栽种轮叶黑藻 50 千克。池塘水位随水草的生长进行调节，前期水草面积占池塘面积的 30％，中后期占 50％～60％，高温时节，水草快速生长时要人工割除多余水草。

3. 培肥水质

投放苗种前 7 天，加水 50～60 厘米，每 667 米^2 使用 2 千克肥水宝和 1 千克氨基酸培藻素等微生物制剂混匀全池泼洒，培育饵料生物。

4. 科学投喂

饲料选用新鲜、适口、无腐败变质、无污染的优质配合颗粒饲料（粗蛋白质含量 36％～41％），投喂原则是两头高、中间低。虾苗入池后的 10～20 天，使用粗蛋白质含量 41％的微颗粒饲料投喂；待虾苗体长达到 2.5 厘米以后改用粗蛋白质含量 36％的颗粒饲料投喂；10 月改用粗蛋白质含量 41％的颗粒饲料，增加营养，增强青虾体质。

投喂方法：日投喂 2 次，上午为日投量的 1/3，下午为 2/3。投喂时间为每天 07：00—08：00 和 17：00—18：00。根据天气、水色、虾体生长、摄食情况调节投饲量，前期虾苗阶段日投饲量为每 667 米^2 0.5 千克，逐步增加到高温时节虾快速生长期的每 667 米^2 2.5 千克，10 月以后水温逐步下降，投饲量逐步减少，投饲量以投喂的饲料在 2 小时之内吃完为宜。

5. 调控水质

(1) 肥度调节　采用虾草轮作模式，水质调节是关键。在养殖过程中，根据水质肥瘦情况适时加施追肥或换注新水。水质过瘦时施用微生物肥水剂和氨基酸培藻素进行肥水；水质过浓时，及时换注 1/4～1/3 的新水。养殖前期池水透明度控制在 25～30 厘米，中、后期为 30～40 厘米。

(2) 水质调控　根据水色定期使用有益微生物制剂、生物底改剂改善水体环境，一般每 15 天调水一次，溶氧量保持在 5 毫克/升以上，pH7.5～8.5。

(3) 水位控制　池塘水位随养殖过程逐步调整，苗种放养时水位控制在 50～60 厘米，随着气温升高逐步提高，养殖中期水位控制在 1 米，后期水位保持在 1.2 米。青虾捕捞结束后，池塘中保持一定水位，保证水草越冬生长，翌年可出售成草。

6. 适时增氧

一般每天开启增氧机一次，开启时间为 22:00 至翌日 06:00。闷热天气增加开启时间，为 18:00 至翌日 08:00。高温期间，中午开启增氧机 2～3 小时。

7. 病害防治

以防为主，定期使用二氧化氯、复合碘消毒剂全池泼洒，高温时节每 15 天使用一次。

8. 日常管理

加强巡塘，每天清晨及傍晚各巡塘一次，观察水色变化、虾活动情况、蜕壳数量、摄食情况；检查塘基有无渗漏，防逃设施是否完好；严防缺氧。

9. 捕捞收获

商品虾达到规格及时起捕上市，降低池塘水位使用地笼捕捞。捕捞时避开蜕壳高峰期，减少软壳虾的损失。

池塘中青虾全部起捕后，人工使用拖网收获轮叶黑藻草籽出售，翌年 4—5 月人工收割成草出售。

（二）关键技术

1. 水草栽种控制技术

虾草轮作生态养殖模式在不减少青虾单产的基础上，增加草籽及成草收入，提高经济效益。为实现青虾、水草相互共生，水草栽种技术是关键。在栽种水草时，池边预留出空地，减少水草对虾在浅滩处摄食活动的影响。水草栽种丛距横 4 米、竖 4 米，栽种量控制在每 667 $米^2$ 50 千克。水草快速生长时要及时人工割除部分水草，使其覆盖率控制在 50%～60%。

2. 水质调控技术

养殖水体的肥瘦程度是影响青虾产量高低的一个关键因素，而池中水草对水体肥瘦又有很大的影响，因此如何平衡水体肥瘦与水草生长是虾草轮作生态养殖模式的一项关键技术。养殖过程中应勤观察水色变化，水质过瘦时，及时施用微生物肥水剂、氨基酸培藻素等有益微生物制剂进行肥水；水质过浓时，及时换注 1/4～1/3 的新水。养殖前期池水透明度控制在 25～30 厘米，中、后期为30～40 厘米。

3. 适时增氧

充足的溶解氧对青虾的健康生长至关重要，而虾草轮作池塘载荷大，在闷热天气容易出现缺氧，因此严防缺氧是保证青虾产量的关键所在。合理布置微孔管道增氧设施的盘式纳米管和保证合理的开启时间，可降低生产成本，保证养殖水体溶解氧充足。池中每隔 16 米放置一个盘式纳米管，每 667 米² 放置 3 个，配备功率 0.2 千瓦。每天开启增氧机一次，开启时间为 22：00 至翌日 06：00，闷热天气增加开启时间，为 18：00 至翌日 08：00。高温期间，中午开启增氧机 2～3 小时。

（本案例由溧阳市水产技术推广站　余水法提供）

第七节　池塘蟹、虾、鱼混养技术

一、虾、蟹与鳜混养

张建楼，江苏省泰州兴化市钓鱼镇陆杨村渔业科技示范户，2009 年探索以河蟹为主，套养青虾，搭配鲢、鳙和鳜的混养模式。

该示范户承包塘口面积为 0.7 公顷，水源水质良好，有独立的进排水系，池塘水位可保持在 1.5～1.8 米。根据河蟹养殖要求设计池塘，并安装微孔管道增氧设施，按照池塘清整消毒，适时施基、追肥，科学投喂饲料，强化水质管理，生态防治病害，适时投种捕获等要求进行。具体养殖情况如下：

（一）投入情况

1. 种苗放养

2009 年 2 月 26 日投放规格为 1 400～1 600 尾/千克的青虾虾种157 千克，每 667 米² 平均 15 千克；3 月 4 日投放规格为 200 只/千克的蟹种 8 400 只，平均每 667 米² 800 只；5 月 25 日投放规格为 5~7 厘米的大规格鳜鱼种 320 尾，平均每 667 米² 30.5 尾；2 月 29 日投放规格为 0.15~0.2 千克/尾的鲢鱼种 210 尾、规格为 200~300 克/尾的鳙鱼种 45 尾，平均每 667 米² 24.3 尾，1 月 30 日投放规格为 0.3~0.5 千克/尾的银鲫成鱼 63 尾，平均每 667 米² 6 尾（主要为自繁提高鳜饵料鱼）。

2. 成本投入

上缴塘租 3 670 元、种苗费 8 040 元（其中蟹种 4 200 元、虾种 3 000 元、鳜鱼种 450 元、鲢鳙鱼种 170 元、鲫鱼种 250 元）、饲料 13 200 元（其中，螺蛳 2 900 元、小杂鱼 800 元、配合饲料 8 500 元、小麦及南瓜等 1 000 元）、药品 1 450 元、水电费 1 850 元、微孔设施折旧（按 4 年）1 180 元，临时人工工资 4 500 元，总成本 33 890 元，平均每 667 米² 3 228 元。

（二）产出及效益

河蟹 887 千克，平均每 667 米² 84.5 千克，平均 76 元/千克，收入 67 410 元；青虾 438 千克，平均每 667 米² 41.7 千克，平均 39 元/千克，收入 17 080 元；鳜 122.4 千克，平均每 667 米² 11.7 千克，平均 36 元/千克，收入 4 400 元；其他鱼类 850 元。累计总收入 89 740 元，平均每 667 米² 8 547 元，总纯效益 55 850 元，平均净利润每 667 米² 5 319 元。

（三）主要技术要点

1. 优化放养结构

野杂鱼与河蟹争饵、争氧、争空间，而鳜是清除野杂鱼的能手，同时不会对河蟹产生威胁。只要饵料鱼充足，提高河蟹放养规格为 100 只/千克，在纳米微管增氧技术的支持下，可适度增加鳜夏花投放量（每 667 米² 50~60 尾），商品鳜可达每 667 米² 25 千克左右，并可减少秋繁虾苗的数量，降低秋季青虾池塘养殖密度，提高青虾上市规格。虽然影响青虾的后期产量，但可提高综合经济效益。

2. 应用微管增氧技术

利用纳米材料制成的管道上面没有可见孔，使用中不会发生如 PVC 管子打的孔被淤泥、水草堵塞的问题。同时增氧管是从池塘底部向上进行供氧，使得整个池塘由底层、中层到上层全部都能供到氧，而且供氧均匀；并且气泡产生时没有曝气噪声，有利于鱼虾蟹的摄食和生长。该技术使用后，相比原先的水车式和叶轮式增氧机增氧而言，变表面增氧为底层增氧、点式增氧为全池增氧、动态增氧为静态增氧，每 667 米^2 铺设成本 450 元左右。

3. 使用生物制剂

该试验中使用微生物制剂调节水质，每 667 米^2 施用一次的成本为 3 元左右，同时可相应减少池塘换水与加水的次数，避免外界水源带入病原，对建立资源节约型、环境友好型渔业有一定的现实意义。

4. 改善池塘养殖环境

由于池塘中溶解氧充足，水体氨氮、亚硝酸盐、硫化氢等有害物质含量低，养殖动物活力强、吃食旺盛，饲料系数降低，病害少，养殖成本也相对降低。该试验虽然将放养密度提高了 2 倍以上，但该池塘未发生病害，水产品养成规格也较大。养殖过程中仅在 5 月中旬及 8 月上旬使用了一次溴氯海因和一次二氧化氯，内服药为大蒜素、维生素及免疫增强剂进行预防，对提高水产品质量起到较好的保证作用。

（本案例由兴化市渔业技术指导站　张凤翔提供）

二、虾蟹与常规鱼混养

魏雪峰，江苏省苏州常熟市辛庄镇潭荡村水产养殖户。养虾池面积 2.33 公顷，2 月中旬放养 100 只/千克的蟹种每 667 米^2 700 只，3 月初放养 20～30 尾/千克的鳙、鲢 30～40 尾，春放自留 1 000～1 200 只/千克的幼虾每 667 米^2 10～15 千克。收获商品虾 1 720 千克，平均每 667 米^2 49 千克；商品蟹 2 520 千克，平均每 667 米^2

72 千克；扣蟹 4 000 千克，计 4 万只；鱼 1 750 千克。实现总产值 20.5 万元，创利 11.75 万元，平均每 667 米²3 350 元。其技术要点如下：

1. 池塘清整彻底

① 彻底曝晒，待秋冬季虾蟹起捕上市后即干塘曝晒，达到塘底龟裂为止，经过几十天的冰冻曝晒，可自然杀菌灭害，也可充分释放池底有害气体，确保水质良好和稳定。②生石灰干法清塘，每 667 米² 用量 100 千克，还水 15 天后才可放种。③施放基肥，还水前干洒高浓度进口复合肥每 667 米²7.5 千克左右。

2. 种草放螺

① 种草：池底晒硬，清除杂草，每年新栽，四周离埂 5～6 米处开始，拉线放样，4 米²，挖个小坑种一把草。株行均称，通风透光，规格标准。②放螺：3 月中旬前投放螺蛳每 667 米²350～400 千克。

3. 蟹种立足自育自给

前两年的蟹种来源是自育和引进各占一半，通过两年的对照养殖结果证明，发病率、回捕率及产量规格等前者均优于后者。因此，今年蟹种自育充足，自给有余，多余销售。

4. 混养密度科学合理

2 月中旬每 667 米² 放蟹种 700 只左右，规格约 100 只/千克。3 月初套养鳙每 667 米²30 尾，规格 20 尾/千克；同时套养殖鲢每 667 米²40 尾，规格 30 尾/千克。春放自留青虾，密度每 667 米²10～15 千克，规格 1 000～1 200 只/千克。8 月 20 日前后必须多次对每只蟹池用密网捞海检查虾苗存量，如发现存量不足，必须补放约 1 万尾/千克的虾苗，力求每 667 米²3 万尾以上，确保虾蟹混养比例达到最佳效果。

5. 精投细喂，荤素搭配

虾蟹放养后，每天早晚 2 次巡塘观察，如晚上发现虾蟹上滩或温度达 13 ℃时，开始投饲，前期全部投喂恒兴全价饲料。8 月中旬开始每天增投小杂鱼等动物性饲料，荤素搭配比例最佳值为 7：3。

并坚持每天早上巡塘检查有无残饲，灵活增减，如发现池一侧吃净，另一侧吃剩，则说明池水缺氧，应增氧。

6. 科学调节水位水质

（1）**水位**　放种初水位在 30～40 厘米，开食后水位随水温上升而逐步上升，当气温达 30 ℃以上时，水位应掌握在 80～100 厘米。水位过高，水草易籴，只要水草正常，35 ℃高温虾蟹照样安然无恙。

（2）**水质**　当水草旺盛，螺蛳充足时，水质较稳定。如巡塘发现水质突变，至少有两种原因：①水草烂根败坏水质；②残饲过剩污染水质。必须采取应对措施，清除滩脚残饲垃圾后泼洒消毒杀菌剂。

7. 无病先防，有病早治

① 2—3 月放养前对虾蟹种苗进行检测；②4 月中旬和 8 月中旬发病高峰期对青虾、河蟹进行送检。并以防为主，主动预防，先用杀虫药，后用杀菌药，一旦检测结果发现病虫，必须连用 2 次药。平时多用"EM"菌、"底净 1 号"等微生物制剂调节水质，为养殖动物营造一个良好的生长环境，以减少病害的发生。

（本案例由苏州市水产技术推广站　诸葛燕，常熟市水产技术推广站　何奇提供）

第八节　鱼种池混养青虾模式

李昌斌，兴化市海南镇生态养殖场水产养殖户，从 1999 年开始一直从事鱼种池混养青虾高产养殖，每年都取得很好的经济效益，带动周边近 100 公顷池塘应用该模式，起到了较好的示范带动作用。养殖结果表明，在鱼种池混养青虾模式中，适当降低鱼种产量，增加虾种投放量，增投颗粒配合饲料和鲜活动物饲料，完全可以达到提高青虾产量、大幅度增加池塘养殖经济效益的目的。现将其 2008 年养殖情况介绍如下：

一、投入情况

该池塘面积 0.55 公顷，池深 1.8 米，淤泥深 15 厘米。3 月上旬共投放虾种 85 千克，平均每 667 米² 放 10.2 千克，规格为900～1 100 只/千克；鱼类夏花于 6 月初放养，其中鲢、鳙 5 000 尾，团头鲂 5 000 尾，银鲫 500 尾。试验采用水面浮植空心菜和池内铺设网片相结合的办法设置虾巢。空心菜浮植面积占池面 20%，网片面积占 10%。试验全过程共投喂麦粉 800 千克，青虾颗粒饲料720 千克，螺蛳 20 桶。

二、产出情况

共收获青虾 503.8 千克，大规格鱼种 1 814 千克，平均每 667 米²产青虾 60.7 千克、鱼种 218.6 千克；总产值 25 650 元，总成本7 970元，总利 17 680 元，平均每 667 米² 2 130 元。

三、生产体会

鱼种结构及放养虾苗的不同规格和密度直接影响青虾的产量和经济效益，必须做到合理搭配放养。实际操作时必须处理好下面几种关系。

1. 鱼种结构和青虾产量的关系

俗说："大鱼吃小鱼，小鱼吃虾米"。许多养殖鱼类能吃虾，尤其是在青虾蜕皮阶段，其中，青鱼、鲤对青虾杀伤最厉害，草鱼、鲫、团头鲂次之，鳙能吞食刚孵化出来的溞状幼体。然而由于青虾属一年多次产卵，加之青虾种质退化出现的性早熟等，虾苗数量多，尽管在塘鱼类摄食部分虾苗，但仍能保持一定的数量，而且还能控制由于青虾过度繁殖而影响到青虾的养成规格。因此，提高秋季养虾的商品率，搭养适量的食虾鱼来控制虾苗的密度是一项较好的措施。通过对三种鱼种结构的研究，其青虾产量呈现明显的差别（表 5－36）。

表 5-36 不同放养结构青虾产量比较

试验池号	面积（公顷）	每667米² 夏花放养（万尾）					幼虾放养		收 获（千克）			
		鳙、鲢	银鲫	草鱼	团头鲂	鲤	规格（厘米）	数量（千克）	鱼种		青虾	
									总产量	每667米²产量	总产量	每667米²产量
1	0.27	0.6	1.2				3	20	1 204	301	210	52.5
2	0.27	1	0.6	1.5	0.4		3	22	1 348	312	126	31.5
3	0.45	1.5		2	0.65	0.5	3	22.5	2 124	315	132	19.4

从表 5-36 来看，在放养幼虾的规格和密度几乎相同的情况下，由于鱼种结构不同，成虾的产量也不同。1 号池是以银鲫为主搭养鳙、鲢，青虾产量最高，每 667 米² 产量达 50 千克以上；2 号池是以草鱼、鲂为主搭养鳙、鲢、银鲫，青虾产量次之，每 667 米² 产量达 30 千克以上；3 号池因搭养了鲤，青虾产量最低，每 667 米² 产量仅 19.4 千克。

2. 幼虾放养密度与青虾产量的关系

春放幼虾，密度不同，上半年成虾产量不同。通过对三种不同幼虾放养密度的对比试验可以看出，在一定的放养密度内，幼虾放养量越多，春季青虾产量越高。试验具体如表 5-37。

表 5-37 不同幼虾放养密度成虾产量比较

试验池号	面积（公顷）	春季幼虾放养				7 月底前收获			青虾收获增重倍数
		日期（月）	规格（厘米）	数量（千克）	每667米²产量（千克）	总产量（千克）	规格（厘米）	每667米²产量（千克）	
1	0.63	2	3	125	13.2	342	≥5	36	2.7
2	0.53	2	3	44	5.5	148	≥5	18.5	3.4
3	0.67	2	3	20	2	110	≥5	11	5.5

（续）

日期	每667米² 夏季放养（万尾）						全年收获（千克）			
	银鲫	草鱼	鲂	鳊、鲢	合计	每667米²产量	鱼种		青虾	
							总量	每667米²产量	总量	每667米²产量
6月20日	3	0.5	0.5	2	6	0.63	2 500	263	567	59.6
6月24日	1.2	3	0.8	2	7	0.875	2 496	312	252	31.5
7月2日	4	1	1	4	10	1	3 105	310.5	145	14.5

3. 幼虾放养的密度与饲养管理水平和池塘条件有关

上半年是青虾单养期，如能抓住季节，加强饲养管理，放养密度可适当提高。表5-37试验1号池，0.63公顷鱼种池，2月干池，清整后投放3厘米的幼虾125千克，每667米²平均13.2千克。至7月底共上市成虾342千克，每667米²平均36千克，增重倍数为2.7。该户上半年自幼虾放养后切实加强管理，合理投喂，掌握水质，适时捕捞。另一只池塘，采取一般管理措施，投喂管理水平不如试验1号池精细。3厘米左右的幼虾放养密度一般为4～5千克，至7月底每667米²产成虾10～12千克，增重倍数为2.5。从实践来看，在池塘条件和饲养管理水平基本相同的情况下，放养密度增加也不一定能取得青虾高产，因此探索合理的放养密度仍然需要进一步研究。

（本案例由兴化市渔业技术指导站　赵继民提供）

第六章　青虾生产经营分析

第一节　青虾市场价格波动分析

从市场消费情况看，青虾一直是比较受欢迎的水产品。由于青虾养殖单位产量不高而市场需求始终保持旺盛，所以虽然青虾人工养殖规模不断扩大，但商品青虾价格一直保持在一个比较稳定的波动范围，市场比较稳定，在节假日等市场供应紧张时节，价格还会向上波动（图6-1）。

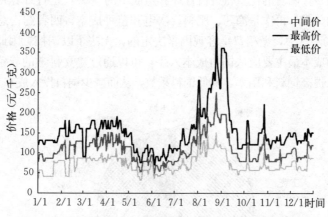

图6-1　2014年江苏凌家塘市场青虾市场价格波动情况

从图6-1可以看出，年度内青虾价格呈现几个涨跌周期。1—3月有元旦、春节、元宵节等重要节假日，对青虾的需求量较大，青虾价格开始较长时间处于高位运行。进入5月后，春季养殖虾开始大量上市，青虾价格大幅度下跌。在7月前后，春季养殖虾捕捞基本结束，而秋季养殖虾刚放苗，市场上青虾供应短缺，集中上市时间要到9—10月以后，所以此时青虾价格止跌回升，7—9月的青虾价格保持在高位运行。9 月以后，秋季养殖虾又开始大量上市，市场价格也随之有所下滑。

针对这种市场价格波动规律，可以开展一些迎合市场的养殖模式，如将秋季养殖商品虾越冬暂养留待春节前后出售，也可将春季养殖虾尽快促长提前上市，秋季养殖虾也争取做到提前上市，这样能取得更大的经济利益。

第二节　青虾养殖成本分析[*]

统计调查发现，在青虾养殖成本投入中，人工费比重是最大的（图 6-2），不过通常这些人工都是养殖户自己的人工投入，因此事实上养殖户关心的养殖成本主要是其他几项而非劳动力。其次是饲料费和塘租费，两者的比重将近占青虾养殖成本的 50%，是青虾养殖成本控制的关键。再次是渔药、肥料、水电和苗种成本，四者约占总成本的 11%。其中，塘租费是客观因素决定的，无法予以调控。因此，降低养殖成本最主要应从饲料成本入手，可以通过建立科学的养殖管理措施来提高饲料利用率，降低饲料系数，从而减少饲料投入成本。

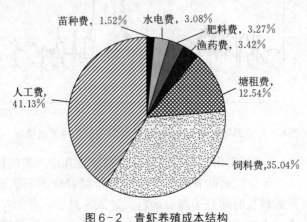

图 6-2　青虾养殖成本结构

* 本章第二、三节部分内容参考引用了南京农业大学硕士学位论文《青虾养殖技术效率研究——以江苏省为例》（戴璐），谨向作者致以深深谢意！

第三节 产业化发展

一、当前青虾产业化发展存在的问题

(一)养殖户缺乏科学的养殖技术和管理方式

当前青虾养殖多为散户养殖模式,大规模养殖户和专业养殖户较少,养殖户在相当程度上还是依靠扩大生产规模和大量投入资源来获得生产的发展,造成养殖资源利用不合理、青虾产出无法得到较大的提高、产品质量不高等问题,青虾生产还是粗放型的经济增长方式,缺乏科学的技术和管理,不利于良种技术的推广应用。养殖户的养殖技术多来源于经验和其他养殖户的帮助,虽然有许多养殖户参加过相关的技术培训讲座,但是培训次数太少,一年 1~2 次,养殖户没有对青虾养殖过程中各个投入要素的投入量形成清晰的概念,对养殖水温、溶解氧等生长条件控制不当。在发生青虾病害时,养殖户缺乏对病害的认知,容易导致滥用药物,难以保证青虾养殖的收益。

(二)养殖户的组织化程度过低

养殖户的组织化程度过低,表现为一方面养殖户对合作社等组织的认识不足,参与意识较为单薄,积极性不够,养殖户参与合作社的比例较低;另一方面,农村当前的水产合作社缺乏系统的管理,组织比较涣散,在经验交流、技术培训、信息服务、调查研究及青虾销售等方面也难以发挥有效的作用,对养殖户的激励程度低。这就导致当前我国青虾养殖户在抵御自然风险、社会风险和市场风险时处于十分不利的地位,影响青虾养殖的发展和长远利益的实现。

(三)青虾产业化程度低

当前我国青虾产业的各个环节(包括虾苗繁育,青虾生产、加工、销售、进出口贸易等）处于严重脱节的状态，青虾产业化水平过低，还未形成产、供、销一体的产业链。青虾生产是青虾产业的基础环节，其他环节对它的影响乃至对青虾养殖经济效益的影响都十分显著，而当前养殖户在销售鲜活青虾时缺乏对市场信息的清楚认知，存在盲目性，产销对接不顺畅，导致出现农户卖虾难、商贩买虾难的现象，农户需要承担的风险自然相应增加。青虾加工、进出口贸易与青虾生产的脱节现象更为严重，青虾养殖户几乎都没有与青虾加工或者进口贸易企业存在直接联系；而且青虾生产的标准化和规范化程度低，品质难以得到保证，这些都有赖于青虾产业化水平的提高。

二、促进产业化发展的途径

（一）提高农户的养殖专业化程度

养殖户的专业化程度依赖于农户人力资本的投资，包括农户自身文化水平和青虾养殖技术水平。由水产合作社牵头与科研院所和大专院校合作，邀请相关专家为养殖户介绍新品种和新技术，推动青虾养殖技术的创新和发展，提高青虾养殖环节的科学性。增加对养殖户的培训次数，加大培训活动的普及面，通过定期举办培训班、印发技术资料和现场技术指导等方式向养殖户普及适用的养殖技术，提高养殖户对销售行情和价格信息的敏感度。养殖户自身也应积极参加各种技术培训、技术指导、新品种新技术的引进等活动，主动与其他养殖户沟通交流养殖经验。养殖大户应积极起到产业带头作用，引导和帮助散户解决养殖技术问题，并促进新品种新技术的推广，从而带动提高养殖效率。

（二）提高养殖户组织化程度

在目前青虾养殖多为家庭散户养殖的情况下，合作社是促进养殖效率提高的重要因素。以江苏省为例，目前各地养殖户的组织化程度偏低，单个养殖户在其青虾生产和销售过程中十分被动，这就要求在政府的带领和支持下，注重对养殖大户、青虾经纪人和中介组织的引导、培育，积极组织建立合作社，广泛吸收养殖户参与合作社，逐步形成"经纪人（企业）＋基地＋农户"和"中介组织＋基地＋农户"的利益联结经营模式。农户之间互相带动，积极参加合作社，通过加入合作社来增强自身竞争力和谈判能力。

（三）促进合作社职能的发挥

当前各地合作社还远远没有发挥出其应有的职能，许多是形同虚设，因此促进合作社运行规范化，完善并充分发挥合作社的各项职能显得尤为重要。政府应加强对合作社的引导和管理，督促合作社把养殖户组织起来，并在青虾产前、产中和产后的各个环节给养殖户提供支持，包括新品种的引进和推广、新技术的培训和指导、青虾病害的防治、绿色无公害饲料肥料的推广、提高养殖户的市场竞争力、实现订单销售等。

（四）促进养殖户合理利用资本

引导养殖户合理地安排各个要素的投入量，提高资本利用效率，既可以预防和减少青虾疫病，提高青虾产量和养殖技术效率，也可以减少水体污染，保护青虾的生存环境。利用技术培训的机会向养殖户普及科学养殖的理念，提高养殖户的环境意识，从而实现青虾产业的可持续发展。

（五）大力推广青虾新品种

建立良种繁育基地，引导合作社及养殖大户培育新品种好苗，以满足市场需求，降低虾苗成本，提高养殖户引进新品种的积极性。当前推广的"太湖1号"虾苗不能多代繁殖，否则会失去其良种优势，养殖户需要每年重新购买虾苗，这无疑增加了养殖户的经济成本，因而必须控制虾苗的价格，提高政府好苗补贴的普及面。

（六）加大青虾产区的基础设施建设力度

由于部分养殖户缺乏科学养殖的意识，以及当前工业发展所带来的环境污染，青虾养殖环境不可避免地遭到破坏，政府在引导农户科学养殖的同时要合理规划工业选址，监测农村水质，保障青虾产区的水质和环境，不能重工轻农，也不能先污染后治理，水质直接影响青虾产量和青虾品质，进而影响到广大消费者的食品安全。政府应进一步加强农村基础设施建设，为养殖户提供便利，加强农村信息化建设的力度，提高农户对养殖和销售信息的获知能力，降低技术扩散的成本，特别是信息传播中的交易成本。

（七）健全市场体系展

1. 加强宣传，拓展市场

多方式、多渠道宣传、推介青虾产品，全面提升青虾品牌影响力、知名度和美誉度。

2. 构建平台，完善市场

采取多种形式抓好市场体系建设：①扩大现有农贸市场青虾交易区；②建设专业市场，鼓励、引导企业、合作社、种养大户参与市场的开发建设。

3. 培植品牌，扩大市场

市场竞争的核心是产品质量竞争、品牌竞争。通过鼓励、引导养殖企业、农民专业合作社等经营主体，增强品牌意识，强化质量建设，创建知名品牌、名优产品，走品牌化扩张之路。

三、产业化的组织形式

在农业产业化进程中，各地资源结构不同，生产水平、技术水平和社会发育程度不同，决定了各地农业产业化的组织形式的多样性。根据谁做"龙头"和参与主体结构不同，一般认为，我国农业产业化经营组织模式可以概括为龙头企业带动型（公司＋基地＋农户）、专业市场带动型（专业市场＋基地＋农户）和中介组织带动型（合作社或协会＋农户）三种。无论哪种形式，都具有布局区域化、生产专业化、经营一体化、服务社会化、管理企业化等共同特征。

（一）龙头企业带动型（公司＋基地＋农户）

这种类型是以农产品加工、储藏、运销企业为龙头，围绕一项产业或产品的生产、加工、销售，与生产基地和农户实行有机结合，进行专业协作，一体化经营。其主要特点是，"龙头"企业与农产品生产基地和农户结成松散的或紧密的贸工农一体化经营体系，比较普遍的联结方式是合同。"龙头"企业与生产基地（村或农户）签订产销合同，企业对基地和农户提供全过程的服务，设立产品最低保护价并保证优先收购，农户按合同规定，定时定量交售优质产品，由龙头企业加工，出售制成品。目前这种模式是产业化的主导类型。

这类组织模式稳定发展的关键就是处理好"龙头"企业与农户之间的利益分配，切实保障农民利益不受侵害。

（二）市场带动型（专业市场＋基地＋农户）

市场带动型指通过培育和发展各类农产品市场，特别是农产品专业批发市场，运用市场的导向作用，带动一定区域的农业产业化生产，形成产加销一体化经营格局。这种模式为生产和消费架起桥梁，使农民直接面向市场组织生产，从而带动当地区域经济的发展和生产专业化；通过健全市场功能和规范市场行为，保护农业生产者利益。其发展的条件是交通便利、商品生产已有一定规模，其发展的关键是完善市场体系、培育市场主体。

市场带动型的农业产业化有三种具体形式：①在农业生产基地建立批发市场，称为生产基地批发市场型。生产基地批发市场一方面向农民提供市场价格信息、品种供求信息、质量信息等市场信息，指导农民的生产活动；另一方面方便农民进入市场，降低运输成本。②在消费地建立农产品批发市场，称为消费地批发市场型。

消费地批发市场一般通过专业户提供运输服务，建立农户与市场的联系。③在消费地建立零售市场，称为消费地零售超市型。农户对初级农产品进行了基本的简单处理，并将其放在超市直接销售，这种形式的好处是一方面使农产品增值，另一方面直接面对最终消费者，可更及时更准确地获得市场信息。

需要指出的是，市场带动型利益机制发育尚不成熟，在"风险共担"和"利益共享"方面有待完善和规范。

（三）合作经济组织带动型（合作社或协会＋农户）

近年来，各种专业技术协会、专业合作社等合作经济组织蓬勃兴起，这种组织是农民在自愿的基础上组织起来的，实行"民办、民管、民受益"，具有明显的群众性、专业性、互利性、民主性和自助性的特点。这种发展类型的显著特点是其合作原则和运行机制，合作经济组织通过经济手段将农户联合起来，对内加强管理，对外开拓市场，从某一环节入手，逐步形成融生产、加工、流通、服务为一体的自我积累、自我调节、自我发展的服务实体。它便于农民保护自身的利益，易于被农民接受，推进的规模和速度较为平稳，不会引起产业的猛烈扩张。由于在不改变农户原来经营规模的同时，扩大了整体规模，从而提高了农民的谈判地位，有利于农户生产行为的外在性内部化。通常有以下两种形式。

1. 农村专业技术协会＋农户

农民专业协会是农民通过自发组织的方式，实行技术、生产、供销等各方面合作的相对松散的经济组织形式，包括各种专业协会和研究会。专业协会的日常经营活动往往是通过每年向社员收取一定数量的会费，以提供技术、信息、运销等服务为主的方式来进行的。其主要特点是：以某一个主要的农产品生产为核心，利用组织内的先进技术，将生产相同产品的农户组织起来，由开始的农业技术交流、推广到组织较大的农业技术培训，逐渐发展成为具有一定经济实力的农村经济联合体。

2. 合作社＋农户

合作社是全体成员共同联合所有、社员经济参与、实行民主管理与控制并从中获益的企业组织。近年来在政府的引导下，我国专业合作社发展迅猛，已成为专业合作经济组织的主要形式。在经营内容上，合作社从事某种农产品生产资料供应、产品收购、运输、贮存和食品加工等一系列产前、产中、产后的一体化经营，从而共同进入市场，寻求科技服务，开辟经济新增长点；在运行机制上，以共同的利益联结农民入社，对内不以营利为目的，保本微利，盈余返还；内部管理凭四证——社员证、产品销售证、生资供应证和股金证进行；在对外关系上，合作社代表农户社员的利益，具有营利性，因而提高了农户的收入和交易地位。

第四节　青虾产业化发展案例

一、社渚镇青虾产业简介

社渚镇是中国最大、全国知名的青虾养殖镇区，现有养殖水面0.33万公顷以上，其中青虾养殖面积0.27万公顷。从事青虾养殖农户1185户，全镇拥有水产养殖专业合作社42家、协会2家，青虾营销经纪人168名。青虾销往江苏省多个大中城市，全镇已建立7个66.67公顷以上青虾养殖示范基地，青虾养殖每667米^{2}产量超过120千克，最高每667米^{2}产达200千克左右，每667米^{2}产值5000～8000元，最高的超过万元。2013年，全镇青虾销售总产值达3.5亿元，每667米^{2}效益3000～5000元。2013年，溧阳青虾现代精品园区被江苏省认定为省级农业（渔业）标准化示范区。

2009年以来，在中国水产科学研究院淡水渔业研究中心及各级部门大力支持下，社渚镇引进"太湖1号"青虾新品种，重点实施水产（青虾）三项工程及省级青虾精品园区项目建设，实施"太湖1号"新品种苗种培育与推广，并建立"太湖1号"省级苗种繁育基地，实施高密度青虾养殖对比试验项目，通过对青虾养殖生产中放养密度、饲料投喂、防病治病等各个环节的示范试验与探讨总结，建立了青虾高效生态健康养殖模式及绿色食品（青虾）养殖技术规程，通过实施新品种苗种培育、示范与推广，使养殖效益显著提高。2013 年，全镇已建设"太湖 1 号"原种繁育基地 1 个、面积 14.67 公顷，良种培育基地 6 个，合计面积 65.33 公顷，已向全镇推广"太湖 1 号"青虾新品种养殖面积 0.17 万公顷以上。

社渚镇十分重视"太湖 1 号"新品种、新技术培训，2013 年组织举办青虾技术培训班 12 次，培训职业渔民 1 260 余人次，并组织合作社积极申报无公害青虾养殖基地、争创水产健康养殖示范场、实施循环水养殖工程。目前，全镇已通过绿色食品认证企业 2 个，面积 413.33 公顷（青虾 333.33 公顷，河蟹 80 公顷）；通过无公害认证企业 7 个，面积 0.23 万公顷（青虾 2 000 公顷、鱼类 266.67 公顷）；已通过三品认证面积占全镇养殖面积的 90%。2012 年，溧阳市青虾养殖协会被中国科学协会、财政部授予全国科普惠农兴村先进单位；2013 年，社渚镇被常州市农委授予"一村一品示范镇"；2013 年，社渚镇东升村获农业部"一村一品"示范村认定。同时结合科技入户及农民培训工程，组织全镇水产企业负责人及农民经纪人参加各类培训班，切实转变他们的养殖管理及市场经营理念，提高他们的综合素质与技术水平。2007 年以来，社渚镇已成功注册"胥河"牌商标，同时被农业部认定为绿色（青虾）农产品基地。目前，社渚镇的全国地理标志证明商标"溧阳青虾"已获国家工商总局正式受理，社渚镇青虾良种繁育中心、技术培训中心、成果转化中心、休闲观光中心已投入运行，社渚镇青虾交易中心、加工营销中心正在规划建设之中，近期已与江苏省农科院达成青虾休闲食品加工意向性协议。科学规划建设六大中心，努力打造青虾产业，创建全国青虾名镇，必将为提升社渚镇青虾产业规模化发展奠定坚实的基础。

（一）溧阳市社渚青虾养殖专业合作社简介

溧阳市社渚青虾养殖专业合作社位于溧阳市社渚镇孔村村翔鹏

圩区，距离社渚集镇 5 千米，239 省道以西 500 米，拥有成员 38 名，养殖塘口 580 只，养殖总规模 333.33 公顷，建立了"太湖 1 号"青虾原种制种、苗种繁育及高效健康养殖的青虾标准化养殖示范区。合作社是"胥河"牌青虾绿色食品生产基地、江苏省青虾产业体系建设试验示范基地，省"太湖 1 号"青虾重大项目试验示范点，省水产品质量追溯点、水产品质量安全生产监控示范点。

2012 年，合作社实施了省级精品园区项目建设。2013 年，合作社与中国水产科学院淡水渔业研究中心深度合作，建立了"太湖 1 号"杂交青虾原种制种基地，基地规模 14.67 公顷，计划年制备"太湖 1 号"F_0 代 1 万千克，年繁育优质虾苗 1 亿尾，推广服务面积 666.67 公顷以上。青虾主养采用池塘春秋双季高效生态养殖、"青虾-轮叶黑藻"连作生态养殖及青虾单季主养等高效养殖模式，全面应用池塘循环水生态养殖技术、养殖水产品质量全过程控制技术及健康生态养殖理念，产品全部为绿色食品。

合作社坚持"特色、优质、生态、高效"的发展理念，坚持加大基础设施投入力度，集中建设苗种繁育、试验示范、标准化健康养殖示范区，提高硬件设施，提升科技实力，提高产品质量保障，促进渔业增效渔民增收，促进社会生态文明。

（二）溧阳市翔鹏圩启贵特种水产养殖专业合作社简介

溧阳市翔鹏圩启贵特种水产养殖专业合作社位于溧阳市社渚镇孔村村，紧邻 239 省道。合作社现有 7 名成员，已建设标准化青虾养殖面积 28 公顷，水陆交通便利，水源优质丰富，水电、道路、通讯等基础设施齐全，主要从事青虾苗种繁育和池塘主养，已累计完成投资 380 万元，年销售总产值近 450 万元，年效益 250 余万元。

该合作社是"胥河"牌青虾绿色食品生产基地。江苏省青虾产业体系建设试验示范基地，合作社青虾主养采用池塘春秋双季高效生态养殖、青虾-轮叶黑藻连作生态养殖及青虾单季主养等高效养殖模式，全面应用池塘循环水生态养殖技术、养殖水产品质量全过程控制技术及健康生态养殖理念，产品全部为绿色食品。

合作社坚持"特色、优质、生态、高效"的发展理念，先后投入资金 200 多万元，坚持加大基础设施投入力度，集中建设苗种繁育、试验示范、标准化健康养殖示范区，提高硬件设施，提升科技实力，提高产品质量保障，促进渔业增效渔民增收。

（三）溧阳市天火同人特种水产养殖专业合作社简介

溧阳市天火同人特种水产养殖专业合作社位于社渚镇河口村升平荡，近邻社河线和溧梅河，水陆交通便利，水源丰富，水电、道路、通讯等基础设施配套齐全。合作社总规模 86.67 公顷，全部建成青虾养殖标准化池塘，从事青虾苗种繁育和池塘主养，已累计完成投资 1 500 余万元，年产值 1 500 余万元，年效益 800 万元以上。

示范基地于 2010 年开始多次引进"太湖 1 号"青虾新品种，并建设 21.33 公顷"太湖 1 号"青虾良种苗种繁育基地。合作社开展商品虾养殖对比试验；通过"太湖 1 号"青虾新品种亲本专池繁育，并与本地虾开展对比试验，探讨培育出纯度高、具有原品种优势性能的优质虾苗，以替代本地品质退化虾苗，实现优质青虾苗种培育规模化，并向全镇及周边地区逐步推广"太湖 1 号"青虾新品种养殖。同时以基地为窗口组织合作社成员及周边广大青虾养殖户进行技术培训，从而促进"太湖 1 号"青虾新品种标准化养殖新技术应用，提高青虾养殖产量与经济效益。

该合作社是江苏省青虾产业体系建设试验示范基地，省"太湖 1 号"青虾重大项目试验示范点，省水产品质量追溯点、水产品质量安全生产监控示范点。2011 年，被江苏省海洋与渔业局列入高效渔业示范基地，已实施完成池塘循环水养殖工程。2011 年，通过农业部无公害产地与产品认证。2012 年，被江苏省海洋与渔业局批准为江苏省青虾良种繁育基地。合作社地理位置优越，已具有一定接待游客能力，重点向休闲渔业建设方向发展，力争通过科学规划与完善基础设施建设，努力将基地打造成江苏省级高效水产养殖示范园区。

（四）江苏冠乾特种水产饲料有限公司简介

江苏冠乾特种水产饲料有限公司成立于 2014 年 5 月，位于江苏省溧阳市社渚镇。占地面积 7 000 米^2，建筑面积 10 000 米^2，其中原料仓储面积 2 500 米^2、成品库面积 1 200 米^2、主车间面积 1 500米^2。装配有牧羊集团生产的年班产 10 万吨高档水产饲料成套设备一套。公司设计年生产能力为年班产全饲料 25 000 吨，可实现年销售收入 5 000 万元，并可带动周边 1 200 个养殖户走上养殖致富的小康路。

公司专业生产特种水产饲料，主要产品有青虾饲料、南美白对虾饲料、罗氏沼虾饲料、螃蟹饲料、青鱼饲料、混养鱼饲料等。产品主要辐射江苏、浙江、安徽青虾养殖区域。

冠乾公司立足本地，放眼全国，秉承"质量是企业的根本，信誉是企业的源泉"，着力打造饲料生产的标杆，计量、质量管理制度健全，以保证公司原料、成品符合检验及企业备案标准。公司现有人员 28 人，主要设置部门有生产部、技术部、采购部、品管部、销售部、办公室。其中专业技术人员 7 人，中专以上学历 6 人。

该公司的成立主要依托社渚青虾产业的不断发展壮大。董事长官德保从事水产养殖 20 多年，近年来主要开展青虾养殖，具有丰富的水产生产管理经验，现为常州市青虾养殖协会会长、溧阳市青虾养殖协会会长、溧阳市致富带头人，在当地具有较强的影响力。正是在他的带领下，社渚青虾产业不断发展壮大，成为全国知名的青虾养殖镇区；并在当地广大养殖户的呼吁下，他牵头成立了江苏冠乾特种水产饲料有限公司，以更好地为溧阳乃至全省、全国的青虾养殖产业发展服务。

二、盐城冠华水产有限公司青虾产业情况介绍

盐城冠华水产有限公司位于建湖县农产品加工集中区，系国家中型农产品加工流通企业、江苏省农业产业化重点龙头企业、盐城市水产加工业十强企业、ISO9001：2 000 国际质量管理体系认证

企业。公司占地面积 3 公顷，加工生产厂房 1.1 公顷，5 000 吨冷库一座，所属水产品批发市场为农业部定点市场，水产养殖场有无公害水产养殖基地 1 000 公顷，拥有固定资产 1.4 亿元，职工近 200 人。先后荣获全省农业龙头企业"五个一"示范创建活动先进集体，牵头成立的建湖县华盛河虾养殖专业合作社先后被评为全省"五好"农民专业合作社示范社、全省农民专业合作社示范社。

多年来，公司坚持以质量求生存、以诚信求发展的企业理念，立足提升产品加工层次，开拓青虾及青虾仁等系列产品营销市场，实行"标准化、产业化、信息化、市场化"生产经营。公司紧紧围绕水产品质量安全这个中心，严格抓好养殖、收购、加工等各个环节，做到全过程控制，特别是对原料实行定点收购。对生产流程中的收购、加工、包装、冷冻等每个流程，严格按客户的订单要求执行和操作（彩图 51），并做好详细记录，凡检验不合格的产品不收购、不出厂。坚持狠抓内部管理，严格落实到每一个环节、每一个步骤、每一个人员，坚决抓细、抓实、抓到位，确保安全、确保质量、确保效益。建立健全食品安全追溯系统，追查所有产品来源，确保食品安全，打造"健康、营养、方便"的一流水产品牌。加工生产的"湖垛"牌青虾仁为绿色食品、江苏省名牌农产品、盐城市名牌产品，产品已进入上海、北京、杭州、广州、南京等大中城市餐饮企业和大润发等超市。2002 年，国内最大的中餐连锁企业、上市公司"小南国餐饮集团"所需的青虾仁系列产品，均由我公司提供，销售量占该集团总采购额的 10% 以上，同时连续多年成为上海锦江集团免检产品。2008 年，被选为上海世博会指定产品。2012 年，小南国参股 24%，与我公司实现资产重组，共同研发小南国招牌虾仁，开辟上海城市超市等市场，并在淘宝（天猫）等网络平台销售，有力地助推了我公司迈上发展的快车道。目前年产量达 350 吨，占全省青虾仁加工市场份额的 1/3。

为拉长青虾产业发展链条，公司 2009 年与中国水产科学研究院淡水渔业研究中心合作，引进"太湖 1 号"青虾新品种、新技术。通过几年的努力，公司水产养殖场成为省级青虾苗种繁育基地，示范带动了我县水产品养殖结构的调整和农业产业化的发展，提高了我县青虾养殖的产品质量和经济效益。公司申报的"建湖青虾"被认定为国家农产品地理标志农产品，是盐城市水产品中首家获得国家农产品地理标志产品的企业。

　　为调整产业结构、促进产业发展、带动渔业增效渔农民增收，公司根据本县虾业发展状况和养殖户的需求，以公司为龙头，分别牵头成立了盐城市虾业协会和建湖县华盛河虾养殖专业合作社、建湖县润湖虾业农民专业合作联社，并由合作社牵头，吸纳养殖大户参加。建立了"公司＋基地＋养殖户"的运作模式，形成了统一水质、统一供种、统一饲料、统一药物、统一销售，按市场保护价收购，每年公司拿出利润的20％反哺基地建设的"五统一保一返"产业化经营机制。每年春季与养殖户签订收购合同，实行订单养殖销售，保障农户的利益。同时，每年邀请科技人员对协会、合作社成员和基地农户进行技术指导，引导农户调整养殖结构，发展优质高效养殖模式，提高养殖水平。通过成立协会、合作社将分散经营的农户组成专业联合体，增强抗御市场风险能力，有效地促进了农户分散经营与大市场及企业的有效衔接。在水产养殖场引进"太湖1号"青虾的基础上，又引进了"长江1号""长江2号"河蟹养殖，带动渔业增效和渔农增收。近年来，公司所属1000公顷养殖基地，户平均增收均在3000元以上，辐射带动农户6600多户，养殖面积近1.3万公顷。

　　今后一阶段，公司将坚持"一业为主、多元发展"的方针思路，建立"市场牵龙头、龙头带基地、基地连农户"的生产经营体系，进一步将企业做大做强，力争在2～3年内建成全国最大的青虾加工基地，为推进青虾产业持续健康发展作出更多的贡献！

附　录

附录一　养殖用水水质要求及排放标准

渔业水质标准
(引自 GB 11607)

单位：毫克/升

序号	项目	标准值
1	色、臭、味	不得使鱼、虾、贝、藻类带有异色、异臭、异味
2	漂浮物质	水面不得出现明显油膜或浮沫
3	悬浮物质	人为增加的量不得超过 10，而且悬浮物质沉积于底部后，不得对鱼、虾、贝类产生有害的影响
4	pH	淡水 6.5～8.5，海水 7.0～8.5
5	溶解氧	连续 24 小时中，16 小时以上必须大于 5，其余任何时候不得低于 3；对于鲑科鱼类栖息水域冰封期，其余任何时候不得低于 4
6	生化需氧量（五天、20 ℃）	不超过 5，冰封期不超过 3
7	总大肠菌群	不超过 5 000 个/L（贝类养殖水质不超过 500 个/L）
8	汞	≤0.000 5
9	镉	≤0.005
10	铅	≤0.05
11	铬	≤0.1
12	铜	≤0.01
13	锌	≤0.1
14	镍	≤0.05
15	砷	≤0.05

序号	项目	标准值
16	氰化物	≤0.005
17	硫化物	≤0.2
18	氟化物（以 F⁻计）	≤1
19	非离子氨	≤0.02
20	凯氏氮	≤0.05
21	挥发性酚	≤0.005
22	黄磷	≤0.001
23	石油类	≤0.05
24	丙烯腈	≤0.5
25	丙烯醛	≤0.02
26	六六六（丙体）	≤0.002
27	滴滴涕	≤0.001
28	马拉硫磷	≤0.005
29	五氯酚钠	≤0.01
30	乐果	≤0.1
31	甲胺磷	≤1
32	甲基对硫磷	≤0.000 5
33	呋喃丹	≤0.01

淡水养殖用水水质要求
（引自 NY 5051）

序号	项目	标准值
1	色、臭、味	不得使养殖水体带有异色、异臭、异味
2	总大肠菌群，个/L	≤5 000
3	汞，毫克/升	≤0.000 5
4	镉，毫克/升	≤0.005
5	铅，毫克/升	≤0.05

（续）

序号	项目	标准值
6	铬，毫克/升	≤0.1
7	铜，毫克/升	≤0.01
8	锌，毫克/升	≤0.1
9	砷，毫克/升	≤0.05
10	氟化物，毫克/升	≤1
11	石油类，毫克/升	≤0.05
12	挥发性酚，毫克/升	≤0.005
13	甲基对硫磷，毫克/升	≤0.0005
14	马拉硫磷，毫克/升	≤0.005
15	乐果，毫克/升	≤0.1
16	六六六（丙体），毫克/升	≤0.002
17	DDT，毫克/升	≤0.001

附录二　无公害食品　青虾养殖技术规范
（NY/T 5285—2004）

本标准由中华人民共和国农业部提出。

本标准起草单位：江苏省淡水水产研究所。

本标准起草人：费志良、唐建清、潘建林、边文冀、韩飞、陈校辉、郝忱。

1. 范围

本标准规定了青虾（学名：日本沼虾 *Macrobrachium nipponensis*）无公害养殖的环境条件、苗种繁殖、苗种培育、食用虾饲养和虾病防治技术。

本标准适用于无公害青虾池塘养殖，稻田养殖可参照执行。

2. 规范性引用文件

下列文件中的条款通过本标准的引用而成为本标准的条款。凡是注日期的引用文件，其随后所有的修改单（不包括勘误的内容）或修订版均不适用于本标准，然而，鼓励根据本标准达成协议的各方研究是否可使用这些文件的最新版本。凡是不注日期的引用文件，其最新版本适用于本标准。

　　GB 13078　饲料卫生标准

　　GB/T 18407.4—2001　农产品安全质量　无公害水产品产地环境

　　NY 5051　无公害食品　淡水养殖用水水质

　　NY 5071　无公害食品　渔用药物使用准则

　　NY 5072　无公害食品　渔用配合饲料安全限量

　　SC/T 1008　池塘常规培育鱼苗鱼种技术规范

　　中华人民共和国农业部令（2003）第［31］号《水产养殖质量安全管理规定》

3. 环境条件

3.1　场址选择

　　水源充足，排灌方便，进排水分开，养殖场周围 3 千米内无任何污染源。

3.2　水源、水质

　　水质清新，应符合 NY 5051 的规定，其中溶解氧应在 5 毫克/升以上，pH 7.0～8.5。

3.3　虾池条件

　　虾池为长方形，东西向，土质为壤土或黏土，主要条件见表 1；并有完整相互独立的进水和排水系统。

表 1　虾池条件

池塘类别	面积（m²）	水深（m）	池埂内坡比	水草种植面积（m²）
青虾培育池	1 000～3 000	约 1.5	1∶(3～4)	1/5～1/3
苗种培育池	1 000～3 000	1.0～1.5		
食用虾培育池	2 000～6 700	约 1.5	1∶(3～4)	1/5～1/3

3.4　虾池底质

　　虾池池底平坦，淤泥小于 15 厘米，底质符合 GB 18407.4—

2001 中 3.3 的规定。

4. 苗种繁殖

4.1 亲虾来源

选择从江河、湖泊、沟渠等水质良好水域捕捞的野生青虾作为亲虾，要求无病无伤、体格健壮、规格在 4 厘米以上、已达性成熟；或在繁殖季节直接选购规格大于 5 厘米的青虾抱卵虾作为亲虾；亲虾在繁殖前应经检疫。

4.2 放养密度

每 1 000 米² 放养亲虾 45 千克～60 千克，雌、雄比为（3～4）∶1。

4.3 饲料及投喂

亲虾饲料投喂以配合饲料为主，投喂量为亲虾体重的 2%～5%，饲料安全限量应符合 NY 5072 的规定，并适当加喂优质无毒、无害、无污染的鲜活动物性饲料，投喂量为亲虾体重的 5%～10%。

4.4 亲虾产卵

当水温上升至 18C 以上时，亲虾开始交配产卵，抱卵虾用地笼捕出后在苗种培育池进行培育孵化，也可选购野生抱卵虾移入苗种培育池培育孵化。

4.5 抱卵虾孵化

抱卵虾放养量为每 1 000 米² 放养 12 千克～15 千克，根据虾卵的颜色，选择胚胎发育期相近的抱卵虾放入同一池中孵化；虾孵化过程中，需每天冲水保持水质清新，一般青虾卵孵化需要 20 天～25 天。当虾卵成透明状、胚胎出现眼点时，每 1 000 米² 施腐熟的无污染有机肥 150 千克～450 千克。当抱卵虾孵出幼体 80% 以上时，用地笼捕出亲虾。

5. 苗种培育

5.1 幼体密度

池塘培育幼体的放养密度应控制在 2 000 尾/米² 以下。

5.2 饲料投喂

5.2.1 第一阶段

当孵化池发现有幼体出现，需及时投喂豆浆，投喂量为每1 000米² 每天投喂豆浆 2.5 千克，以后逐步增加到每天 6.0 千克。投喂方法：每天 8:00—9:00、16:00—17:00 各投喂一次。

5.2.2　第二阶段

幼体孵出 3 周后，逐步减少豆浆的投喂量，增加青虾苗种配合饲料的投喂，配合饲料的安全限量应符合 NY 5072 的规定，配合饲料投喂 1 周后，每天投喂量为 30 千克/公顷～45 千克/公顷，投喂时间每天 17:00—18:00。

5.3　施肥

幼体孵出后，视水中浮游生物量和幼体摄食情况，约 15 天应及时施腐熟的有机肥。每次施肥量为每 1 000 米² 施 75 千克～150 千克。

5.4　疏苗

当幼虾生长到 0.8 厘米～1.0 厘米时，根据培育池密度要及时稀疏，幼虾培育密度控制在 1 000 尾/米² 以下。

5.5　水质要求

培育池水质要求：透明度约 30 厘米，pH 7.5～8.5，溶解氧≥5 毫克/升。

5.6　虾苗捕捞

经过 20 天～30 天培育，幼虾体长大于 1.0 厘米时，可进行虾苗捕捞，进入食用青虾养殖阶段。虾苗捕捞可用密网进行拉网捕捞、抄网捕捞或放水集苗捕捞。

6. 食用虾饲养

6.1　池塘条件

6.1.1　进水要求

进水口用网孔尺寸 0.177 毫米～0.250 毫米筛绢制成过滤网袋过滤。

6.1.2　配套设施

主养青虾的池塘应配备水泵、增氧机等机械设备，每公顷水面要配置 4.5 千瓦以上的动力增氧设备。

6.2 放养前准备

6.2.1 清塘消毒

按 SC/T 1008 的规定执行。

6.2.2 水草种植

水草种植面积按本标准 4.2 执行；水草种植品种可选择苦草、轮叶黑藻、马来眼子菜和伊乐藻等沉水植物，也可用水花生或水蕹菜（空心菜）等水生植物。

6.2.3 注水施肥

虾苗放养前 5 天～7 天，池塘注水 50 厘米～60 厘米；同时施经腐熟的有机肥 2 250 千克/公顷～4 500 千克/公顷，以培育浮游生物。

6.3 虾苗放养

6.3.1 放养方法

选择晴好的天气放养，放养前先取池水试养虾苗，在证实池水对虾苗无不利影响时，才开始正式放养虾苗；虾苗放养时温差应小于±2℃。虾苗捕捞、运输及放养要带水操作。

6.3.2 养殖模式与放养密度

6.3.2.1 单季主养

虾苗采取一次放足、全年捕大留小的养殖模式。放养密度：1 月—3 月放养越冬虾苗（2 000 尾/千克左右）60 万尾/公顷～75 万尾/公顷；或 7 月—8 月放养全长为 1.5 厘米～2 厘米虾苗90 万尾/公顷～120 万尾/公顷。虾苗放养 15 天后，池中混养规格为体长 15 厘米的鲢、鳙鱼种 1 500 尾/公顷～3 000 尾/公顷或夏花鲢、鳙鱼种 22 500 尾/公顷。食用虾捕捞工具主要采用地笼捕捞。

6.3.2.2 多季主养

长江流域为双季养殖，珠江流域可三季养殖。

放养密度：青虾越冬苗规格 2 000 尾/千克，放养量为 45 万尾/公顷～60 万尾/公顷，规格为 1.5 厘米～2 厘米虾苗，放养量为 60 万尾/公顷～80 万尾/公顷。放养时间：一般为 7 月—8 月、12 月至翌年 3 月。虾苗放养 15 天后，池中混养规格为 15 厘米的鲢、鳙鱼种 1 500 尾/公顷～3 000 尾/公顷或夏花鲢、鳙鱼种 22 500 尾/公顷。

6.3.2.3　鱼虾混养

单位产量 7 500 千克/公顷的无肉食性鱼类的食用鱼类养殖池塘或鱼种养殖池塘中混养青虾，一般虾苗放养量为 15 万尾/公顷～30 万尾/公顷。鱼种养殖池可以适当增加青虾苗的放养量，放养时间一般在冬、春季进行。

6.3.2.4　虾鱼蟹混养

放养模式与放养量见表 2。

表 2　虾鱼蟹混养放养

品种	规格	放养量	放养时间
青虾	全长 2 厘米～3 厘米	45 万尾/公顷	1 月—3 月
河蟹	100 只/千克～200 只/千克	4 500 只/公顷	1 月—3 月
鳜	体长 5 厘米～10 厘米	225 尾/公顷～300 尾/公顷	7 月
鲴	0.5 千克/尾～0.75 千克/尾	150 尾/公顷～225 尾/公顷	1 月—3 月

6.4.1　饲料投喂

饲料投喂应遵循"四定"投饲原则，做到定质、定量、定位、定时。

6.4.1.1　饲料要求

提倡使用青虾配合饲料，配合饲料应无发霉变质、无污染，其安全限量要求符合 NY 5072 的规定；单一饲料应适口、无发霉变质、无污染，其卫生指标符合 GB 13078 的规定；鲜活饲料应新鲜、适口、无腐败变质、无毒、无污染。

6.4.1.2　投喂方法

日投 2 次，每天 8:00—9:00、18:00—19:00 各 1 次，上午投喂量为日投喂总量的 1/3，余下 2/3 傍晚投喂；饲料投喂在离池边1.5 m 的水下，可多点式，也可一线式。

6.4.1.3　投饲量

青虾饲养期间各月配合饲料日投饲量参见表 3，实际投饲量应结合天气、水质、水温、摄食及蜕壳情况等灵活掌握，适当增减投喂量。

表3 青虾饲养期间各月配合饲料日投饲率

月份	3	4	5	6	7	8	9	10	11	12
日投饲率（%）	1.5～2	2～3	3～4	4～5	5	5	5	5～4	4～3	2

6.4.2 水质管理

6.4.2.1 养殖池水

养殖前期（3月—5月）透明度控制在25厘米～30厘米，中期（6月—7月）透明度控制在30厘米，后期（8月—10月）透明度控制在30厘米～35厘米。溶解氧保持在4毫克/升以上。pH 7.0～8.5。

6.4.2.2 施肥调水

根据养殖水质透明度变化，适时施肥，一般在养殖前期每10天～15天施腐熟的有机肥1次，中后期每15天～20天施腐熟的有机肥1次，每次施肥量为750千克/公顷～1 500千克/公顷。

6.4.2.3 注换新水

养殖前期不换水，每7天～10天注新水1次，每次10厘米～20厘米；中期每15天～20天注换水1次；后期每周1次，每次换水量为15厘米～20厘米。

6.4.2.4 生石灰使用

青虾饲养期间，每15天～20天使用1次生石灰，每次用量为150千克/公顷，化成浆液后全池均匀泼洒。

6.4.3 日常管理

6.4.3.1 巡塘

每天早、晚各巡塘1次，观察水色变化、虾活动和摄食情况；检查塘基有无渗漏，防逃设施是否完好。

6.4.3.2 增氧

生长期间，一般每天凌晨和中午各开增氧机1次，每次1.0小时～2.0小时；雨天或气压低时，延长开机时间。

6.4.3.3 生长与病害检查

每7天～10天抽样1次，抽样数量大于50尾，检查虾的生长、摄食情况，检查有无病害，以此作为调整投饲量和药物使用的依据。

6.4.3.4　记录

按中华人民共和国农业部令（2003）第［31］号《水产养殖质量安全管理规定》要求的格式做好养殖生产记录。

7. 病害防治

7.1　虾病防治原则

无公害青虾养殖生产过程中对病害的防治，坚持以防为主、综合防治的原则。使用防治药物应符合 NY 5071 的要求，具备兽药登记证、生产批准证和执行批准号。并按中华人民共和国农业部令（2003）第［31］号《水产养殖质量安全管理规定》要求的格式做好用药记录。

7.2　常见虾病防治

青虾养殖中常见疾病主要为红体病、黑鳃病、黑斑病、寄生性原虫病等，具体防治方法见表 4。

表 4　青虾常见病害治疗方法

虾病名称	症状	治疗方法	休药期	注意事项
红体病	病初期青虾尾部变红，继而扩展至泳足和整个腹部，最后头胸部步足均变为红色。病虾行动呆滞，食欲下降或停食，严重时可引起大批死亡	1. 用二氧化氯全池泼洒，用量：0.1毫克/升～0.2毫克/升，严重时0.3～0.6毫克/升　2. 用磺胺甲噁唑每千克体重100毫克或氟苯尼考每千克体重10毫克拌饵投喂，连用5天～7天，第1天药量加倍。预防减半，连用3天～5天　3. 用聚维酮碘全池泼洒（幼虾：0.2毫克/升～0.5毫克/升，成虾：1毫克/升～2毫克/升）	二氧化氯≥10天　磺胺甲噁唑≥30天　氟苯尼考≥7天	1. 二氧化氯勿用金属容器盛装。勿与其他消毒剂混用；　2. 磺胺甲噁唑不能与酸性药物同用；　3. 聚维酮碘勿与金属物品接触，勿与季铵盐类消毒剂直接混合使用

（续）

虾病名称	症状	治疗方法	休药期	注意事项
黑鳃病	病虾鳃丝发黑，局部霉烂，部分病虾伴有头胸甲和腹甲侧面黑斑。患病幼虾活力减弱，在底层缓慢游动，趋光性变弱，变态期延长或不能变态，腹部蜷曲，体色发白，不摄食。成虾患病时，常浮于水面，行动迟缓	1. 由细菌引起的黑鳃病：用土霉素每千克体重80毫克或氟苯尼考每千克体重10毫克拌饵投喂，连用5天～7天，第1天药量加倍。预防减半，连用3天～5天； 2. 由水中悬浮有机质过多引起的黑鳃病：定期用生石灰15毫克/升～20毫克/升全池泼洒	漂白粉≥5天 土霉素≥21天 氟苯尼考≥7天	1. 土霉素勿与铝、镁离子及卤素、碳酸氢钠、凝胶合用； 2. 生石灰不能与漂白粉、有机氯、重金属盐、有机络合物混用
黑斑病	病虾的甲壳上出现黑色溃疡斑点，严重时活力大减，或卧于池边处于濒死状态	保持水质清爽，捕捞、运输、放苗带水操作，防止亲虾甲壳受损；发病后用聚维酮碘全池泼洒（幼虾：0.2毫克/升～0.5毫克/升，成虾：1毫克/升～2毫克/升）		聚维酮碘勿与金属物品接触，勿与季铵盐类消毒剂直接混合使用
寄生性原虫病	镜检可见累枝虫、聚缩虫、钟形虫、壳吸管虫等寄生于虾体表及鳃上，严重时，肉眼可看到一层绒毛物	1. 用1毫克/升～3毫克/升硫酸锌全池泼洒； 2. 用1毫克/升高锰酸钾全池泼洒	硫酸锌≥7天	1. 硫酸锌勿用金属容器盛装，使用后注意池塘增氧； 2. 高锰酸钾不宜在强烈的阳光下使用

附录三　渔药使用相关标准

渔用药物使用方法
（引自 NY 5071—2002）

渔药名称	用途	用法与用量	休药期（天）	注意事项
氧化钙（生石灰）calcii oxydum	用于改善池塘环境，清除敌害生物及预防部分细菌性鱼病	带水清塘：200 毫克/升～250 毫克/升（虾类：350 m/L～400 毫克/升）全池泼洒：20 毫克/升～25 毫克/升（虾类：15 毫克/升～30 毫克/升）		不能与漂白粉、有机氯、重金属盐、有机络合物混用
漂白粉 bleaching powder	用于清塘、改善池塘环境及防治细菌性皮肤病、烂鳃病、出血病	带水清塘：20 毫克/升全池泼洒：1.0 毫克/升～1.5 毫克/升	≥5	1. 勿用金属容器盛装；2. 勿与酸、铵盐、生石灰混用
二氯异氰尿酸钠 sodium dichloro-isocyanurate	用于清塘及防治细菌性皮肤溃疡病、烂鳃病、出血病	全池泼洒：0.3 毫克/升～0.6 毫克/升	≥10	勿用金属容器盛装
三氯异氰尿酸 trichloroisocya-nuric acid	用于清塘及防治细菌性皮肤溃疡病、烂鳃病、出血病	全池泼洒：0.2 毫克/升～0.5 毫克/升	≥10	1. 勿用金属容器盛装；2. 针对不同的鱼类和水体的 pH，使用量应适当增减

（续）

渔药名称	用途	用法与用量	休药期（天）	注意事项
二氧化氯 chlorine dioxide	用于防治细菌性皮肤病、烂鳃病、出血病	浸浴:20毫克/升～40毫克/升,5分钟～10分钟 全池泼洒:0.1毫克/升～0.2毫克/升,严重时0.3毫克/升～0.6毫克/升	≥10	1. 勿用金属容器盛装; 2. 勿与其他消毒剂混用
二溴海因	用于防治细菌性和病毒性疾病	全池泼洒:0.2毫克/升～0.3毫克/升		
氯化钠（食盐） sodium choride	用于防治细菌、真菌或寄生虫疾病	浸浴:1%～3%,5分钟～20分钟		
硫酸铜（蓝矾、胆矾、石胆） copper sulfate	用于治疗纤毛虫、鞭毛虫等寄生性原虫病	浸浴:8毫克/升（海水鱼类:8毫克/升～10毫克/升）,15分钟～30分钟 全池泼洒:0.5毫克/升～0.7毫克/升（海水鱼类:0.7毫克/升～1.0毫克/升）		1. 常与硫酸亚铁合用; 2. 广东鲂慎用; 3. 勿用金属容器盛装; 4. 使用后注意池塘增氧; 5. 不宜用于治疗小瓜虫病
硫酸亚铁（硫酸低铁、绿矾、青矾） ferrous sulphate	用于治疗纤毛虫、鞭毛虫等寄生性原虫病	全池泼洒:0.2毫克/升（与硫酸铜合用）		1. 治疗寄生性原虫病时需与硫酸铜合用; 2. 乌鳢慎用
高锰酸钾（锰酸钾、灰锰氧、锰强灰） potassium permanganate	用于杀灭锚头鳋	浸浴:10毫克/升～20毫克/升,15分钟～30分钟 全池泼洒:4毫克/升～7毫克/升		1. 水中有机物含量高时药效降低; 2. 不宜在强烈阳光下使用

渔药名称	用途	用法与用量	休药期（天）	注意事项
四烷基季铵盐络合碘（季铵盐含量为 50%）	对病毒、细菌、纤毛虫、藻类有杀灭作用	全池泼洒：0.3 毫克/升（虾类相同）		1. 勿与碱性物质同时使用； 2. 勿与阴性离子表面活性剂混用； 3. 使用后注意池塘增氧； 4. 勿用金属容器盛装
大蒜 crown's treacle, garlic	用于防治细菌性肠炎	拌饵投喂：每千克体重 10 克～30 克，连用 4 天～6 天（海水鱼类相同）		
大蒜素粉（含大蒜素 10%）	用于防治细菌性肠炎	每千克体重 0.2 g，连用 4 天～6 天（海水鱼类相同）		
大黄 medicinal rhubarb	用于防治细菌性肠炎、烂鳃	全池泼洒：2.5 毫克/升～4.0 毫克/升（海水鱼类相同） 拌饵投喂：每千克体重 5 克～10 克，连用 4 天～6 天（海水鱼类相同）		投喂时常与黄芩、黄柏合用（三者比例为 5：2：3）
黄芩 raikai skullcap	用于防治细菌性肠炎、烂鳃、赤皮、出血病	拌饵投喂：每千克体重 2 克～4 克，连用 4 天～6 天（海水鱼类相同）		投喂时常与大黄、黄柏合用（三者比例为 2：5：3）
黄柏 amur corktree	用于防治细菌性肠炎、出血	拌饵投喂：每千克体重 3 克～6 克连用 4 天～6 天（海水鱼类相同）		投喂时常与大黄、黄芩合用（三者比例为 3：5：2）

（续）

渔药名称	用途	用法与用量	休药期（天）	注意事项
五倍子 chinese sumac	用于防治细菌性烂鳃、赤皮、白皮、疖疮	全池泼洒：2 毫克/升～4 毫克/升（海水鱼类相同）		
穿心莲 common andrographis	用于防治细菌性肠炎、烂鳃、赤皮	全池泼洒：15 毫克/升～20 毫克/升 拌饵投喂：每千克体重 10 克～20 克，连用 4 天～6 天		
苦参 lightyellow sophora	用于防治细菌性肠炎、竖鳞	全池泼洒：1.0 毫克/升～1.5 毫克/升 拌饵投喂：每千克体重 1 克～2 克，连用 4 天～6 天		
土霉素 oxytetracycline	用于治疗肠炎病、弧菌病	拌饵投喂：每千克体重 50 毫克～80 毫克，连用 4 天～6 天（海水鱼类相同，虾类：每千克体重 50 毫克～80 毫克，连用 5 天～10 天）	≥30（鳗鲡）≥21（鲇）	勿与铝、镁离子及卤素、碳酸氢钠、凝胶合用
噁喹酸 oxolinic acid	用于治疗细菌肠炎病、赤鳍病、香鱼、对虾弧菌病，鲈鱼结节病，鲕鱼疖疮病	拌饵投喂：每千克体重 10 毫克～30 毫克，连用 5 天～7 天（海水鱼类每千克体重 1 毫克～20 毫克；对虾：每千克体重 6 毫克～60 毫克，连用 5 天）	≥25（鳗鲡）≥21（鲤、香鱼）≥16（其他鱼类）	用药量视不同的疾病有所增减
磺胺嘧啶（磺胺哒嗪）sulfadiazine	用于治疗鲤科鱼类的赤皮病、肠炎病，海水鱼链球菌病	拌饵投喂：每千克体重 100 毫克，连用 5 天（海水鱼类相同）		1. 与甲氧苄氨嘧啶（TMP）同用，可产生增效作用；2. 第一天药量加倍

渔药名称	用途	用法与用量	休药期（天）	注意事项
磺胺甲噁唑（新诺明、新明磺）sulfamethox-azole	用于治疗鲤科鱼类的肠炎病	拌饵投喂：每千克体重100毫克，连用5天～7天		1. 不能与酸性药物同用； 2. 与甲氧苄氨嘧啶（TMP）同用，可产生增效作用； 3. 第一天药量加倍
磺胺间甲氧嘧啶（制菌磺、磺胺-6-甲氧嘧啶）sulfamonome-thoxine	用于治疗鲤科鱼类的竖鳞、赤皮病及弧菌病	拌饵投喂：每千克体重50毫克～100毫克，连用4天～6天	≥37（鳗鲡）	1. 与甲氧苄氨嘧啶（TMP）同用，可产生增效作用； 2. 第一天药量加倍
氟苯尼考florfenicol	用于治疗鳗鲡爱德华氏病、赤鳍病	拌饵投喂：每千克体重10.0毫克，连用4天～6天	≥7（鳗鲡）	
聚维酮碘（聚乙烯吡咯烷酮碘、皮维碘、PVP-1、伏碘）（有效碘1.0%）povidone-iodine	用于防治细菌烂鳃病、弧菌病、鳗鲡红头病。并可用于预防病毒病，如草鱼出血病、传染性胰腺坏死病、传染性造血组织坏死病、病毒性出血败血症	全池泼洒： 海、淡水幼鱼、幼虾 0.2毫克/升～0.5毫克/升 海、淡水成鱼、成虾：1毫克/升～2毫克/升 鳗鲡：2毫克/升～4毫克/升 浸浴： 草鱼种：30毫克/升，15分钟～20分钟 鱼卵：30毫克/升～50毫克/升（海水鱼卵：25毫克/升～30毫克/升），5分钟～15分钟		1. 勿与金属物品接触。 2. 勿与季铵盐类消毒剂直接混合使用

注1：用法与用量栏未标明海水鱼类与虾类的均适用于淡水鱼类。

注2：休药期为强制性。

禁用渔药

（引自 NY 5071—2002）

药物名称	化学名称（组成）	别名
地虫硫磷 fonofos	0 - 2 基 - S 苯基二硫代磷酸乙酯	大风雷
六六六 BHC（HCH） benzem， bexachloridge	1，2，3，4，5，6 - 六氯环己烷	
林丹 lindane，agammaxare， gamma - BHC gamma - HCH	γ - 1，2，3，4，5，6 - 六氯环己烷	丙体六六六
毒杀芬 camphechlor（ISO）	八氯莰烯	氯化莰烯
滴滴涕 DDT	2，2 - 双（对氯苯基）- 1，1，1 - 三氯乙烷	
甘汞 calomel	二氯化汞	
硝酸亚汞 mercurous nitrate	硝酸亚汞	
醋酸汞 mercuric acetate	醋酸汞	
呋喃丹 carbofuran	2，3 - 二氢 - 2，2 - 二甲基 - 7 - 苯并呋喃基 - 甲基氨基甲酸酯	克百威、大扶农
杀虫脒 chlordimeform	N - （2 - 甲基 - 4 - 氯苯基）N'，N' - 二甲基甲脒盐酸盐	克死螨
双甲脒 anitraz	1，5 - 双 - （2，4 - 二甲基苯基）- 3 - 甲基1，3，5 - 三氮戊二烯 - 1，4	二甲苯胺脒

药物名称	化学名称（组成）	别名
氟氯氰菊酯 clfluthrin	α-氰基-3-苯氧基-4-氟苄基（1R，3R）-3-（2，2-二氯乙烯基）-2，2-二甲基环丙烷羧酸酯	百树菊醋、百树得
氟氰戊菊酯 flucythrinate	（R，S）-α-氰基-3-苯氧苄基-（R，S）-2-（4-二氟甲氧基）-3-甲基丁酸酯	保好江乌 氟氰菊酯
五氯酚钠 PCP - Na	五氯酚钠	
孔雀石绿 malachite green	$C_{23}H_{25}ClN_2$	碱性绿、盐基块绿、孔雀绿
锥虫肿胺 tryparsamide		
酒石酸锑钾 anitmonyl potassium tartrate	酒石酸锑钾	
磺胺噻唑 sulfathiazolum ST，norsultazo	2-（对氨基苯磺酰胺）-噻唑	消治龙
磺胺脒 sulfaguanidine	N_1-脒基磺胺	磺胺胍
呋喃西林 furacillinum，nitrofurazone	5-硝基呋喃醛缩氨基脲	呋喃新
呋喃唑酮 furazolidonum，nifulidone	3-（5-硝基糠叉胺基）-2-噁唑烷酮	痢特灵
呋喃那斯 furanace，nifurpirinol	6-羟甲基-2-[-（5-硝基-2-呋喃基乙烯基）]吡啶	P - 7138 （实验名）

（续）

药物名称	化学名称（组成）	别名
氯霉素 （包括其盐、酯及制剂） chloramphennicol	由委内瑞拉链霉素生产或合成法制成	
红霉素 erythromycin	属微生物合成，是 *Streptomyces eyythreus* 生产的抗生素	
杆菌肽锌 zinc bacitracin premin	由枯草杆菌 *Bacillus subtilis* 或 *B. leicheniformis* 所产生的抗生素，为一含有噻唑环的多肽化合物	枯草菌肽
泰乐菌素 tylosin	*S. fradiae* 所产生的抗生素	
环丙沙星 ciprofloxacin（CIPRO）	为合成的第三代喹诺酮类抗菌药，常用盐酸盐水合物	环丙氟哌酸
阿伏帕星 avoparcin		阿伏霉素
喹乙醇 olaquindox	喹乙醇	喹酰胺醇羟乙喹氧
速达肥 fenbendazole	5-苯硫基-2-苯并咪唑	苯硫达唑氨甲基甲酯
己烯雌酚 （包括雌二醇等其他类似合成等雌性激素） diethylstilbestrol, stilbestrol	人工合成的非甾体雌激素	乙烯雌酚，人造求偶素
甲基睾丸酮 （包括丙酸睾丸素、去氢甲睾酮以及同化物等雄性激素） methyltestosterone, metandren	睾丸素 C_{17} 的甲基衍生物	甲睾酮甲基睾酮

水产品中渔药残留限量

（引自 NY 5070—2002）

药物类别		药物名称		指标（MRL） /
		中文	英文	（微克/千克）
抗生素类	四环素类	金霉素	chlortetracycline	100
		土霉素	Oxytetracycline	100
		四环素	Tetracycline	100
	氯霉素类	氯霉素	Chloramphenicol	不得检出
磺胺类及增效剂		磺胺嘧啶	Sulfadiazine	100（以总量计）
		磺胺甲基嘧啶	Sulfamerazine	
		磺胺二甲基嘧啶	Sulfadimidine	
		磺胺甲噁唑	sulfamethoxazole	50
		甲氧苄啶	Trimethoprim	
喹诺酮类		噁喹酸	Oxolinic acid	300
硝基呋喃类		呋喃唑酮	Furazolidone	不得检出
其他		己烯雌酚	Diethylstilbestrol	不得检出
		喹乙醇	Olaquindox	不得检出

附录四　水产养殖质量安全管理规定

第一章　总　　则

第一条　为提高养殖水产品质量安全水平，保护渔业生态环境，促进水产养殖业的健康发展，根据《中华人民共和国渔业法》等法律、行政法规，制定本规定。

第二条　在中华人民共和国境内从事水产养殖的单位和个人，应当遵守本规定。

第三条　农业部主管全国水产养殖质量安全管理工作。

县级以上地方各级人民政府渔业行政主管部门主管本行政区域

内水产养殖质量安全管理工作。

第四条　国家鼓励水产养殖单位和个人发展健康养殖，减少水产养殖病害发生；控制养殖用药，保证养殖水产品质量安全；推广生态养殖，保护养殖环境。

国家鼓励水产养殖单位和个人依照有关规定申请无公害农产品认证。

第二章　养殖用水

第五条　水产养殖用水应当符合农业部《无公害食品海水养殖用水水质》（NY 5052—2001）或《无公害食品淡水养殖用水水质》（NY 5051—2001）等标准，禁止将不符合水质标准的水源用于水产养殖。

第六条　水产养殖单位和个人应当定期监测养殖用水水质。

养殖用水水源受到污染时，应当立即停止使用；确需使用的，应当经过净化处理达到养殖用水水质标准。

养殖水体水质不符合养殖用水水质标准时，应当立即采取措施进行处理。经处理后仍达不到要求的，应当停止养殖活动，并向当地渔业行政主管部门报告，其养殖水产品按本规定第十三条处理。

第七条　养殖场或池塘的进排水系统应当分开。水产养殖废水排放应当达到国家规定的排放标准。

第三章　养殖生产

第八条　县级以上地方各级人民政府渔业行政主管部门应当根据水产养殖规划要求，合理确定用于水产养殖的水域和滩涂，同时根据水域滩涂环境状况划分养殖功能区，合理安排养殖生产布局，科学确定养殖规模、养殖方式。

第九条　使用水域、滩涂从事水产养殖的单位和个人应当按有关规定申领养殖证，并按核准的区域、规模从事养殖生产。

第十条　水产养殖生产应当符合国家有关养殖技术规范操作要求。水产养殖单位和个人应当配置与养殖水体和生产能力相适应的水处理设施和相应的水质、水生生物检测等基础性仪器设备。

水产养殖使用的苗种应当符合国家或地方质量标准。

第十一条　水产养殖专业技术人员应当逐步按国家有关就业准入要求，经过职业技能培训并获得职业资格证书后，方能上岗。

第十二条　水产养殖单位和个人应当填写《水产养殖生产记录》（格式见附件1），记载养殖种类、苗种来源及生长情况、饲料来源及投喂情况、水质变化等内容。《水产养殖生产记录》应当保存至该批水产品全部销售后2年以上。

第十三条　销售的养殖水产品应当符合国家或地方的有关标准。不符合标准的产品应当进行净化处理，净化处理后仍不符合标准的产品禁止销售。

第十四条　水产养殖单位销售自养水产品应当附具《产品标签》（格式见附件2），注明单位名称、地址，产品种类、规格，出池日期等。

第四章　渔用饲料和水产养殖用药

第十五条　使用渔用饲料应当符合《饲料和饲料添加剂管理条例》和农业部《无公害食品　渔用饲料安全限量》（NY 5072—2002）。鼓励使用配合饲料。限制直接投喂冰鲜（冻）饵料，防止残饵污染水质。

禁止使用无产品质量标准、无质量检验合格证、无生产许可证和产品批准文号的饲料、饲料添加剂。禁止使用变质和过期饲料。

第十六条　使用水产养殖用药应当符合《兽药管理条例》和农业部《无公害食品　渔药使用准则》（NY 5071—2002）。使用药物的养殖水产品在休药期内不得用于人类食品消费。

禁止使用假、劣兽药及农业部规定禁止使用的药品、其他化合物和生物制剂。原料药不得直接用于水产养殖。

第十七条　水产养殖单位和个人应当按照水产养殖用药使用说明书的要求或在水生生物病害防治员的指导下科学用药。

水生生物病害防治员应当按照有关就业准入的要求，经过职业技能培训并获得职业资格证书后，方能上岗。

第十八条　水产养殖单位和个人应当填写《水产养殖用药记录》（格式见附件3），记载病害发生情况，主要症状，用药名称、时间、用量等内容。《水产养殖用药记录》应当保存至该批水产品全部销售后2年以上。

第十九条　各级渔业行政主管部门和技术推广机构应当加强水产养殖用药安全使用的宣传、培训和技术指导工作。

第二十条　农业部负责制定全国养殖水产品药物残留监控计划，并组织实施。

县级以上地方各级人民政府渔业行政主管部门负责本行政区域内养殖水产品药物残留的监控工作。

第二十一条　水产养殖单位和个人应当接受县级以上人民政府渔业行政主管部门组织的养殖水产品药物残留抽样检测。

第五章　附　　则

第二十二条　本规定用语定义：

健康养殖　指通过采用投放无疫病苗种、投喂全价饲料及人为控制养殖环境条件等技术措施，使养殖生物保持最适宜生长和发育的状态，实现减少养殖病害发生、提高产品质量的一种养殖方式。

生态养殖　指根据不同养殖生物间的共生互补原理，利用自然界物质循环系统，在一定的养殖空间和区域内，通过相应的技术和管理措施，使不同生物在同一环境中共同生长，实现保持生态平衡、提高养殖效益的一种养殖方式。

第二十三条　违反本规定的，依照《中华人民共和国渔业法》《兽药管理条例》和《饲料和饲料添加剂管理条例》等法律法规进行处罚。

第二十四条　本规定由农业部负责解释。

第二十五条　本规定自2003年9月1日起施行。

彩图1　青虾外形和体色
彩图2　茶树枝作为虾巢

彩图3(a)

彩图3(b)

彩图3　三角抄网捕苗

彩图4

彩图5

彩图4　运输车辆及水箱
彩图5　增氧设备
彩图6　将亲虾装入网隔箱
彩图7　亲虾过秤

彩图6

彩图7

彩图8　亲虾装车
彩图9　青虾转池用工具
彩图10　青虾抱卵虾
彩图11　青虾卵粒出现眼点

彩图8

彩图9

彩图10

彩图11

彩图12 抄网打样
彩图13 赶网捕捞——下网
彩图14 赶网捕捞——增氧

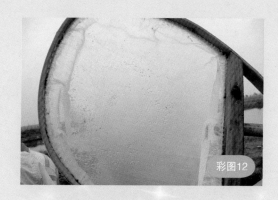

彩图12

彩图13

彩图14

彩图15　赶网捕捞——拉网
彩图16　赶网捕捞——收网
彩图17　赶网捕捞——并网

彩图15

彩图16

彩图17

彩图18

彩图18　赶网捕捞
　　　　——捕捞
彩图19　冲排水捕苗
彩图20　虾苗计数
彩图21　虾苗转池

彩图19

彩图20

彩图21

彩图22

彩图23

彩图22　水草栽种
彩图23　轮叶黑藻
彩图24　伊乐藻
彩图25　苦草

彩图24

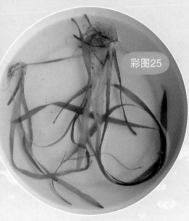

彩图25

彩图26

彩图27

彩图26　水花生
彩图27　系标志物的
　　　　人工虾巢
彩图28　网片架设

彩图28

彩图29　微孔增氧雾化效果
彩图30　盘状微孔增氧管
彩图31　盘状微孔增氧管效果
彩图32　条状微孔增氧管
彩图33　条状微孔增氧管效果

彩图34

彩图35

彩图34　水车式增氧机
彩图35　驱鸟网
彩图36　泥浆泵清淤

彩图36

彩图37 晒塘龟裂
彩图38 干法清塘
彩图39 青虾黑鳃病

彩图40

彩图41

彩图42

彩图40　青虾红体病
彩图41　青虾甲壳溃疡病
彩图42　固着类纤毛虫病
彩图43　地笼

彩图43

彩图44 三角抄网
彩图45 小甩笼
彩图46 虾罾

彩图44

彩图45

彩图46

彩图47　拉网捕捞
彩图48　虾笼
彩图49　四门篓

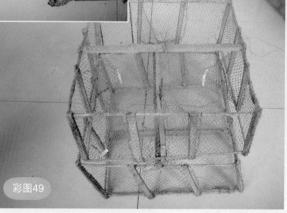

彩图50　稻田养殖青虾
彩图51　青虾加工车间

彩图51(a)

彩图51(b)